高等院校机械类应用型本科"十二五"创新规划系列教材

顾问●张 策 张福润 赵敖生

机电传动控制

主 编 张万奎 神会存

副主编 张惠娣 吴晓君 谭颖琦 马 丽

参 编 于永民 张忠美 张 振 李 峰

JIDIAN CHUANDONG KONGZHI

华中科技大学出版社
http://www.hustp.com
中国·武汉

内 容 简 介

本书共分 10 章,除绪论外,内容包括:机电传动控制系统的动力学基础、电动机的工作原理及特性、控制电机及应用、继电器-接触器控制系统、可编程控制器的原理及应用、电力电子技术基础、直流调速控制系统、交流调速控制系统。

本书图文并重,介绍了机械设备的电气控制线路,体系新,内容实用,重点突出。本书可作为独立学院机械设计制造及其自动化专业、机械电子工程专业和高职高专相关专业的教材,也可供从事机电一体化工作的工程技术人员参考。

图书在版编目(CIP)数据

机电传动控制/张万奎,神会存主编.—武汉:华中科技大学出版社,2013.10
ISBN 978-7-5609-9186-3

Ⅰ.机…　Ⅱ.①张…　②神…　Ⅲ.电力传动控制设备-高等学校-教材　Ⅳ.TM921.5

中国版本图书馆 CIP 数据核字(2013)第 145027 号

机电传动控制　　　　　　　　　　　　　　　张万奎　神会存　主编

策划编辑:俞道凯
责任编辑:姚同梅
责任校对:马燕红
封面设计:陈　静
责任监印:张正林
出版发行:华中科技大学出版社(中国·武汉)
　　　　武昌喻家山　　邮编:430074　　电话:(027)81321915
录　排:武汉市洪山区佳年华文印部
印　刷:武汉鑫昶文化有限公司
开　本:787mm×1092mm　1/16
印　张:17
字　数:428 千字
版　次:2017 年 1 月第 1 版第 4 次印刷
定　价:32.00 元

高等院校机械类应用型本科"十二五"创新规划系列教材

编审委员会

高等院校机械类应用型本科"十二五"创新规划系列教材

总　　序

《国家中长期教育改革和发展规划纲要》(2010—2020)颁布以来,胡锦涛总书记指出:教育是民族振兴、社会进步的基石,是提高国民素质、促进人的全面发展的根本途径。温家宝总理在 2010 年全国教育工作会议上的讲话中指出:民办教育是我国教育的重要组成部分。发展民办教育,是满足人民群众多样化教育需求、增强教育发展活力的必然要求。目前,我国高等教育发展正进入一个以注重质量、优化结构、深化改革为特征的新时期,从1998 年到 2010 年,我国民办高校从 21 所发展到了 676 所,在校生从 1.2 万人增长为 477 万人。独立学院和民办本科学校在拓展高等教育资源,扩大高校办学规模,尤其是在培养应用型人才等方面发挥了积极作用。

当前我国机械行业发展迅猛,急需大量的机械类应用型人才。全国应用型高校中设有机械专业的学校众多,但这些学校使用的教材中,既符合当前改革形势又适用于目前教学形式的优秀教材却很少。针对这种现状,急需推出一系列切合当前教育改革需要的高质量优秀专业教材,以推动应用型本科教育办学体制和运行机制的改革,提高教育的整体水平,加快改进应用型本科的办学模式、课程体系和教学方式,形成具有多元化特色的教育体系。现阶段,组织应用型本科教材的编写是独立学院和民办普通本科院校内涵提升的需要,是独立学院和民办普通本科院校教学建设的需要,也是市场的需要。

为了贯彻落实教育规划纲要,满足各高校的高素质应用型人才培养要求,2011 年 7 月,华中科技大学出版社在教育部高等学校机械学科教学指导委员会的指导下,召开了高等院校机械类应用型本科"十二五"创新规划系列教材编写会议。本套教材以"符合人才培养需求,体现教育改革成果,确保教材质量,形式新颖创新"为指导思想,内容上体现思想性、科学性、先进性和实用性,把握行业岗位要求,突出应用型本科院校教育特色。在独立学院、民办普通本科院校教育改革逐步推进的大背景下,本套教材特色鲜明,教材编写参与面广泛,具有代表性,适合独立学院、民办普通本科院校等机械类专业教学的需要。

本套教材邀请有省级以上精品课程建设经验的教学团队引领教材的建设,邀请本专业领域内德高望重的教授张策、张福润、赵敖生等担任学术顾问,邀请国家级教学名师、教育部机械基础学科教学指导委员会副主任委员、华中科技大学机械学院博士生导师吴昌林教授担任总主编,并成立编审委员会对教材质量进行把关。

我们希望本套教材的出版,能有助于培养适应社会发展需要的、素质全面的新型机械工程建设人才,我们也相信本套教材能达到这个目标,从形式到内容都成为精品,真正成为高等院校机械类应用型本科教材中的全国性品牌。

高等院校机械类应用型本科"十二五"创新规划系列教材

编审委员会

2012-5-1

前　　言

机械设备是由电动机拖动运行的,这种拖动方式称为机电传动,又称为电力拖动。机电传动系统可以分为两个部分:一个是电力拖动部分,包括电动机以及使电动机和机械相互联系起来的传动机构;另一个是电动机的电气控制部分。电力拖动系统主要分为直流拖动系统和交流拖动系统两大类。直流拖动以直流电动机为动力,交流拖动以交流电动机为动力。电气控制系统的发展伴随着控制器件的发展而发展。大功率半导体器件、大规模集成电路、计算机控制技术、检测技术以及现代控制理论的发展,推动了电气控制技术的发展。

机电传动控制是机电一体化人才所需电知识的核心。"机电传动控制"课程的任务是使学生了解机电传动控制的一般知识,掌握电机、电器及晶闸管等电力半导体器件的工作原理、特性、应用和选用的方法,掌握常用的开环、闭环控制系统的工作原理、特点、性能及应用场合,了解最新控制技术在机械设备中的应用。

本课程的前修课程是高等数学、大学物理、电工学,后续课程有数控机床、微机控制系统。

本书由张万奎、神会存任主编,张惠娣、吴晓君、谭颖琦、马丽任副主编,于永民、张忠美、张振、李峰参编。张万奎提出了编写大纲,张万奎、神会存统稿。本书编写工作具体分工如下:湖南理工学院南湖学院张万奎编写第0章、第2章,中原工学院信息商务学院神会存编写第1章,中原工学院信息商务学院于永民编写第3章及第8章部分内容,吉林大学珠海学院谭颖琦编写第4章,湖北工业大学工程技术学院马丽编写第5章,浙江大学宁波理工学院张惠娣编写第6章,西安建筑科技大学吴晓君、湖南理工学院张振编写第7章,中原工学院信息商务学院张忠美编写第8章、第9章部分内容,中原工学院信息商务学院李峰编写第9章部分内容。

在本书的编撰过程中,参考了大量相关教材和技术资料,在此,谨对这些教材和资料的作者致以深切的谢意。在本书的出版过程中,得到了华中科技大学出版社的大力支持和帮助,在此也一并表示衷心的感谢。

由于编者水平所限,书中缺点和错误在所难免,恳请读者朋友批评指正。

编　者
2013 年 1 月

目 录

第0章　绪　　论

机电传动及其控制系统是指以电动机为原动机驱动生产机械的系统的总称,它是随着社会生产的发展而发展的。20世纪初电动机的发明,使机械设备的动力得到了根本的改变。在现代制造业中,为了实现生产过程自动化的要求,电气控制不仅包括拖动机械设备的电动机,而且包括一整套电动机的控制系统。生产工艺的不断发展,对机电传动控制技术提出了越来越高的要求。

0.1　机电传动控制技术的发展

机械设备是由电动机拖动运行的,这种拖动方式称为机电传动,又称为"电力拖动"。机电传动系统可以分为两个部分:一是电力拖动部分,包括电动机以及使电动机和生产机械相互联系的传动机构;另一个是电动机的电气控制部分。

机电传动系统主要分为直流传动系统和交流传动系统两大类。直流传动系统以直流电动机为动力,而交流传动系统则以交流电动机为动力。早在19世纪30年代,人们就已开始使用直流电动机拖动机械设备。由于直流电动机启动和调速性能优良,直流传动控制系统在调速领域长期居于首位。但是直流电动机结构复杂,维护困难,大容量、高转速和高电压的直流电动机制造也受到限制。交流电动机,特别是三相异步电动机出现后,因结构简单、运行可靠、使用维修方便和价格便宜而被广泛应用于各种机械设备的传动中。随着电力电子技术的飞跃发展,交流调速技术得到迅速的发展。三相笼型异步电动机的变频调速、三相线绕式异步电动机的串级调速和无换向器电动机的调速技术在生产机械中获得了广泛应用。

0.1.1　机电传动系统的发展概况

目前,交流传动系统在生产机械中占主导地位。机电传动系统的发展经历了成组拖动、单电动机拖动和多电动机拖动等三个阶段。

1. 成组拖动

最初的拖动是由电动机直接替代蒸汽机,即由一台电动机拖动一组生产设备,称为成组拖动。所谓成组拖动,是指由一台电动机通过传动机构拖动一根天轴,然后再由天轴通过带轮和传动带分别拖动这一组中的各台设备。这种拖动方式结构复杂,传递路径长,损耗大,生产效率低,劳动条件差。一旦电动机发生故障,或者任何一台设备出现故障,将造成成组的生产设备停止工作。成组拖动不适合于现代化生产的需要。

2. 单电动机拖动

所谓单电动机拖动,是指用一台电动机拖动一台生产设备。这种拖动方式比成组拖动进了一步。但是当一台机械设备的运动部件较多时,由一台电动机拖动,其机械传动结构会十分复杂,而且还往往满足不了生产工艺上的要求,因此,仍然不适合于现代化生产的需要。

3. 多电动机拖动

所谓多电动机拖动,是指一台生产机械设备的每一个运动部件分别由一台专门的电动机来拖动。例如,龙门刨床的刨台、左垂直刀架、右垂直刀架、侧刀架、横梁及其夹紧结构,均分别由一台电动机拖动。多电动机拖动方式不仅大大简化了机械设备的传动结构,而且控制灵活,为生产机械的自动化(自动化生产线、自动化车间、自动化工厂)提供了有利条件。所以,现代化生产基本上都采用多电动机拖动方式。

0.1.2 电气控制系统的发展概况

电气控制系统伴随着控制器件的发展而发展。大功率半导体器件、大规模集成电路、计算机控制技术、检测技术以及现代控制理论的发展,推动了机电传动控制技术的发展。主要表现有:在控制方法上,从手动控制发展到自动控制;在控制功能上,从单一功能发展为多种功能;在实际操作上,从紧张繁重发展到轻松自如。

电气控制系统的发展日新月异,它主要经历了以下四个发展阶段。

1. 继电器-接触器控制系统

生产机械最初的电气控制方式是手动控制,如小型台式钻床等少数容量小、动作单一的设备,使用手动控制电器直接控制。后来,由于切削工具和设备结构的改进、切削功率的增大、设备运动部件的增多,手动控制已经不能满足要求。于是出现了由控制电器(以继电器、接触器为主)所组成的控制装置和控制系统。这种控制系统,可以实现对生产机械设备各种运动的控制,如启动控制、正反转控制、顺序控制、制动控制、简单的调速控制。继电器-接触器控制系统控制方法简单,工作稳定可靠,但控制速度慢,控制精度差。

2. 连续控制方式及自动控制系统

20 世纪 30 年代在龙门刨床上采用了电机放大机控制方式,它使控制系统从继电器-接触器控制这种断续控制发展到连续控制。连续控制系统可随时检测控制对象的工作状态,并根据输出量与给定量的偏差对控制对象进行自动调整,它的快速性和控制精度都大大超过了最初的断续控制,并简化了控制系统,减少了电路中的触点,提高了工作的可靠性,使生产效率大为提高。

20 世纪 40 年代出现了磁放大器控制的自动控制系统,50 年代又出现了水银整流器控制的自动控制系统,1958 年美国通用电气公司生产出世界上第一只晶闸管(额定电流16A),随之出现了晶闸管-直流电动机无级调速系统。晶闸管具有效率高、控制特性好、反应快、寿命长、可靠性高、维护容易、体积小等优点,并正在向大容量方向发展。其后由于逆变技术的出现,高压大功率晶体管(GTR)、绝缘栅双极半导体管(IGBT)等新型电力电子器件的出现,从 20 世纪 80 年代开始,交流电动机无级调速技术有了迅速的发展。由于交流电动机无电刷与换向器,较直流电动机易于维护,而且使用寿命长,因此,交流调速系统大有发展前景,用大功率晶体管逆变技术和脉宽调制技术(PWM)改变交流电的频率等来实现电动机无级调速的系统在工业上已得到了广泛的应用。目前,已出现了多种以多用芯片或数字信号处理(DSP)芯片为核心的变频器调速系统,它使交流电动机的控制变得更简单,可靠性更高,拖动系统的性能也更好。

3. 可编程序控制器

随着微型计算机和数控技术的发展,出现了具有运算功能和较大功率输出能力的可编程序控制器(PLC),用它替代大量的继电器,可使控制硬件软件化。PLC 技术是以硬接线的继电器-接触器控制为基础的,是继电器常规控制技术与微型计算机技术相结合的产物。PLC 控制逐步发展为既有逻辑控制、计时、计数,又有运算、数据处理、模拟量调节、联网通信等功能的控制装置。PLC 实际上是一台按开关量输入的工业控制用微型计算机,用它来替代继电器-接触器控制系统,提高了系统的可靠性和柔性,使控制技术产生了一个质的飞跃。20 世纪 90 年代的大型 PLC 已经发展成不仅具有开关型逻辑控制、定时/计数、逻辑运算功能,还具有处理模拟量的 I/O、数字运算功能、通信功能,可构成分布式控制系统的控制器。因此,PLC 的应用越来越普及,越来越广泛。

PLC 可以通过数字量或者模拟量的输入和输出,满足各种类型生产机械控制的需要。PLC 及其外部设备,都按照既易于与工业控制系统联成一体,又易于扩充其功能的原则设计。PLC 将成为机械设备中开关量控制的主要电气控制装置。

4. 计算机数字控制系统

1952 年,美国麻省理工学院根据 John T. Prosons 的设想,首先将机械与电子技术结合在一起,制造出了具有信息存储处理功能的新型铣床——数控铣床。当时的计算机是第一代电子计算机,无法装入机床,只能是“灵魂”与“躯体”分开的数控机床。1958 年,Kerneg 公司和 Trecker 公司研制出了带有换刀机构的加工中心。1957 年集成触发器诞生,1958 年 RC 相移振荡集成电路面世,1964 年小规模集成电路出现,1966 年集成电路发展进入大规模集成电路阶段,1977 年人们又跨进超大规模集成电路的新领域。单片机的出现,有力地推动了机电一体化的进程与实用化,真正实现了“灵魂”进入数控机床的“躯体”。

20 世纪 70 年代初,计算机数字控制(CNC)系统被应用于数控机床和加工中心,这不仅提高了自动化程度,而且提高了机床的通用性和加工效率,在生产上得到了广泛的应用。工业机器人的诞生,为实现机械加工全盘自动化创造了物质基础。20 世纪 80 年代以来,出现了由数控机床、工业机器人、自动搬运车等组成的统一由中心计算机控制的机械加工自动线——柔性制造系统(FMS),它是实现自动化车间和自动化工厂的重要组成部分。机械制造自动化的高级阶段是设计、制造一体化阶段,即利用计算机辅助设计(CAD)与计算机辅助制造(CAM)形成产品设计和制造过程的完整系统,从产品构思和设计直至装配、试验和质量管理这一全过程实现自动化。为了实现制造过程的高效率、高柔性、高质量,研制计算机集成制造系统(CIMS)是人们今后的任务。

0.2 “机电传动控制”课程的性质和内容安排

0.2.1 课程的性质和任务

实现机电一体化产品的高质量和技术的高水平,关键是机电一体化技术人才的培养。“机电传动控制”课程是机械设计制造及其自动化专业、机械电子工程专业的一门必修课程。

“机电传动控制”课程的任务是使学生了解机电传动控制的一般知识,掌握电机、电器、晶闸管等的工作原理、特性、应用和选用的方法,掌握常用的开环控制系统、闭环控制系统的工作原理、特点、性能及应用场合,了解最新控制技术在机械设备中的应用。

"机电传动控制"课程建立了一套全新的课程体系,它涉及驱动电动机、控制电机和电器、电力拖动、继电器-接触器控制、可编程序控制器、电力电子技术、直流调速系统、交流调速系统等内容。本门课程根据学科的发展与其内在的规律,以伺服驱动系统为主导,以控制为线索,将元器件与伺服控制系统科学有机地结合起来,即将机电一体化技术所需的强电控制知识都集中在这一门课程中。这样,不仅可避免不必要的重复,节省学时,加强系统性,而且理论联系实际,学生可学以致用,对机电一体化产品中电气控制技术的强电控制部分有一个全面系统的了解和掌握。

0.2.2　课程的内容安排

本书共分 9 章。第 1 章介绍机电传动系统的动力学基础,包括机电传动控制系统的运动方程式、典型生产机械的负载特性等内容。因为电动机是机电传动的动力与电气控制的对象,第 2 章、第 3 章分别介绍直流电动机和交流电动机的工作原理及其特性。随着机电传动控制技术的发展,控制电机、传感器作为重要的控制、检测元件,使用越来越多,因此第 4 章介绍常用的控制电机的结构特点、工作原理、性能和应用。由于继电器-接触器控制目前在大功率、简单的控制中仍有广泛应用,第 5 章介绍继电器-接触器控制中应用到的常用低压电器和基本控制线路。随着微型计算机的出现和迅速发展,可编程序控制器(PLC)已经广泛应用在生产实际中,第 6 章介绍 PLC 编程及开发应用。电力电子技术改变了闭环控制系统的面貌,第 7 章介绍电力电子技术的基本知识。自动调速系统是机电传动控制系统中最重要的组成部分,第 8 章和第 9 章分别介绍直流传动控制系统和交流传动控制系统的组成、工作原理及性能。

本书是按 50 学时编写的,内容基本上包括了当前机电传动控制系统中常用的元器件、典型电路和典型控制系统。如果课程学时数比较少,可以对次要章节的内容选讲,有的次要章节可以不讲,让学生自学。

"机电传动控制"课程是一门实践性很强的课程,实验是本课程必不可少的重要教学环节。实验可以随课程教学进程而安排。实验的内容和学时由各学校根据自己的教学实验设备而定。

第1章 机电传动系统的动力学基础

本章要求了解研究机电传动系统静态和动态特性的意义,在此基础上掌握机电传动系统的运动方程式及其含义;掌握多轴传动系统中负载转矩、转动惯量和飞轮转矩的折算原则和方法;了解几种典型生产机械的机械特性;掌握机电传动系统稳定运行的条件。

1.1 研究机电传动系统静态与动态特性的意义

机电传动系统有静态(稳态)和动态(暂态)两种运行状态。静态是指系统以恒速运转的状态,此时系统的动态转矩为零;动态是指系统的速度处于变化之中的状态,此时系统动态转矩不为零。

所谓机电传动系统的静态特性,即系统达到恒速运转状态时,电动机的电磁转矩和生产机械速度之间的关系。

通过研究机电传动系统的静态特性,可以了解当负载转矩一定时,系统中各电气参数(如电源电压、励磁磁通、电枢电阻等)对转速的影响。

所谓机电传动系统的动态特性,即系统从一种稳定状态变化到另一种稳定状态时在过渡过程中的特性。当机电传动系统处于启动、制动、反转、调速等运转状态或负载转矩发生变化时,转矩和转速就要发生不平衡变化,即系统处于动态运行状态。

通过研究机电传动系统的动态特性,可以研究如何改善机电传动系统的运行情况,以保证设备的安全运行,还可以分析如何缩短过渡过程的时间,提高生产率,这对生产机械具有重要的意义。比如升降机、载人电梯、地铁机车、电车等机电设备,对安全和舒适性的要求比较高,所以过渡过程的加速度不能过大,启动、制动过程应尽量平稳,这就要研究如何改善机电传动系统的运行情况;龙门刨床的工作台、可逆式轧钢机、起重机等在工作中需要频繁地启动、制动、反转和调速,负载还可能有很大变化,过渡过程进行的时间在整个工作时间中占很大比重,对于这类机电设备,分析如何缩短过渡过程的时间就显得尤为重要。因此,研究机电传动系统的动态特性(如转速、转矩、电流等随时间的变化规律),对正确选择机电传动装置,为控制系统提供控制原则,设计出完善的启动、制动等控制线路,改善产品质量,提高生产效率和减轻劳动强度都有重要的现实意义。

1.2 机电传动系统的运动方程式

机电传动系统是一个由电动机拖动,并通过传动机构带动生产机械运转的动力学整体,只有为其建立动力学方程式,才能深入分析和研究其运动特性。

1.2.1 单轴机电传动系统的运动方程式

为了便于理解,先从最简单,即只包含一根轴的单轴机电传动系统开始分析。单轴机电传动系统是指电动机与生产机械的工作机构,即电动机的负载直接相连的机电传动系统。

图 1-1(a)所示为一个单轴机电传动系统。电动机 M 产生电磁转矩 T_M,用来克服负载转矩 T_L,带动生产机械以角速度 ω(或转速 n)运动。

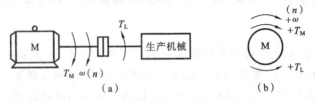

图 1-1　单轴机电传动系统

(a) 传动系统图;(b) 转矩、转速的正方向

从动力学的角度分析,转矩 T_M、T_L 与角速度 ω 三者服从动力学的统一规律,即运动方程式

$$T_M - T_L = J \frac{\mathrm{d}\omega}{\mathrm{d}t} \tag{1-1}$$

式中　T_M——电动机产生的电磁转矩(N・m);

　　　T_L——生产机械产生的负载转矩(N・m);

　　　J——单轴传动系统的转动惯量(kg・m^2);

　　　ω——单轴机电传动系统的角速度(rad/s);

　　　t——时间(s)。

1.2.2　单轴机电传动系统的实用运动方程式

在实际工程计算中,为了便于计算,往往用转速 n 代替角速度 ω,用飞轮惯量(飞轮转矩)GD^2 代替转动惯量 J。由公式 $J = m\rho^2 = m \dfrac{D^2}{4}$ 和 $G = mg$ 可得 J 与 GD^2 的关系式为

$$J = \frac{1}{4} \frac{GD^2}{g} \tag{1-2}$$

或　　　　　　　　　　　　　　$GD^2 = 4gJ$

式中　ρ、D ——转动部分的回转半径、回转直径;

　　　m——质量;

　　　G——重力;

　　　g——重力加速度。

且　　　　　　　　　　　　　　$$\omega = \frac{2\pi}{60} n \tag{1-3}$$

将式(1-2)和式(1-3)代入式(1-1),可得到运动方程式的实用表达式

$$T_M - T_L = \frac{GD^2}{375} \frac{\mathrm{d}n}{\mathrm{d}t} \tag{1-4}$$

式中:$375 = 4g \cdot 60/(2\pi)$,是含着加速度量纲(m/s^2)的常数;飞轮转矩 GD^2 是个整体物理量,量纲为 N・m^2。

由于传动系统有多种运动状态,相应的运动方程式中的转速和转矩就有不同的符号。

在运动方程式中作如下约定(见图 1-1(b)):设电动机某一转动方向的转速为正,电动机电磁转矩 T_M 与转速 n 方向一致时为正,负载转矩 T_L 与转速 n 方向相反时为正。

根据上述约定,就可以根据电动机电磁转矩 T_M 与转速 n 的符号来判定 T_M 和 T_L 的性质:若电磁转矩 T_M 与转速 n 符号相同,则表示 T_M 的作用方向和转速 n 相同,T_M 为拖动转矩;若 T_M 与 n 符号相反,则表示 T_M 的作用方向和转速 n 的方向相反,T_M 为制动转矩。若负载转矩 T_L 与转速 n 符号相同,则表示 T_L 的作用方向与转速 n 的方向相反,T_L 为制动转矩;若 T_L 与 n 符号相反,则表示 T_L 的作用方向与转速 n 的方向相同,T_L 为传动转矩。

例 1-1 图 1-2 所示是起重机在提升重物的过程,试判断起重机在启动和制动时电动机转矩 T_M 和负载转矩 T_L 的符号。

解 设重物提升时电动机的旋转方向为正方向。

起重机在图 1-2(a)所示的启动过程中,电动机拖动重物上升,T_M 和 n 的方向一致,T_M 取正号;被提升物体产生的转矩 T_L 向下,与 n 的方向相反,T_L 也取正号。

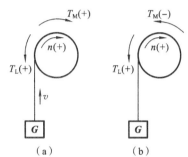

$$(+)T_M - (+)T_L = \frac{GD^2}{375}\frac{dn}{dt}$$

要能提升重物,必然有 $T_M > T_L$,即动态转矩 T_D 和加速度 $a = dn/dt$ 均为正,系统加速运行。

图 1-2 T_M、T_L 符号的判定

(a) 启动时;(b) 制动时

在图 1-2(b)所示的制动过程中,起重机仍拖动重物上升,n 为正,只是电动机要制止系统运动,所以 T_M 与 n 方向相反,取负号,而被提升重物产生的转矩永远向下,T_L 与 n 方向相反,T_L 取正号。这时的运动方程为

$$(-)T_M - (+)T_L = \frac{GD^2}{375}\frac{dn}{dt}$$

可见,此时动态转矩 T_D 和加速度 $a = dn/dt$ 都是负值,它使重物减速上升,直至停止。

1.2.3 动态转矩

运动方程式作为研究机电传动系统最基本的方程式,体现了系统运动的特征。

当 $T_M > T_L$ 时,加速度 $a = dn/dt > 0$,传动系统处在加速运动状态,为动态;

当 $T_M = T_L$ 时,加速度 $a = dn/dt = 0$,传动系统处在匀速运动状态,为静态;

当 $T_M < T_L$ 时,加速度 $a = dn/dt < 0$,传动系统处在减速运动状态,为动态。

可见,动态是指机电传动系统所处的加速或减速的运动状态。

机电传动系统处于动态时,系统中必然存在一个动态转矩 $T_D = \frac{GD^2}{375}\frac{dn}{dt}$,它改变着系统的运动状态。这样,系统的转矩平衡方程为

$$T_D = T_M - T_L$$

即

$$T_M = T_L + T_D$$

也就是说,在任何情况下,电动机所产生的转矩都等于轴上的负载转矩与动态转矩之和。

当 $T_M = T_L$ 时,$T_D = 0$,这时系统没有动态转矩,系统恒速转动,即系统处于稳态。稳态

时,电动机产生的转矩的大小仅由电动机所带的负载(生产机械)决定。

1.2.4 多轴机电传动系统的等效

在实际应用中,许多生产机械低速运转,但电动机一般具有较高的额定转速。这样,电动机与生产机械之间就得装设减速机构,如减速齿轮、蜗轮蜗杆、带传动等机构。所以,实际的拖动系统一般都是多轴拖动系统。前面介绍了单轴拖动系统及其运动方程式,为了列出多轴拖动系统的运动方程,必须先将各转动部分的转矩和转动惯量或飞轮转矩都折算到同一根轴上。通常都是将它们折算到电动机轴上,这样,将一个实际的多轴系统等效为图1-1所示的最简单的典型单轴系统,折算的基本原则是折算前后能量关系保持不变。

一般,把多轴传动系统分两部分折算为单轴系统。一部分是负载转矩的折算,另一部分是转动惯量和飞轮转矩的折算。

1. 负载转矩的折算

由于负载转矩是静态转矩,可以根据静态时功率守恒原则进行折算。负载转矩的折算可以分旋转运动和直线运动两种情况进行讨论。

对于图1-3(a)所示的旋转运动,当系统匀速运动时,生产机械的负载功率为

$$P'_L = T'_L \omega_L$$

式中　　T'_L——生产机械的负载;

　　　　ω_L——生产机械的旋转角速度。

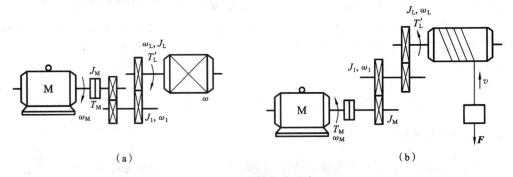

图 1-3　多轴拖动系统

(a) 旋转运动;(b) 直线运动

电动机轴上的负载功率为

$$P_M = T_L \omega_M$$

式中　　T_L——T'_L折算到电动机轴上的负载转矩;

　　　　ω_M——电动机转轴的旋转角速度。

考虑到传动系统的损耗,故传动效率为

$$\eta_C = \frac{P'_L}{P_M} = \frac{T'_L \omega_L}{T_L \omega_M}$$

式中　　η_C——电动机拖动生产机械运动时的传动效率;

　　　　P'_L——输出功率;

　　　　P_M——输入功率。

于是折算到电动机轴上的负载转矩为

$$T_L = \frac{T'_L \omega_L}{\eta_C \omega_M} = \frac{T'_L}{\eta_C j} \tag{1-5}$$

式中　j——传动机构的速比，$j = \omega_M / \omega_L$。

对于如图 1-3(b)所示的直线运动，假设生产机械直线运动部分的负载力为 F，直线运动速度为 v，则所需的机械功率为 $P'_L = Fv$，电动机轴上的机械功率为 $P_M = T_L \omega_M$，其中 T_L 为负载力 F 在电动机轴上产生的负载转矩。

如果是电动机拖动生产机械移动(如提升重物)，此时传动机构中的损耗应由电动机承担，所以传动效率为

$$\eta_C = \frac{P'_L}{P_M} = \frac{Fv}{T_L \omega_M} \tag{1-6}$$

式中　η_C——电动机带动生产机械运动时的传动效率；

$\quad\quad P'_L$——输出功率；

$\quad\quad P_M$——输入功率。

将 $\omega = \dfrac{2\pi}{60} n$ 代入式(1-6)中，于是可得折算到电动机轴上的负载转矩为

$$T_L = 9.55 \frac{Fv}{\eta_C n} \tag{1-7}$$

式中　n——电动机的转速。

如果是生产机械拖动电动机(如下放重物)，此时传动机构中的损耗由生产机械的负载来承担，传动效率为

$$\eta'_C = \frac{P_M}{P'_L} = \frac{T_L \omega_M}{Fv} \tag{1-8}$$

同样，将 $\omega = \dfrac{2\pi}{60} n$ 代入式(1-8)中，折算到电动机轴上的负载转矩为

$$T_L = 9.55 \frac{Fv \eta'_C}{n} \tag{1-9}$$

式中　η'_C——生产机械拖动电动机运动时的传动效率。

2. 转动惯量和飞轮转矩的折算

由于转动惯量和飞轮转矩与运动系统的动能有关，因此，可以根据动能守恒原则进行折算。同样，转动惯量和飞轮转矩的折算也分为旋转运动和直线运动两种情况进行讨论。

对于如图 1-3(a)所示的旋转运动，折算到电动机轴上的总转动惯量为

$$J_Z = J_M + \frac{J_1}{j_1^2} + \frac{J_L}{j_L^2} \tag{1-10}$$

式中　J_M、J_1、J_L——电动机轴、中间传动轴、生产机械轴上的转动惯量；

$\quad\quad j_1$——电动机轴与中间传动轴之间的速比，$j_1 = \omega_M / \omega_1$；

$\quad\quad j_L$——电动机轴与生产机械轴之间的速比，$j_L = \omega_M / \omega_L$；

$\quad\quad \omega_M$、ω_1、ω_L——电动机轴、中间传动轴、生产机械轴上的角速度。

同理，折算到电动机轴上的总飞轮转矩为

$$GD_Z^2 = GD_M^2 + \frac{GD_1^2}{j_1^2} + \frac{GD_L^2}{j_L^2} \tag{1-11}$$

为了计算方便,在实际工程中多用适当加大电动机轴上的转动惯量 J_M 或飞轮转矩 GD_M^2 的方法来考虑中间传动机构的转动惯量 J_1 或飞轮转矩 GD_1^2 的影响。这是因为当速比 j 较大时,中间传动机构的转动惯量或飞轮转矩在折算后占系统总转动惯量的比重不大。于是有

$$J_Z = \delta J_M + \frac{J_L}{j_L^2} \tag{1-12}$$

或
$$GD_Z^2 = \delta GD_M^2 + \frac{GD_L^2}{j_L^2} \tag{1-13}$$

式中　$\delta = 1.1 \sim 1.25$。

对于如图 1-3(b)所示的直线运动,设直线运动部件的质量为 m,折算到电动机轴上的总转动惯量为

$$J_Z = J_M + \frac{J_1}{j_1^2} + \frac{J_L}{j_L^2} + m\frac{v^2}{\omega_M^2} \tag{1-14}$$

总飞轮转矩为

$$GD_Z^2 = GD_M^2 + \frac{GD_1^2}{j_1^2} + \frac{GD_L^2}{j_L^2} + 365\frac{Gv^2}{n^2} \tag{1-15}$$

用上述方法就可以把多轴传动系统(带有旋转运动部件或直线运动部件)折算成等效的单轴传动系统,将所求的负载转矩 T_L 和飞轮转矩 GD_Z^2 代入式(1-4)就可以得到多轴拖动系统的运动方程式,即

$$T_M - T_L = \frac{GD_Z^2}{375}\frac{dn}{dt} \tag{1-16}$$

1.3　典型生产机械的负载特性

从机电传动系统的运动方程式可以看出,分析系统的动力学关系,必须了解负载转矩 T_L。T_L 可能是不变的常数,也可能是转速 n 的函数。同一转轴上的负载转矩 T_L 和转速 n 之间的函数关系称为机电传动系统的负载特性,也就是生产机械的负载特性,有时也称为生产机械的机械特性。除特别说明外,一般所说的生产机械的负载特性均是指电动机轴上的负载转矩和转速之间的函数关系,即 $n = f(T_L)$。生产机械的负载特性是由生产机械的性质所决定的,不同类型的生产机械在运动中所受阻力的性质不同,转矩 T_L 随转速 n 变化的规律也不相同。典型的负载特性大体上可以归纳为以下几种。

1.3.1　恒转矩型负载特性

恒转矩型负载特性是指负载转矩 T_L 为常数,负载转矩的大小不随转速 n 的变化而变化。根据负载转矩与运动方向的关系,可以将恒转矩型的负载转矩分为反抗转矩和位能转矩。

1. 反抗转矩负载特性

反抗转矩也称摩擦转矩,是由摩擦、非弹性体的压缩和拉伸、扭转等作用所产生的负载转矩。反抗转矩负载的转矩大小不变,但方向恒与运动方向相反,运动方向改变时,负载转矩的方向也会随着改变,总是阻碍系统的运动。反抗转矩负载特性曲线如图 1-4(a)所示。按前面介绍的运动方程式中符号的约定法则可知,反抗转矩 T_L 恒与转速 n 取相同的符号,n 为正时 T_L 为正,特性曲线在第一象限;n 为负时 T_L 为负,特征曲线在第三象限。所以在转矩平衡方程式中,反抗转矩 T_L 的符号总是正的。

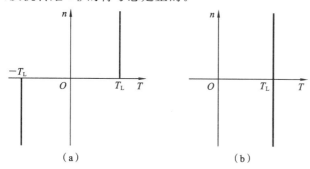

图 1-4 两种恒转矩负载特性曲线

(a) 反抗转矩;(b) 位能转矩

其负载属于反抗转矩负载的生产机械有提升机的行走机构、带式运输机、轧钢机、某些金属切削机床的平移机构等。

2. 位能转矩负载特性

位能转矩是由物体的重力和弹性体的压缩、拉伸与扭转等作用所产生的负载转矩。这类负载的大小不变,作用方向恒定,与运动方向无关。它在某方向阻碍运动,却在相反方向促进运动。位能转矩负载特性曲线如图 1-4(b)所示,不管 n 为正向还是反向,T_L 都不变,特征曲线在第一、第四象限。所以在转矩平衡方程式中,反抗转矩 T_L 的符号有时为正、有时为负。

其负载属于位能转矩负载的生产机械有起重机的提升机构、矿井提升机构等。

1.3.2 通风机型负载特性

通风机型负载转矩 T_L 的大小与速度 n 的平方成反比,即

$$T_L = Cn^2$$

式中 C——比例常数。

这一类型的负载是按离心力原理工作的,其特性曲线如图 1-5 所示,属于这一类的生产机械有离心式通风机、离心式水泵等。

1.3.3 恒功率型负载特性

恒功率型负载转矩 T_L 与转速 n 成反比,即

$$T_L = K/n$$

式中 K 为常数,或 $K = T_L n \infty P$(P 为常量)。

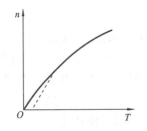

图 1-5 通风机型负载特性曲线

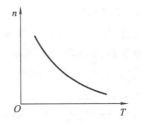

图 1-6 恒功率型负载特性曲线

恒功率型负载特性曲线如图 1-6 所示。其负载属于恒功率型负载的生产机械有机床的主轴机构和轧钢机的主传动机构等。例如,轧钢机轧制钢板时,工件小时需要高速度、低转矩,工件大时需要低速度、高转矩,不同转速下切削功率基本不变。

以上所述恒转矩型负载、通风机型负载和恒功率型负载都是从各种实际负载中概括出来的典型的负载形式,除此之外,还有一些生产机械具有不同的负载特性,如:带曲柄连杆机构的生产机械,它们的负载转矩随转角的变化而变化;球磨机、碎石机等生产机械,其负载转矩随时间的变化作无规律的随机变化;等等。另外,实际使用中的负载可能是单一类型的,也可能是几种类型的综合。

1.4 机电传动系统稳定运行的条件

在机电传动系统中,电动机与生产机械连成一体,对机电一体化系统最基本的要求是系统能稳定运行。

机电传动系统的稳定运行包含两层含义:一是系统能以一定速度匀速运转;二是系统受某种外部干扰作用(如电压波动、负载转矩波动等)运行速度稍有变化时,应保证系统在干扰消除后能恢复到原来的运行速度。

从机电传动系统的运动方程式可以看出,保证系统匀速运转的必要条件是动转矩为零,即电动机轴上的拖动转矩 T_M 与折算到电动机轴上的负载转矩 T_L 大小相等,方向相反。从 OTn 坐标面上看,动转矩为零意味着电动机的机械特性曲线 $n = f(T_M)$ 和生产机械的负载特性曲线 $n = f(T_L)$ 必须有交点,如图 1-7 所示。图中,曲线 1 表示异步电动机的机械特性,曲线 2 表示的生产机械的负载特性,两特性曲线有两交点 a 和 b。交点常称为机电传动系统的平衡点,但到底哪一个交点是系统的稳定运行点呢?

实际上只有点 a 才是系统的稳定运行点。假设系统原来工作在平衡点 a,此时 $T_M = T_L$。如果负载转矩突然增加了 ΔT_L,即 T_L 变为 T'_L($T'_L = T_L + \Delta T_L$),而电动机来不及变化,仍工作在原来的点 a,其转矩仍为 T_M。于是,$T_M < T'_L$,由电动机传动系统的运动方程可知,系统要减速,n 要由 n_a 下降为 n'_a,电动机的工作点转移到 a',从电动机机械特性曲线的 AB 段可以看出,电动机转矩 T_M 将增大为 T'_M。当干扰消除后,必有 $T'_M > T_L$,迫使电动机转速上升。随着转速的上升,转矩 T_M 又要减小,直到 $n_a = n'_a$,$T_M = T_L$,系统又回到原来的运行点 a。反之,若 T_L 突然减小,则 n 上升,当干扰消除后,系统也能回到原来的运行点 a,所以 a 点是系统的稳定运行点。

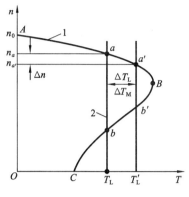

图 1-7　稳定工作点的判别

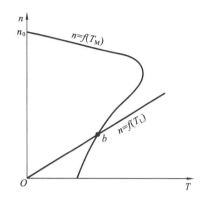

图 1-8　异步电动机拖动直流他励
发电动机工作时的特性

在 b 点，若负载 T_L 突然增大，则转速 n 下降，从电动机机械特性曲线的 BC 段可以看出，电动机的电磁转矩 T_M 要减小。当干扰消除后，有 $T_M < T_L$，又使得 n 下降，T_M 随 n 的下降而进一步减小，促使 n 再进一步减小，直至到零，电动机停转。所以，b 点不是系统的稳定运行点。

同理，可以看出图 1-8 中的交点 b 是系统的稳定运行点。

从以上分析可以总结出电动机传动系统稳定运行的充分必要条件如下。

（1）电动机的机械特性曲线 $n = f(T_M)$ 和生产机械的负载特性曲线 $n = f(T_L)$ 有交点。即电动机上的拖动转矩和折算到电动机轴上的负载转矩大小相等、方向相反。

（2）当转速大于平衡点所对应的转速时，有 $T_M < T_L$，即，若干扰使转速增大，当干扰消除后应有 $T_M - T_L < 0$；当转速小于平衡点所对应的转速时，有 $T_M > T_L$，即，若干扰使转速下降，当干扰消除后应有 $T_M - T_L > 0$。

只有满足上述两个条件的平衡点，才是拖动系统的稳定平衡点，即只有这样的特性配合，系统在受到外界干扰后，才具有恢复到原平衡状态的能力而实现稳定运行。一般负载情况下，只要电动机的机械特性是下降的，整个系统就能够稳定运行。

习　　题

1-1　从运动方程式中怎样看出机电传动系统是处于加速的、减速的、稳定的还是静止的工作状态？

1-2　试列出如习题 1-2 图所示几种情况下系统的运动方程式，并说明系统的运行状态是加速、减速还是匀速。（图中箭头方向表示转矩的实际作用方向）

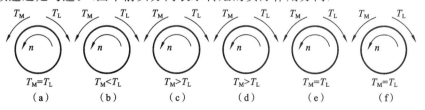

习题 1-2 图

1-3 什么是机电传动系统的动态转矩？动态转矩与运动状态有何关系？

1-4 负载转矩的折算原则是什么？转动惯量和飞轮转矩的折算原则是什么？为什么它们要用不同的折算原则进行折算？

1-5 如习题 1-5 图所示，电动机轴上的转动惯量 $J_M = 5$ kg·m²，转速 $n_M = 900$ r/min；中间传动轴的转动惯量 $J_1 = 2$ kg·m²，转速 $n_1 = 300$ r/min；生产机械轴的转动惯量 $J_L = 15$ kg·m²，转速 $n_L = 100$ r/min。试求折算到电动机轴上的等效转动惯量 J。

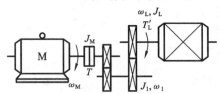

习题 1-5 图

1-6 如习题 1-2(b)所示，电动机转速 $n_M = 950$ r/min，齿轮减速箱的速比 $j_1 = j_2 = 4$，卷筒直径 $D = 0.24$ m，滑轮的速比 $j_3 = 2$，起重负载 $F = 100$ N，电动机的飞轮转矩 $GD_M^2 = 1.05$ N·m²，齿轮、滑轮和卷筒总的传动效率为 0.83。试求提升速度 v 和折算到电动机轴上的静态转矩 T_L 以及折算到电动机轴上整个拖动系统的飞轮转矩 GD_Z^2。

1-7 生产机械中典型的负载特性有哪几类？它们各有何特点？

1-8 负载特性曲线与电动机机械特性曲线的交点的物理意义是什么？机电传动系统工作在这两条特性曲线的交点上时能否稳定运行？

1-9 在习题图 1-9 中，曲线 1 和曲线 2 分别为电动机的机械特性和负载特性，曲线 1 与曲线 2 交于一点。试判断哪些是系统的稳定平衡点，哪些不是。

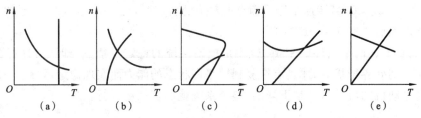

| (a) | (b) | (c) | (d) | (e) |

习题 1-9 图

第2章 直流电动机的工作原理及特性

电动机可分为直流电动机和交流电动机两大类。直流电动机虽然结构复杂,维护也不方便,但它的调速性能较好,启动转矩较大,在速度调节要求高,正反转和启、制动频繁,或多单元同步协调运行的机械设备上,仍然采用直流电动机拖动。本章介绍直流电动机的工作原理,机械特性,启动、制动、调速的特性与方法。

2.1 直流电动机的基本结构与工作原理

直流电动机具有良好的启动性能和调速性能,是目前广泛采用的动力源。

2.1.1 直流电动机的结构

直流电动机有固定不动的和旋转的两部分,固定部分称为定子(磁极),旋转部分称为转子(电枢)。结构简图如图 2-1 所示。在直流电动机中,都是将磁极部分放在定子上,将电枢部分放在转子上。下面将介绍直流电动机的具体构造。

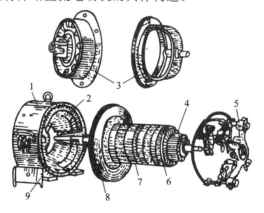

图 2-1 直流电动机结构图

1—机座;2—激磁绕组;3—轴承端盖;4—换向器;5—电刷架;6—电枢绕组;7—电枢铁芯;8—风扇;9—主磁极

1. 定子

定子是电动机固定不动的部分。直流电动机的定子由主磁极、换向磁极、机座和轴承等组成。

(1)主磁极 磁极是用来在电动机中产生磁场的。它分成极芯和极掌两部分。极芯上放置励磁绕组,极掌的作用是使电动机空气隙中磁感应强度的分布最为合适,并用来挡住励磁绕组。磁极是用钢片叠成的,固定在机座上。改变励磁电流的方向就可以改变主磁极的极性,也就改变了磁场的方向。

在小型直流电动机中,也有用永久磁铁作为磁极的。

（2）换向磁极 换向磁极简称换向极，它是位于主磁极之间的比较小的磁极，主要用于改善换向性能。

（3）机座 机座用于固定主磁极和换向磁极。机座也是磁路的一部分。

（4）轴承 轴承用来支承转子的转轴。

2. 转子

直流电动机的转子包括电枢铁芯、电枢绕组、换向器、风扇等几个部分。

（1）电枢铁芯 电枢铁芯由硅钢片叠成，表面有许多均匀分布的槽。

（2）电枢绕组 电枢绕组是由许多线圈按一定的规则连接起来的。绕组安放在电枢铁芯槽内，线圈的端部与换向片的楔形铜片相连接。

（3）换向器 换向器是直流电动机所特有的，它由许多换向片组成，外表呈圆柱形，片与片之间用云母绝缘。

2.1.2 直流电动机的工作原理

图 2-2 所示为直流电动机最简单的模型。电动机具有一对固定的磁极 N 和 S，通常是电磁铁，在两个磁极 N 和 S 之间，有一个可以转动的圆柱铁芯电枢，在电枢上缠有电枢绕组，为简单起见，假设绕组只有一匝线圈 $abcd$。线圈两端分别连在相互绝缘的换向片 A_1 和 A_2 上，换向片组成的圆柱体称为换向器，换向器跟随电枢转动。电刷 B_1 和 B_2 固定不动，紧紧压在换向片上，与外部电路相连。

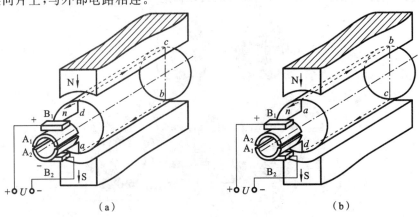

图 2-2 直流电动机工作原理

下面来看直流电动机的工作原理。如图 2-2(a)所示，将直流电源接入电刷 B_1 和 B_2 之间，在 N 极下的导体电流方向为 $d{\rightarrow}c$，在 S 极上的导体电流方向为 $b{\rightarrow}a$。线圈 dc 段处在磁场中，会受到电磁力的作用，根据电磁力定律，导体上的力大小为 $f=Bli$，方向由左手定则确定，可知在图示位置时，电磁力的方向为水平向左。同理，线圈 ab 段也受到电磁力的作用，大小也为 $f=Bli$，方向为水平向右。因此，线圈 $abcd$ 受到逆时针方向的转矩作用，使电枢逆时针转动。当电动机转过 90°时，线圈处于水平位置，线圈受到的转矩为零，但是，电动机有一定的转速，在惯性的作用下，电动机可以转过这个位置。当电动机转过 180°时，如图 2-2(b)所示，在换向器的作用下，在 N 极下的线圈 ab 段、在 S 极上的线圈 cd 段中的电流换向。对线圈 ab 段来说,电流方向为 a→b,受到的电磁力方向为水平向左;对线圈 cd 段来说,电流方向为 c→d,受到的电磁力方向为水平向右。因此,线圈仍受到逆时针方向的转矩作用,使电枢逆时针旋转。由此可看出,换向器的作用是相当重要的,它能改变线圈中的电流方向,保持线圈所受到的转矩方向不变,从而使电枢能连续旋转。

当电枢在磁场中旋转,切割磁力线时,根据电磁感应定律,在电枢中会产生感应电动势,其大小为 $e=-N\mathrm{d}\varphi/\mathrm{d}t$。方向由右手定则判断,它与外加电压或电流的方向相反,因此,通常称为反电动势 E。在不同时刻,当线圈处于不同位置时,所通过的磁通 $\varPhi$ 是不同的,磁通的变化率也是不同的。因此,反电动势 E 的大小是变化的,通常用它的平均值来表示,即

$$E=C_e\varPhi n \tag{2-1}$$

式中　E——反电动势(V);

　　　C_e——电动势常数,由电动机结构决定;

　　　$\varPhi$——一对磁极的磁通(Wb);

　　　n——电动机的转速(r/min)。

电磁转矩 T 是指电动机正常运行时,带电的电枢绕组在磁场中受到电磁力作用所形成的总转矩。在不同位置,电枢绕组所受的电磁转矩方向相同、大小不同,通常用电磁转矩的平均值来进行计算:

$$T=C_t\varPhi I_a \tag{2-2}$$

式中　T——电磁转矩(N·m);

　　　C_t——转矩常数,由电动机的结构决定,$C_t=9.55C_e$;

　　　I_a——电枢电流(A)。

对直流电动机来说,稳态运行时,作用在电动机轴上的转矩有三个,即电磁转矩 T、空载损耗转矩 T_0 和负载转矩 T_L。电磁转矩 T 是驱动转矩,使电动机旋转,电磁转矩 T 应等于空载损耗转矩 T_0 和负载转矩 T_L 之和,即

$$T=T_0+T_L \tag{2-3}$$

空载损耗转矩很小,当电动机稳定运行时,为简单起见,通常可以忽略不计,认为电磁转矩与负载转矩相等。当负载转矩发生波动时,电动机的转速 n、反电动势 E、电枢电流 I_a 以及电磁转矩 T 能自动进行调整,达到新的平衡。如负载减小,电磁转矩大于负载转矩,转速上升,反电动势随着转速的上升而增大,电枢电流减小,电磁转矩减小。当电磁转矩减小到与负载转矩相等时,电动机达到新的平衡状态,此时,电动机以高于原来的速度稳定运行。

2.1.3　直流电动机的分类

直流电动机的磁极一般由磁极铁芯和励磁绕组所组成。励磁绕组上通以直流电时会产生励磁电动势,励磁电动势所形成的磁场就是直流电动机的磁场,也称为励磁磁场。按照励磁方式的不同,直流电动机可分为他励电动机、并励电动机、串励电动机和复励电动机四种,如图 2-3 所示。

1. 他励直流电动机

他励直流电动机的励磁绕组由外电源 U_f 供电,励磁电流 I_f 不受电枢端电压 U 或电枢电流 I_a 的影响。他励直流电动机的电气原理如图 2-3(a)所示。

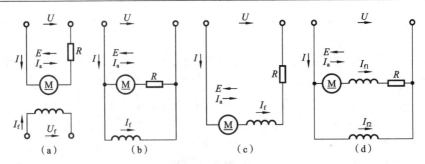

图 2-3　直流电动机的电气原理

(a) 他励直流电动机；(b) 并励直流电动机；(c) 串励直流电动机；(d) 复励直流电动机

2. 并励直流电动机

并励直流电动机的励磁绕组与电枢绕组并联，由电枢端电压 U 供电，负载电流 I 为励磁电流 I_f 和电枢电流 I_a 之和。并励直流电动机的电气原理如图 2-3(b) 所示。

3. 串励直流电动机

串励直流电动机的励磁绕组与电枢绕组串联，负载电流 I 就是励磁电流 I_f，也是电枢电流 I_a。串励直流电动机的电气原理如图 2-3(c) 所示。

4. 复励直流电动机

复励直流电动机的磁极上有两个励磁绕组，一个与电枢绕组串联，一个与电枢绕组并联。复励直流电动机的电气原理如图 2-3(d) 所示。

2.2　直流电动机的机械特性

直流电动机的机械特性指的是当电动机的电枢端电压 U、电枢电阻 R_a、电枢上的外串电阻 R 及励磁电流 I_f 不变时，电动机的转速 n 与转矩 T 之间的关系，曲线 $n=f(T)$ 称为电动机的机械特性曲线。

直流电动机的机械特性与励磁方式有关，励磁方式不同的电动机，其机械特性是有区别的。他励和并励电动机比较常用，当他励电动机的励磁电源电压 U_f 取为电动机的电枢端电压 U 时，就成了一台并励电动机。可以说并励电动机是他励电动机的一种特例，两者的机械特性是相同的。下面以他励电动机为例来分析他励和并励电动机的机械特性。

2.2.1　他励直流电动机机械特性的表达式

由图 2-3(a) 可看出，他励电动机电枢回路的电压平衡方程为

$$U=E+I_a(R_a+R) \tag{2-4}$$

由式 (2-2) 得

$$I_a=T/C_t\Phi \tag{2-5}$$

将式 (2-1) 和式 (2-5) 代入式 (2-4) 中并整理，得他励电动机机械特性方程为

$$n=\frac{U}{C_e\Phi}-\frac{R_a+R}{C_eC_t\Phi^2}T=n_0-\Delta n \tag{2-6}$$

　　电枢端电压 U、励磁电阻、励磁电流一定时，磁通 Φ 也为一常数。由式（2-6）可看出，电动机的机械特性曲线为一条斜直线。随着电磁转矩 T 的增大，转速降低，如图 2-4 所示。

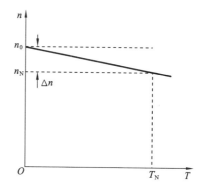

图 2-4　他励电动机机械特性曲线

　　当电磁转矩 $T=0$、电枢端电压和励磁电流不变时，磁通 Φ 为一定值。$n=n_0=U/C_e\Phi$ 是电动机空载时的转速。事实上，对电动机来说，即使负载转矩为零，由于空载损耗转矩的存在，电磁转矩 T 也不可能为零，因此，通常将 n_0 称为理想空载转速，点 $(0, n_0)$ 称为理想空载点。

　　$\Delta n=(R_a+R)T/(C_eC_t\Phi^2)$ 增加时，电磁转矩增大，电枢电流 $I_a=(U-E)/(R_a+R)$ 增大，在电阻 R_a+R 上引起的压降增大，而电源电枢端电压不变，因此，反电动势 E 减小，所以，转速 $n=E/C_e\Phi$ 降低。

　　直流电动机的机械特性有固有机械特性和人为机械特性两种。固有机械特性是指在额定条件下，即电枢端电压为额定电压（$U=U_N$），励磁电流为额定励磁电流（$I_f=I_{fN}$，即磁通 $\Phi=\Phi_N$），电枢电路中不外接任何电阻（$R=0$）时的转速与转矩之间的关系。而人为机械特性则指改变电枢端电压 U、励磁电流 I_f（即磁通 Φ）和电枢电路中的电阻 R 时所得到的转速与转矩之间的关系。

2.2.2　他励直流电动机的固有机械特性

　　当 $I_f=I_{fN}$，$U=U_N$，$R=0$ 时，$\Phi=\Phi_N$，由式（2-6）得直流他励电动机的固有机械特性曲线方程为

$$n=\frac{U_N}{C_e\Phi_N}-\frac{R_a}{C_eC_t\Phi_N^2}T=n_{0N}-\Delta n_N \tag{2-7}$$

　　直流他励电动机的固有机械特性曲线是一条直线，只需要确定其中的两个点即可确定这条直线。电动机的电枢电阻 R_a 可根据电动机的损耗来估算，通常认为电动机在额定负载下的铜耗 $I_a^2R_a$ 为总损耗的 $50\%\sim75\%$。电动机铭牌上给出了电动机的额定功率 P_N、额定电压 U_N、额定电流 I_N 和额定转速 n_N 等，根据这些数据就能求出电动机的理想空载转速 n_0、额定转矩 T_N 等。因此，他励电动机的固有机械特性曲线可根据电动机的铭牌数据来绘制，一般用理想空载点 $(0, n_0)$ 和额定运行点 (T_N, n_N) 来确定。

　　例 2-1　一台他励直流电动机，其铭牌数据如下：$P_N=12$ kW，$U_N=220$ V，$I_N=65$ A，$n_N=1000$ r/min。试计算此电动机的固有机械特性。

　　解　先估算电枢电阻 R_a（一般情况下，电动机的电枢电阻值是已知的）。

　　电动机额定运行条件下，其效率 $\eta_N=P_N/(U_NI_N)$，其总损耗等于输入功率减去输出功率，即 $U_NI_N-P_N=U_NI_N-\eta_NU_NI_N=(1-\eta_N)U_NI_N$。而电动机的铜耗 $I_a^2R_a$ 占总损耗的 $50\%\sim75\%$，也就是 $I_a^2R_a=(0.50\sim0.75)(1-\eta_N)U_NI_N$。此时，$I_a=I_N$，故

$$R_a=(0.50\sim0.75)\left(1-\frac{P_N}{U_NI_N}\right)\frac{U_N}{I_N}$$

$$= (0.50 \sim 0.75)\left(1 - \frac{12000}{220 \times 65}\right) \times \frac{220}{65} \ \Omega = 0.272 \sim 0.41 \ \Omega$$

取 $R_a = 0.35 \ \Omega$

求 $C_e \Phi_N$：

$$C_e \Phi_N = \frac{U_N - I_N R_a}{n_N} = \frac{220 - 65 \times 0.35}{1000} \ \text{V/(r/min)} = 0.197 \ \text{V/(r/min)}$$

求理想空载转速 n_0：

$$n_0 = U_N / C_e \Phi_N = \frac{220}{0.197} \ \text{r/min} = 1116.8 \ \text{r/min}$$

求额定转矩 T_N：

$$T_N = 9550 \frac{P_N}{n_N} = \frac{9550 \times 12}{1000} \ \text{N} \cdot \text{m} = 114.6 \ \text{N} \cdot \text{m}$$

电动机的固有机械特性曲线如图 2-4 所示。其中，理想空载点坐标为 (0,1116.8)；额定工作点坐标为 (114.6, 1000)。

2.2.3 他励直流电动机的人为机械特性

人为机械特性就是指他励电动机机械特性曲线方程(式(2-6))中电枢端电压 U、磁通 Φ 不是额定值或电枢电路中接有外加电阻 R 时的机械特性，又称人工特性。因此，他励电动机有三种人为机械特性。

1. 改变电枢电压 U 时的人为机械特性

当 $I_f = I_{fN}$，$R = 0$，改变电枢端电压 U 时，由式(2-6)可得改变电枢端电压 U 时的人为机械特性方程为

$$n = \frac{U}{C_e \Phi_N} - \frac{R_a}{C_e C_t \Phi_N^2} T = n_0 - \Delta n_N \qquad (2\text{-}8)$$

由此可看出，理想空载转速 n_0 与电枢端电压 U 成正比，转速降 Δn 与电枢端电压 U 无

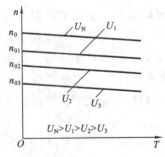

图 2-5 改变电枢电压 U 时的
人为机械特性曲线

关。因此，改变电枢端电压 U 时的人为机械特性曲线是与固有机械特性曲线理想空载点不同，而斜率相同的平行直线，并且随着电压的降低，理想空载转速也降低。另外，由于电动机电压不能超过额定电压，只能在额定值以下改变电压的大小，因此，改变电枢端电压 U 的人为机械特性曲线是一族在固有机械特性曲线下方并与之平行的直线，如图 2-5 所示。

2. 电枢回路中串附加电阻 R 时的人为机械特性

当保持 $I_f = I_{fN}$，$U = U_N$，在电枢回路中串入附加电阻 R 时，由式(2-6)得此时的人为机械特性方程为

$$n = \frac{U_N}{C_e \Phi_N} - \frac{R_a + R}{C_e C_t \Phi_N^2} T = n_{0N} - \Delta n \qquad (2\text{-}9)$$

它与固有机械特性相比，理想空载转速 n_0 不变，而转速降随着附加电阻的增大而增大。因此，它是一族过点 $(0, n_{0N})$ 的射线，附加电阻 R 越大，则直线的斜率越大，转速下降越大，如

图 2-6 所示。

3. 改变磁通 Φ 时的人为机械特性

在保持电枢端电压为额定电压 U_N,电枢回路中不串入任何外接电阻($R=0$)的情况下,改变励磁电流 I_f,则磁通 Φ 也随之发生改变。由式(2-6)得改变磁通时的人为机械特性方程为

$$n=\frac{U_N}{C_e\Phi}-\frac{R_a}{C_eC_t\Phi^2}T=n_0-\Delta n \tag{2-10}$$

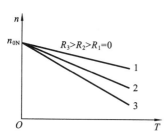

图 2-6　电枢回路串电阻时的
人为机械特性

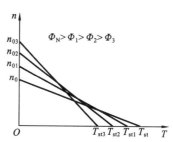

图 2-7　改变磁通 Φ 时的
人为机械特性

由此可看出,改变磁通 Φ 时,理想空载转速和转速降都随着磁通的减小而增大,如图 2-7 所示,每条人为机械特性都与固有机械特性相交。一般来说,受励磁线圈发热和电动机磁饱和的限制,电动机的磁通 Φ 只能在额定磁通以下进行调节,因此,人为机械特性的理想空载点总在固有机械特性的理想空载点之上。如果励磁电流为零,从而导致磁通 Φ 为零,电动机的速度将会非常高,理论上可趋于无穷大,这种现象称为“飞车”,在实际中是绝对不允许的。因此,他励电动机在启动前必须先通励磁电流,并且保证在运转过程中,励磁电流不为零,一般在运转过程中都设有“失磁”保护。

例 2-2　一台直流他激电机的额定数据为:$P_N=2.2$ kW,$U_N=220$ V,$I_N=12.4$ A,$n_N=1500$ r/min,$R_a=1.7$ Ω。如果电动机在额定转矩下运行,求:

(1) 电动机的电枢电压降到 180 V 时,电动机的转速是多少?

(2) 激磁电流 $I_f=I_{fN}$(即磁通为额定值的 80% 时,电动机的转速是多少?

(3) 电枢电路串入 2 Ω 的附加电阻时,电动机的转速是多少?

解　(1) 此时 $U=180$ V,$R_a=1.7$ Ω,故有

$$T=T_N=9.55\frac{P_N}{n_N}=9.55\times\frac{2200}{1500}\text{ N·m}=14\text{ N·m}$$

$$C_e\Phi=\frac{U_N-I_NR_a}{n_N}=\frac{220-12.4\times1.7}{1500}\text{ V/(r/min)}=0.13\text{ V/(r/min)}$$

$$C_t\Phi=9.55C_e\Phi=9.55\times0.13\text{ V/(r/min)}=1.24\text{ V/(r/min)}$$

$$n=\frac{U}{C_e\Phi}-\frac{R_a}{C_eC_t\Phi^2}T_N=\left(\frac{180}{0.13}-\frac{1.7}{0.13\times1.24}\times14\right)\text{ r/min}=1236\text{ r/min}$$

(2) 此时,$U=220$ V,$R_a=1.7$ Ω

$$C_e\Phi=0.8C_e\Phi_N=0.1\text{ V/(r/min)}$$

$$C_t\Phi=9.55C_e\Phi=0.96\text{ V/(r/min)}$$

$$n=\frac{U_N}{C_e\Phi}-\frac{R_a}{C_eC_t\Phi^2}T_N=\left(\frac{220}{0.1}-\frac{1.7}{0.1\times0.96}\times14\right)\text{r/min}=1952\text{ r/min}$$

（3）此时，$U=220\text{V}$，电枢电路总电阻为电枢电阻与附加电阻之和。又

$$C_e\Phi=0.13,\quad C_t\Phi=1.24$$

则

$$n=\frac{U_N}{C_e\Phi}-\frac{R_a+R}{C_eC_t\Phi^2}T_N=\left(\frac{220}{0.13}-\frac{1.7+2}{0.13\times1.24}\times14\right)\text{r/min}=1371\text{ r/min}$$

2.2.4 串励直流电动机的机械特性

由图 2-3(c)可知，串励电动机的电压平衡方程式为

$$U=E+I_aR_0 \tag{2-11}$$

式中　R_0——总电阻，包括电枢电阻 R_a、励磁绕组 R_f 和附加电阻 R。

将式(2-1)、式(2-5)代入式(2-11)并整理，得串励电动机的机械特性方程为

$$n=\frac{U}{C_e\Phi}-\frac{R_0}{C_eC_t\Phi^2}T=n_0-\Delta n \tag{2-12}$$

串励电动机的励磁电流 I_f 就是它的电枢电流 I_a，而电枢电流随着负载的变化而变化，因此，磁通 Φ 也会随着电枢电流 I_a 的变化而变化。串励电动机的机械特性可分两段来进行分析。

当负载较轻时，电枢电流较小，此时，可近似认为磁通 Φ 与电枢电流成正比，即 $\Phi=KI_a$，其中，K 为比例常数。所以，有

$$T=C_t\Phi I_a=C_t\Phi^2/K$$

即

$$\Phi=\sqrt{TK/C_t} \tag{2-13}$$

将式(2-13)代入式(2-12)得

$$n=\frac{U}{C_e\sqrt{TK/C_t}}-\frac{R_0}{C_eK}=\frac{U}{K_1\sqrt{T}}-\frac{R_0}{K_2} \tag{2-14}$$

式中　K_1、K_2——常数。

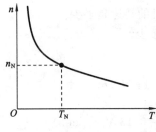

图 2-8　串励直流电动机的机械特性

由此可看出，在负载较轻的情况下，当电枢端电压 U 不变时，串励电动机的转速 n 与 $\sqrt{T}$ 成反比，其机械特性曲线如图 2-8 所示，近似为一条双曲线。由图 2-8 可知，串励直流电动机机械特性的硬度要比他励直流电动机小得多，相比较而言，他励直流电动机的机械特性为硬特性，串励直流电动机的机械特性为软特性。

串励直流电动机负载的大小对转速影响很大。当负载转矩增加时，转速下降很快，转速 n 轴是机械特性曲线的渐近线，理想空载转速 n_0 趋于无穷大。当串励电动机空载时，转速相当高，这也可能造成"飞车"。因此，串励电动机绝不允许空载运行，也不允许用带传动，以避免带脱落的情形发生。

当负载较重时，电枢电流较大，此时，可认为磁路已经趋向饱和，近似认为磁通 Φ 为常数，此时的机械特性曲线近似为一条直线，如图 2-8 所示。

串励直流电动机的负载转矩较大时,电动机转速较低;而负载较轻时,电动机转速又能很快上升,这一点对于电力机车十分有利。电力机车重载时可以自动降低运行速度来确保运行安全,在轻载时又可以自动升高运行速度以提高生产率。另外,串励电动机的启动转矩比他励电动机要大。因此,串励直流电动机广泛应用于交通运输行业和起重机械的拖动中。

2.3　直流他励电动机的启动特性

电动机接上电源,从静止状态转动后,达到稳态运行状态的过程就是电动机的启动过程。对于电动机的启动一般有两个要求:一是启动转矩能够克服启动时的摩擦转矩和负载转矩,使电动机能转动起来;二是启动电流不能太大,以免对电源、电动机及生产机械产生有害的影响。

直流他励电动机刚启动时,转速为零,反电动势 E_a 为零,电枢回路中的外串电阻 R 也为零。由式(2-1)、式(2-4)可知,启动电流 I_{st} 为

$$I_{st} = U/R_a \tag{2-15}$$

电枢电阻 R_a 一般很小,因此启动电流 I_{st} 相当大,一般情况下可达到额定电流的 10~20 倍。这样大的电流会使电动机在换向过程中产生危险的火花,烧坏电动机的整流器。而且,过大的电枢电流将产生过大的电动应力,可能引起电动机绕组的损坏。同时,产生的与启动电流成正比的启动转矩,会在机械系统和传动机构中产生过大的动态转矩冲击,使机械传动部分损坏。另一方面,对供电电网来说,过大的启动电流将使保护装置动作,切断电源造成事故,或者引起电网电压下降,影响其他负载的正常运行。

因此,除了小容量的他励电动机,一般是不允许将电动机直接接到额定电压的电源上启动的。限制直流电动机的启动电流,一般有电枢回路中串电阻分级启动及降压启动两种方法。

1. 电枢回路中串电阻分级启动

在电枢回路中串入启动电阻 R_{st} 时,电动机启动电流 I_{st} 和启动转矩 T_{st} 分别为

$$I_{st} = \frac{U}{R_a + R_{st}} \tag{2-16}$$

$$T_{st} = C_t \Phi I_a \tag{2-17}$$

启动电阻 R_{st} 越大,则启动电流越小。但启动电阻也不是越大越好,如图 2-9 所示为他励电动机电枢回路中串入电阻后的机械特性,可见启动电阻越大,启动转矩越小,带负载能力越弱。若电动机的启动转矩小于负载转矩 T_L,则电动机无法启动。在图 2-9(a)中,当电动机中串一级启动电阻 R_{st1} 时,电动机从 A 点启动,工作点沿机械特性曲线向 B 点移动,速度不断上升。随着转速的升高,反电势 E_a 不断增大,启动电流 I_{st} 逐步减小至 I_N,启动转矩也逐步减小至额定转矩 T_N。在 B 点时,切除启动电阻 R_{st1},机械特性由曲线 2 过渡到曲线 1 上,由于机械惯性的作用转速不能突变,因此,工作点由 B 点平移到 C 点,然后再沿着固有机械特性曲线 1 移动,最后稳定运行在额定工作点 D 点。这种方法能限制启动电流,但是在从 B 点向 C 点切换的过程中,冲击电流相当大,另外,在启动过程中,启动转矩不断减小,

整个启动过程中的平均启动转矩不大,启动快速性不好。

为了避免上述这些缺点,逐级切除电阻的方法来启动。图 2-9(b)所示为具有三级启动电阻的启动特性,电动机从 A 点启动,n 和 T 沿着 $A \rightarrow B \rightarrow C \rightarrow D \rightarrow E \rightarrow F \rightarrow G \rightarrow H$ 在各条特性曲线上变化,最后稳定运行在 H 点。这种启动方法冲击电流小、且平均启动转矩大,启动过程快而平稳,但是所需要的控制设备也相应地增多,一般采用三级或四级分级启动。

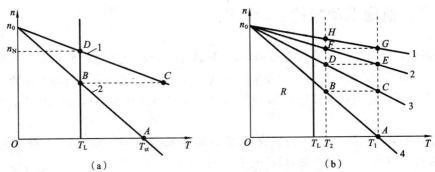

图 2-9 他励电动机电枢回路串电阻分级启动

(a) 一级启动电阻;(b) 三级启动电阻

2. 降压启动

由式(2-15)可知,启动电流与电枢端电压成正比。因此,电动机启动时,降低电枢端电压 U,可以限制启动电流。然后,随着转速的升高,反电动势 E 增大,再逐渐提高电枢端电压 U,保证电枢电流 $I_a = (U - E)/R_a$,小于允许的最大电流。当电压为 U_N 时,转速也升高到额定转速 n_N,电动机稳定运行。

采用降压启动的方法可以平稳地增加电源电压,使电枢电流始终保持在允许的最大值上,电动机始终以最大启动转矩启动,使启动过程一直处于最优运行状态。但是,若采用这种方法,单独需要一套直流电源调节设备,投资比较大。

后面第 8 章要学习的直流调速控制系统中,晶闸管整流装置-直流电动机组就是采用这种降压方式启动的。

2.4 直流他励电动机的调速特性

电动机拖动一定的负载运行,转速由工作点决定。电动机的调速实质就是在负载一定的前提下,人为地改变电动机的参数,从而改变电动机的稳定工作点。速度调节与速度变化是有区别的:速度变化是指由于电动机负载转矩发生变化(增大或减小),从而引起的电动机转速变化(下降或上升),此时,电动机的机械特性曲线是不变的;而速度调节则是在负载不变的前提下,改变电动机的机械特性,使工作点发生变化。

由直流他励电动机机械特性方程(见式(2-6))可看出:在负载转矩一定时,改变电动机的电枢端电压 U、磁通 Φ 及电枢电路中的外串电阻 R 都能改变电动机的机械特性,从而改变电动机的转速,相应的速度调节方法也有三种。

2.4.1　改变电枢端电压 U 调速

前面已介绍,改变电枢端电压 U 时的人为机械特性是一族在固有机械特性曲线下方并与之平行的直线,因此,速度的调节也只能在额定转速之下进行。

如图 2-10 所示,A 点为电动机的额定运行点,当电压由 U_N 降低到 U_1 时,电动机的人为机械特性曲线 2 为与固有机械特性曲线 1 平行且过点 $(0,n_{01})$ 的直线,其中理想空载转速变为 $n_{01}=n_{0N}U_1/U_N$。因此,工作点由额定运行点 A 平行移到 B 点处,此时电磁转矩 T 小于负载转矩 T_L,系统开始减速,反电动势 E_a 减小,电枢电流 I_a 增大,电磁转矩 T 增大,电动机的工作点沿着人为机械特性曲线从 B 点向 C 点移动。当到达 C 点时,电磁转矩 T 与负载转矩 T_L 相等,电动机在 C 点以速度 n_C 稳定运行,速度降低。

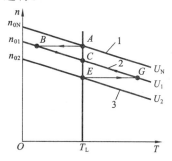

图 2-10　改变电枢端电压 U 调速

同理,当电枢端电压为 U_3 时,人为机械特性为直线 3,电动机稳定运行在 E 点。若此时升高电压到 U_2,则电动机的工作点将沿 $E \rightarrow G \rightarrow C$ 移动,最后稳定运行在 C 点,速度升高。

由以上分析可看出:电压变化越小,速度变化也越小;当电源电压连续变化时,转速可以实现平滑无级调节。改变电动机电枢供电电压调速的特点是:

(1) 当电源电压连续变化时,转速可以无级平滑调节,一般只能在额定转速以下调节;

(2) 调速特性与固有特性平行,机械特性硬度不变,调速的稳定性较高,调速范围较大;

(3) 调速时,因电枢电流与电压 U 无关,且 $\Phi=\Phi_N$,因此电动机转矩 $T=C_t\Phi_N I_a$ 不变,属恒转矩调速,适合于对恒转矩型负载进行调速;

(4) 可以靠调节电枢电压而不用启动设备来启动电动机。

目前,调压电源已经广泛采用晶闸管整流装置了,用晶闸管等脉宽调制放大器供电的系统也已经应用于工业生产中。

2.4.2　改变电动机主磁通 Φ 调速

电动机设计时已使 Φ_N 接近饱和,即使励磁电流增大很多,Φ_N 的增加也很小。因此,改变磁通一般指在额定磁通 Φ_N 以下进行调节,相应的调速方法称为弱磁调速。如图 2-11 所示,在一定的负载 T_L 下,以不同的磁通可得到不同的转速。当 $\Phi=\Phi_1$ 时,电动机在 A 点稳定运行。当磁通降低到 Φ_2 时,工作点由 A 点平移到 D 点,然后,沿特性曲线 2 向 E 点移动,最后,在 E 点处稳定运行,速度升高。当磁通上升到额定磁通 Φ_N 时,工作点由 A 点平移到 B 点,然后再沿特性曲线 3 移向 C 点,最后在 C 点稳定运行,速度降低。

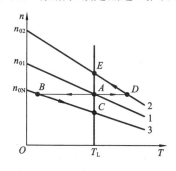

图 2-11　改变主磁通 Φ 调速

由于弱磁调速在额定磁通以下调节,因此,速度也只能在额定转速之上进行调节,而转速的升高是有限制的,因此,使用弱磁调速时的调速范围不大。另外,降压调速只能在额定转速以下进行调节。因此,通常把降压调速和弱磁调速两种方法结合使用,以电动机的额定转速为基准,在额定转速以下调节时,通常使用降压调速,而在额定转速以上调节时采用弱磁调速。

2.4.3 改变电枢电路外串电阻调速

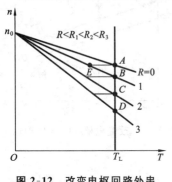

图 2-12 改变电枢回路外串电阻 R 调速

当改变电枢电路的外串电阻时,所得到的机械特性曲线为过点 $(0,n_0)$ 的一族直线,如图 2-12 所示。当电枢回路中无外串电阻($R=0$)时,电动机工作在 A 点;当电枢回路中串入电阻 R_1 时,电动机从工作 A 点移到 E 点,然后向 B 点移动,最后稳定运行在 B 点。若串入的电阻分别为 R_2、R_3,电动机分别稳定工作在 C、D 点。很明显,改变电阻 R 的大小可调节电动机的速度,且电阻越大,速度越低。但这种调速方法存在一些缺点:只能在额定转速以下进行调节;电阻越大,直线斜率越大,速度变化率越大,稳定度越低;在空载或轻载时,电动机所能实现的调速范围不大;实现无级调速比较困难;在调速电阻上要消耗大量的电能。因此,这种调速方法目前已很少使用,仅在有些起重机、卷扬机等低速且运转时间不长的传动系统中采用。

2.5 直流他励电动机的制动特性

电动机断电后,机械在摩擦力的作用下停车的过程称为自然停车。这种停车过程时间比较长,在生产过程中,为了提高生产效率,保证产品质量,一般要求能加快停车过程,实现准确停车等,这就要求采取一些措施来使电动机能快速地从某一稳定速度开始减速到停转,这就是电动机的制动。要注意的是,电动机的制动与自然停车是两个不同的概念。

从能源转换来看,电动机有两种运转状态,即电动状态和制动状态。电动状态是电动机最基本的工作状态,其特点是电动机转矩 T 的方向与转速 n 的方向相同,如图 2-13(a)所示。当起重机提升重物时,电动机将电源输入的电能转换为机械能,使重物以速度 v 上升,但电动机转矩 T 与转速 n 也可以方向相反,如图 2-13(b)所示,这就是电动机的制动状态。此时,为了使重物稳速下降,电动机转矩必须与转速方向相反,以吸收或消耗重物的位能,否则重物由于重力的作用,下降速度将越来越快。又如当生产机械要由高速迅速降到低速运转或者生产机械要求迅速停车时,也需要电动机发出与旋转方向相反的转矩,以吸收或消耗机械能,使它迅速制动。

电动机的制动还包括采取一些措施使电动机从高速降到低速运转,或者限制位能型负载,使电动机在某一转速下稳定运转。电动机制动的关键

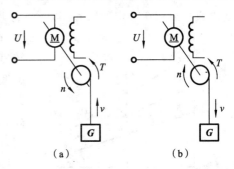

图 2-13 他励直流电动机的工作状态
(a) 电动状态;(b) 制动状态

是产生一个与电动机运转方向相反的阻转矩。他励电动机常用的制动方法有能耗制动、反接制动和回馈制动。

2.5.1 能耗制动

电动机在电动状态运行时,断开电枢端电压 U,在电枢两端串接一个电阻 R,使电动机制动的状态称为能耗制动。

如图 2-14(a)所示,当开关接通触点 1 时,电动机正常工作。如果将开关接通触点 2,如图 2-14(b)所示,电动机从直流电源断开,电动机与电阻 R 构成一个回路。由于惯性的作用,电动机仍然转动,电枢绕组上的感应电动势 $E=C_e\Phi n$ 仍然存在,且方向不变,从而在电阻与电动机回路中产生电流 I'_a,方向与原电枢电流 I_a 方向相反。因此,电磁转矩 $T'=C_t\Phi I'_a$ 与转速方向相反,电动机减速制动。此时,机械系统储存的机械能转变成电能,以热量的形式消耗在电阻上,"能耗制动"这一名称即因此而来。

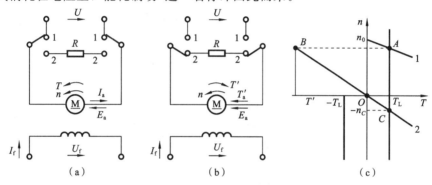

图 2-14 他励电动机能耗制动

(a) 电动状态时;(b) 制动状态时;(c) 机械特性

由图 2-14(b)可知,能耗制动时的电压平衡方程为

$$E=I'_a(R+R_a)$$

又

$$E=C_e\Phi n, \quad I'_a=\frac{T'}{C_t\Phi}=-\frac{T}{C_t\Phi}$$

因此,能耗制动时的机械特性为

$$n=-\frac{R+R_a}{C_eC_t\Phi^2}T \tag{2-18}$$

所以,能耗制动时的机械特性曲线为一条过原点的直线,且位于第二、第四象限内,如图 2-14(c)中直线 2 所示。正常工作时,电动机在 A 点稳定运行。制动时,工作点由电动状态时的特性曲线 1 过渡到制动状态时的特性曲线 2 上,工作点从 A 点平移到 B 点,此时电磁转矩为 T',方向与转速方向相反,起制动作用。磁转矩为 T',使电动机减速运行,工作点由 B 点向原点移动。对反抗型负载来说,到达原点时,负载为 $-T_L$,是制动转矩,电动机不会反方向运转;对位能型负载来说,到达原点时,负载 T_L 为拖动转矩,它将带动电动机反方向运转,电磁转矩仍然起制动作用,最后,当电磁转矩与负载转矩平衡时,电动机稳定运行在 C 点,以一定的速度 $-n_C$ 稳定运转。由式(2-18)可知,制动时的速度 n_C 与串入的电阻 R 的大

小有关，R 越大，则速度越大。能耗制动通常用在以恒速下放重物等场合。

2.5.2 反接制动

电动机运行在电动状态时，电枢端电压 U 与反电动势 E_a 的方向总是相反的。如果在外部条件下，改变电枢端电压 U 或反电动势 E 的方向，使两者方向一致，电动机的电磁转矩会改变方向（与转速方向相反），电动机处于制动状态，这种制动方法称为反接制动。根据改变的参数的不同，反接制动可以分为两种：靠改变电枢端电压 U 的方向所形成的制动称为电源反接制动；靠改变反电动势 E 的方向所形成的制动称为倒拉反接制动。由于反接制动时，电动机的电枢端电压与反电动势方向一致，电枢电流 I_a 比较大，因此通常在电枢回路中串入一个合适的限流电阻 R 来限制电枢中的电流 I_a。

1. 电源反接制动

如图 2-15(a)所示，电动机工作在电动状态。如果将电源反接，如图 2-15(b)所示，则电枢电流反向 $I'_a = -I_a$，转速方向不变，因此反电动势 E 不变，则此时的电压平衡方程式为

$$U = -E - I_a(R + R_a) \tag{2-19}$$

将式(2-1)、式(2-5)代入式(2-19)并整理，得电源反接制动时的机械特性曲线方程为

$$n = \frac{-U}{C_e \Phi} - \frac{R + R_a}{C_e C_t \Phi^2} T \tag{2-20}$$

电动机电源反接制动时的机械特性曲线如图 2-15(c)中直线 2 所示，其理想空载转速为 $-n_0$，当工作点位于第二、四象限时，电动机处于制动状态。正常工作时，电动机在 A 点稳定运行。电源反接制动时，工作点由 A 点平移到曲线 2 上的 B 点，在制动转矩与负载转矩的作用下，转速迅速下降到零，即工作点移到 C 点。此时，如果电磁转矩大于负载转矩，应该迅速断开电源，否则的话，电动机将反向启动，最后以速度 n_D 稳定运行在 D 点。

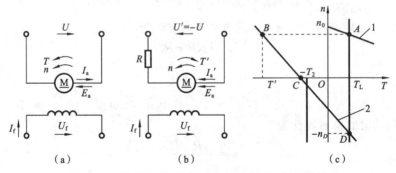

图 2-15 他励电动机电源反接制动原理与机械特性

(a) 电动状态时；(b) 制动状态时；(c) 机械特性

2. 倒拉反接制动

如图 2-16(a)所示，当串入电阻 $R = 0$ 时，电动机处于电动状态，电动机在图 2-16(b)所示固有机械特性曲线 1 上的 A 点稳定运行。如果将电阻 R 串入电枢回路中，则工作点将平移到人为机械特性曲线 2 上的 B 点，此时，电磁转矩小于负载转矩，电动机减速。当速度减为零时，如图中的 C 点，反电动势为零，但电枢电流不为零，它会产生堵转转矩 T_{st}，由于 T_{st} 小于负载转矩 T_L，因此，电动机会反方向运转，工作状态进入第四象限，速度反向，电磁转矩

起制动作用。此时,反电动势和电源电压方向相同,电枢电流 $I_a=(E+U)/(R_a+R)$ 增大,电磁转矩增大。当电磁转矩增大到与负载转矩相等时,电动机以速度 $-n_D$ 稳定运行在 D 点。这种靠改变反电动势方向,从而使电动机进入制动状态的方法就是倒拉反接制动。通过调节电阻 R 的大小,可以得到不同的下降速度,电阻越大,下降速度越大。

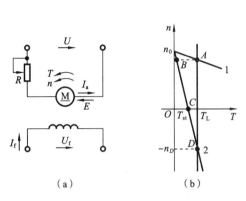

图 2-16　他励电动机倒拉反接制动原理与机械特性
（a）原理；（b）机械特性

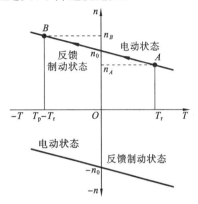

图 2-17　他励直流电动机反馈制动的
机械特性

2.5.3　反馈制动

电动机采取正常接线方法,在外部条件下使电动机的实际工作转速 n 大于它的理想空载转速 n_0 时,电动机产生的反电动势 E 大于电枢端电压 U,此时,电枢电流 I_a 的方向发生改变,从而使电磁转矩 T 的方向改变,电动机进入制动状态,这样的一种制动方式称为反馈制动。

他励直流电动机反馈制动的机械特性如图 2-17 所示。采用正常接法时,在外部条件作用下电动机的实际转速 n 大于其理想空载转速 n_0,此时,电动机运行于反馈制动状态下。例如:当电车走平路时,电动机工作在电动状态,电磁转矩 T 克服摩擦性负载转矩 T_r,并以转速 n_A 稳定在 A 点工作;当电车下坡时,电车位能负载转矩 T_p 使电车加速,转速 n 增加,超过 n_0 并继续加速,使 $n>n_0$,感应电动势 E 大于电源电压 U,因此电枢中电流 I_a 的方向便与电动状态相反,转矩的方向也由于电流方向的改变而变得与电动运转状态相反,直到 $T_p=T+T_r$ 时,电动机以 n_B 的稳定转速控制电车下坡,实际上这时是电车的位能转矩带动电机发电,将机械能转换成电能,向电源馈送,因此称为反馈制动,也称再生制动或发电制动。

在反馈制动状态下电动机的理想空载转速和特性的斜率与电动状态下的一致。这说明:电动机正转时,反馈制动状态下的机械特性是第一象限中电动状态下的机械特性曲线在第二象限内的延伸;电动机反转时,反馈制动状态下的机械特性是第三象限中电动状态下的机械特性曲线在第四象限内的延伸。

另外,电动机在弱磁状态用增加磁通的方法降速时,也能产生反馈制动过程,以实现迅速降速的目的。

起重设备下放重物时,也能产生反馈制动过程,以保持重物匀速下降。改变电枢电路中的附加电阻的大小,可以调节反馈制动状态下电动机的转速,但与电动状态下的情况相反,反馈制动状态下附加电阻越大,电动机转速越高。为使重物下降速度不至于过高,串接的附加电阻不宜过大。即使不串接任何电阻,重物下放过程中电动机的转速仍然高于理想空载转速,因此,采用这种制动方式运行是不太安全的。

习　题

2-1　一台直流并励电动机,如果电源电压、励磁电流和负载转矩都不变,在电枢回路串入适当的电阻,则电枢电流会不会改变?电动机的输入功率和输出功率会不会改变?

2-2　已知某直流他励电动机的铭牌数据为 $P_N = 7.5$ kW, $U_N = 220$ V, $n_N = 1500$ r/min, $\eta_N = 88.5\%$,求该电动机的额定电流和额定转矩。

2-3　一台他励直流电动机的铭牌数据为 $P_N = 5.5$ kW, $U_N = 110$ V, $I_N = 62$ A, $n_N = 1000$ r/min,试绘出它的固有机械特性曲线。

2-4　一台直流并励电动机的技术数据为 $P_N = 5.5$ kW, $U_N = 110$ V, $I_N = 61$ A, $I_{fN} = 2$ A, $n_N = 1500$ r/min,电枢电阻 $R_a = 0.2$ Ω,如果忽略机械磨损和转子的铜耗、铁耗,并认为额定运行状态下的电磁转矩近似等于额定输出转矩,试绘出它近似的固有机械特性曲线。

2-5　一台直流他励电动机的技术数据为: $P_N = 6.5$ kW, $U_N = 220$ V, $I_N = 34.4$ A, $n_N = 1500$ r/min,电枢电阻 $R_a = 0.242$ Ω,试计算此电动机的如下特性:

(1) 固有机械特性;

(2) 电枢附加电阻分别为 3 Ω 和 5 Ω 时的人为机械特性;

(3) 电枢电压为 $U_N/2$ 时的人为机械特性;

(4) 磁通 $\Phi = 0.8\Phi_N$ 时的人为机械特性。

2-6　如何改变直流他励电动机的机械特性?三种人为特性各有什么特点?

2-7　串励直流电动机能否空载运行?为什么?

2-8　如何改变直流他励电动机的转向?

2-9　为什么直流电动机直接启动时的启动电流很大?

2-10　直流他励电动机启动过程中有哪些要求?如何实现?

2-11　直流他励电动机的调速方法有哪些?各有什么特点?

2-12　改变直流电动机励磁回路的电阻进行调速时,电动机的最高转速和最低转速有什么变化?

2-13　直流他励电动机有哪几种制动方法?它们的机械特性如何?试比较各种制动方法的优、缺点。

第3章 交流电动机的工作原理及特性

本章主要介绍交流电动机的基本构造、工作原理、转速与转矩之间的机械特性及启动、反转、调速及制动的基本原理和使用方法等。

本章要求在了解异步电动机的基本结构和旋转磁场的产生等基础上,着重掌握异步电动机的工作原理、机械特性,以及启动、调速和制动的方法,学会用机械特性的四个象限来分析异步电动机的运行状态;掌握单相异步电动机的启动方法和工作原理;了解同步电动机的结构特点、工作原理、运行特性及启动方法;掌握各种异步电动机和同步电动机的使用场所。

3.1 三相异步电动机的基本结构与工作原理

3.1.1 三相异步电动机的结构

三相异步电动机主要由定子(固定部分)和转子(旋转部分)两个基本部分组成,如图3-1所示。

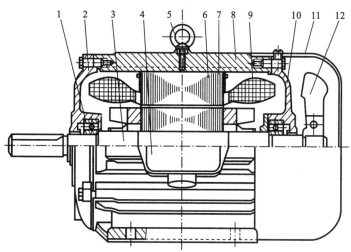

图 3-1 封闭式三相笼型异步电动机结构图

1—轴承;2—前端盖;3—转轴;4—接线盒;5—吊环;6—定子铁芯;
7—转子;8—机座;9—定子绕组;10—后端盖;11—风罩;12—风扇

1. 定子部分

定子是用来产生旋转磁场的。三相电动机的定子一般由外壳、定子铁芯、定子绕组等部分组成。

1) 外壳

三相电动机外壳包括机座、端盖、轴承盖、接线盒及吊环等部件。

（1）机座　机座由铸铁或铸钢浇铸成形，它的作用是保护和固定三相电动机的定子绕组。中、小型三相电动机的机座还有两个端盖支承着转子，它是三相电动机机械结构的重要组成部分。通常，机座的外表要求散热性能好，所以一般都铸有散热片。

（2）端盖　端盖用铸铁或铸钢浇铸成形，它的作用是把转子固定在定子内腔中心，使转子能够在定子中均匀地旋转。

（3）轴承盖　轴承盖也是用铸铁或铸钢浇铸成形的，它的作用是固定转子，使转子不能轴向移动，同时起存放润滑油和保护轴承的作用。

（4）接线盒　接线盒一般是用铸铁浇铸，其作用是保护和固定绕组的引出线端子。

（5）吊环　吊环一般是用铸钢制造，安装在机座的上端，用来起吊、搬动三相电动机。

2）定子铁芯

异步电动机定子铁芯是电动机磁路的一部分，由 0.35～0.5 mm 厚表面涂有绝缘漆的薄硅钢片叠压而成，如图 3-2 所示。由于硅钢片较薄而且片与片之间是绝缘的，所以可减少由于交变磁通通过而引起的铁芯涡流损耗。铁芯内圆有均匀分布的槽口，用来嵌放定子绕圈。

3）定子绕组

定子绕组是三相电动机的电路部分，三相电动机有三相绕组，通入三相对称电流时，就会产生旋转磁场。三相绕组由三个彼此独立的绕组组成，且每个绕组又由若干线圈连接而成。每个绕组即为一相，每个绕组在空间相差 120°电角度。线圈由绝缘铜导线或绝缘铝导线绕制。中、小型三相电动机多采用圆漆包线，大、中型三相电动机的定子线圈则用较大截面的绝缘扁铜线或扁铝线绕制后，再按一定规律嵌入定子铁芯槽内。定子三相绕组的六个出线端都引至接线盒上，首端分别标为 U_1、V_1、W_1，末端分别标为 U_2、V_2、W_2。这六个出线端在接线盒里的排列如图 3-3 所示，可以接成星形或三角形。

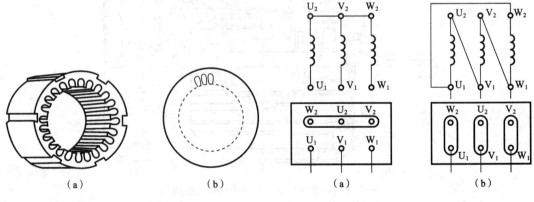

图 3-2　定子铁芯及冲片示意图	图 3-3　定子绕组的连接
(a)定子铁芯；(b)定子冲片	(a)星形连接；(b)三角形连接

2. 转子部分

1）转子铁芯

转子铁芯是用 0.5 mm 厚的硅钢片叠压而成的，套在转轴上，作用和定子铁芯相同，一方面作为电动机磁路的一部分，一方面用来安放转子绕组。

2）转子绕组

异步电动机的转子绕组分为绕线式与鼠笼式的两种,由此异步电动机可分为绕线转子异步电动机与笼型异步电动机。

（1）绕线型绕组　绕线型绕组与定子绕组一样也是一个三相绕组,一般接成星形,三相引出线分别接到转轴上的三个与转轴绝缘的集电环上,通过电刷装置与外电路相连,这就有可能在转子电路中串接电阻或电动势,以改善电动机的运行性能,如图 3-4 所示。

（2）鼠笼型绕组　在转子铁芯的每一个槽中插入一根铜条,在铜条两端各用一个铜环（称为端环)把导条连接起来,称之为铜排转子,如图 3-5(a)所示。也可采用铸铝的方法,把转子导条和端环风扇叶片用铝液一次浇铸而成,所得的转子称为铸铝转子,如图 3-5(b)所示。100 kW 以下的异步电动机一般采用铸铝转子。

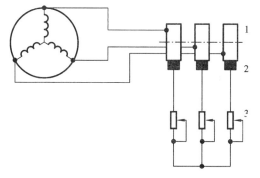

图 3-4　绕线型转子与外加变阻器的连接

1—集电环；2—电刷；3—变阻器

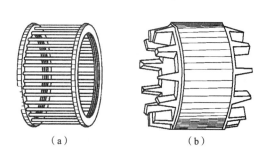

图 3-5　鼠笼式转子绕组

(a) 铜排转子；(b) 铸铝转子

3. 其他部分

其他部分包括端盖、风扇等。端盖除了起防护作用外,在端盖上还装有轴承,用以支承转子轴。风扇则用来通风,以冷却电动机。三相异步电动机的定子与转子之间的空气隙,一般仅为 0.2～1.5 mm。气隙太大,电动机运行时的功率因数会降低;气隙太小,将使装配困难,运行不可靠,高次谐波磁场增强,从而使附加损耗增加以及使启动性能变差。

3.1.2　三相异步电动机的工作原理

1. 基本原理

三相异步电动机的工作原理如图 3-6 所示。

在装有手柄的蹄形磁铁的两极间放置一个闭合导体,当转动手柄带动蹄形磁铁旋转时,将发现导体也跟着旋转;若改变磁铁的转向,则导体的转向也跟着改变。当磁铁旋转时,磁铁与闭合的导体发生相对运动,鼠笼式导体切割磁力线而在其内部产生感应电动势和感应电流。感应电流又使导体受到一个电磁力的作用,于是导体就沿磁铁的旋转方向转动起来,这就是异步电动机的基本原理。

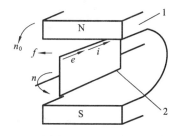

图 3-6　三相异步电动机工作原理

1—磁铁；2—闭合线圈

转子转动的方向和磁极旋转的方向相同。

由上述内容可知,欲使异步电动机旋转,必须有旋转的磁场和闭合的转子绕组。

2. 旋转磁场

1) 旋转磁场的产生

如图 3-7 所示为最简单的三相定子绕组 AX、BY、CZ,它们在空间按互差 120°的规律对称排列,并接成星形(称为星形连接)与三相电源 U、V、W 相连,则三相定子绕组通过三相对称电流。随着电流在定子绕组中通过,在三相定子绕组中就会产生旋转磁场,如图 3-8(a)所示。

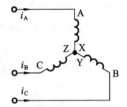

图 3-7　三相异步电动机定子接线

$$\begin{cases} i_{\text{U}} = I_{\text{m}}\sin\omega t \\ i_{\text{V}} = I_{\text{m}}\sin(\omega t - 120°) \\ i_{\text{W}} = I_{\text{m}}\sin(\omega t + 120°) \end{cases}$$

(1) 当 $\omega t = 0°$ 时：$i_{\text{A}} = 0$，AX 绕组中无电流，i_{B} 为负，BY 绕组中的电流从 Y 端流入、从 B 端流出，i_{C} 为正，CZ 绕组中的电流从 C 端流入、从 Z 端流出。由右手螺旋定则可得合成磁场的方向如图 3-8(b)所示。

(2) 当 $\omega t = 120°$ 时：$i_{\text{B}} = 0$，BY 绕组中无电流，i_{A} 为正，AX 绕组中的电流从 A 端流入、从 X 端流出，i_{C} 为负，CZ 绕组中的电流从 Z 端流入,从 C 端流出。由右手螺旋定则可得合成磁场的方向如图 3-8(c)所示。

(3) 当 $\omega t = 240°$ 时：$i_{\text{C}} = 0$，CZ 绕组中无电流；i_{A} 为负，AX 绕组中的电流从 X 端流入、从 A 端流出；i_{B} 为正，BY 绕组中的电流从 B 端流入、从 Y 端流出。由右手螺旋定则可得合成磁场的方向如图 3-8(d)所示。

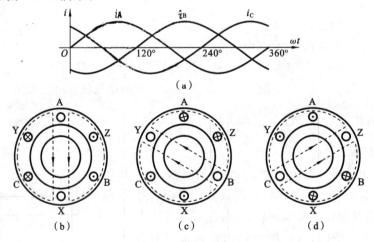

图 3-8　旋转磁场的形成

(a) 三相电流波形图；(b) $\omega t = 0°$；(c) $\omega t = 120°$；(d) $\omega t = 240°$

可见,当定子绕组中的电流变化一个周期时,合成磁场也按电流的相序方向在空间旋转一周。随着定子绕组中的三相电流不断地作周期性变化,产生的合成磁场也不断地旋转,因此称为旋转磁场。

2）旋转磁场的方向

旋转磁场的方向是由三相绕组中电流相序决定的,若想改变旋转磁场的方向,只要改变通入定子绕组的电流相序,即将三根电源线中的任意两根对调即可。这时,转子的旋转方向也跟着改变。

3. 三相异步电动机的极对数与转速

1）极对数(磁极对数)p

三相异步电动机的极对数就是旋转磁场的磁极的对数。旋转磁场的磁极对数和三相绕组的安排有关。

当每相绕组只有一个线圈,绕组的始端之间相差 $120°(=120°/1)$ 空间角时,产生的旋转磁场具有一对磁极,即 $p=1$;

当每相绕组为两个线圈串联,绕组的始端之间相差 $60°(=120°/2)$ 空间角时,产生的旋转磁场具有两对磁极,即 $p=2$;

同理,如果要产生三对磁极,即 $p=3$ 的旋转磁场,则每相绕组必须有均匀安排在空间的串联的三个线圈,绕组的始端之间相差 $40°(=120°/3)$ 空间角。

极对数 p 与绕组的始端之间的空间角 θ 的关系为

$$\theta = 120°/p \tag{3-1}$$

2）转速 n

三相异步电动机旋转磁场的转速 n_0 与电动机极对数 p 有关,它们的关系是

$$n_0 = \frac{60f_1}{p} \tag{3-2}$$

由式(3-2)可知,旋转磁场的转速 n_0 取决于电流频率 f_1 和磁场的极对数 p。对某一异步电动机而言,f_1 和 p 通常是一定的,所以磁场转速 n_0 是一个常数。

在我国,工频 $f_1 = 50$ Hz。对应于不同极对数 p 的旋转磁场转速 n_0 如表 3-1 所示。

表 3-1　极对数 p 的旋转磁场转速 n_0 的关系

p	1	2	3	4	5	6
n_0	3 000	1 500	1 000	750	600	500

3）转差率 S

电动机转子转动方向与磁场旋转的方向相同,但转子的转速 n 不可能达到与旋转磁场的转速 n_0 相等,否则,转子与旋转磁场之间就没有相对运动,因而磁力线就不切割转子导体,转子电动势、转子电流以及转矩也就都不存在。也就是说,旋转磁场与转子之间存在转速差,因此,把这种电动机称为异步电动机;又因为这种电动机的转动原理是建立在电磁感应基础上的,故又称为感应电动机。

旋转磁场的转速 n_0 常称为同步转速。

转差率 S 是用来表示转子转速 n 与磁场转速 n_0 相差的程度的物理量,即

$$S = \frac{n_0 - n}{n_0} = \frac{\Delta n}{n_0} \tag{3-3}$$

转差率是异步电动机的一个重要的物理指标。

当旋转磁场以同步转速 n_0 开始旋转时,转子则因机械惯性尚未转动,转子的瞬间转速 $n=0$,这时转差率 $S=1$。转子转动起来之后,$n>0$,n_0-n 减小,电动机的转差率 $S<1$。如果转轴上的阻转矩加大,则转子转速 n 应降低,即异步程度加大,这样才能产生足够大的感生电动势和电流,以产生足够大的电磁转矩,这时的转差率 S 增大;反之,S 减小。异步电动机运行时,转速与同步转速一般很接近,转差率很小,在额定工作状态下为 0.015~0.06。

根据式(3-3),可以得到电动机的转速常用计算式

$$n=(1-S)n_0=60(1-S)f_1/p \tag{3-4}$$

例 3-1 有一台三相异步电动机,其额定转速 $n=975$ r/min,电源频率 $f=50$ Hz,求电动机的极对数和额定负载时的转差率 S。

解 由于电动机的额定转速接近而略小于同步转速,而同步转速对应于不同的极对数有一系列固定的数值。查表 3-1,显然,与 975 r/min 最相近的同步转速 $n_0=1\,000$ r/min,与此相应的极对数 $p=3$。因此,额定负载时的转差率为

$$S=\frac{n_0-n}{n_0}\times100\%=\frac{1\,000-975}{1\,000}\times100\%=2.5\%$$

3.1.3　三相异步电动机的铭牌数据

在三相电动机的外壳上一般有一块铭牌,铭牌上注明了这台三相电动机的主要技术数据,是选择、安装、使用和修理(包括重绕组)三相电动机的重要依据,铭牌的主要内容如图 3-9 所示。

三相异步电动机			
型号 Y-112-M-4			编号
4.0 kW		8.8 A	
380 V	1440 r/min	LW82 dB	
接法△	防护等级 IP44	50 Hz	45 kg
标准编号	工作制 S1	B 级绝缘	年　月
××电机厂			

图 3-9　三相异步电动机的铭牌

1. 型号

图 3-9 中型号为 Y-112M-4,其中:Y 为电动机的系列代号,112 为基座至输出转轴的中心高度(mm),M 为机座类别(L 为长机座,M 为中机座,S 为短机座),4 为极对数。

2. 额定电压

额定电压是指接到电动机绕组上的线电压,用 U_N 表示。三相电动机要求所接的电源电压值的变动一般不超过额定电压的 ±5%。电压过高,电动机容易烧毁;电压过低,电动机难以启动,即使启动后电动机也可能带不动负载,容易烧坏。如图 3-9 所示,该电动机的额定电压为 380 V。

3. 额定电流

额定电流是指三相电动机在额定电源电压下,输出额定功率时,流入定子绕组的线电

流,用 I_N 表示,以安(A)为单位。若超过额定电流过载运行,三相电动机就会过热乃至烧毁。如图 3-9 所示,该电动机的额定电流为 8.8 A。

4. 额定功率

额定功率是指在满载运行时电动机轴上所输出的额定机械功率,用 P_N 表示,以千瓦(kW)或瓦(W)为单位。如图 3-9 所示,Y-112-M-4 型三相异步电动机的额定功率为 4.0 kW。

三相异步电动机的额定功率与其他额定数据之间有如下关系式:

$$P_N = \sqrt{3} U_N I_N \cos\varphi_N \eta_N$$

式中　$\cos\varphi_N$——额定功率因数;

　　　η_N——额定效率。

5. 额定频率

额定频率是指电动机所接的交流电源每秒内周期变化的次数,用 f_N 表示。我国规定标准电源频率为 50 Hz。

6. 额定转速

额定转速表示三相电动机在额定工作情况下运行时每分钟的转速,用 n_N 表示,一般略小于对应的同步转速 n_1。如 $n_1 = 1\ 500$ r/min,则 $n_N = 1\ 440$ r/min。

7. 绝缘等级

绝缘等级是指三相电动机所采用的绝缘材料的耐热能力,它表明三相电动机允许的最高工作温度。它与电动机绝缘材料所能承受的温度有关。A 级绝缘允许的最高温度为105 ℃,E 级绝缘允许的最高温度为 120 ℃,B 级绝缘允许的最高温度为 130 ℃,F 级绝缘允许的最高温度为 155 ℃,E 级绝缘允许的最高温度为 180 ℃。如图 3-9 所示,该电动机的绝缘等级为 B 级。

8. 接法

三相电动机定子绕组的连接方法有星形(Y)和三角形(△)两种。定子绕组只能按规定方法连接,不能任意改变接法,否则会损坏三相电动机。如图 3-9 所示,该电动机采用的是△接法。

9. 防护等级

防护等级表示三相电动机外壳的防护等级,其中 IP 是防护等级标志符号,其后面的两位数字分别表示电动机防固体和防水的能力。数字越大,防护能力越强,如图 3-9 中,"IP44"中第一位数字"4"表示电动机能防止直径或厚度大于 1 mm 的固体进入电机内壳。第二位数字"4"表示电动机能承受任何方向的溅水。

10. 噪声

在规定安装条件下,电动机运行时噪声不得大于铭牌值。如图 3-9 所示,该电动机运行时噪声不得大于 82 dB。

11. 工作制

工作制是指三相电动机允许连续使用的时间,一般分为连续(S1)、短时(S2)、周期断续(S3)三种。

(1)连续　连续工作状态是指电动机带额定负载运行时,运行时间很长,电动机的温升可以达到稳态温升的工作方式。如图 3-9 所示，Y-112-M-4 型三相异步电动机的工作制即为连续工作制。

（2）短时　短时工作状态是指电动机带额定负载运行时，运行时间很短，使电动机的温升达不到稳态温升，而停机时间很长，使电动机的温升可以降到零的工作方式。

（3）周期断续　周期断续工作状态是指电动机带额定负载运行时，运行时间很短，使电动机的温升达不到稳态温升，停止时间也很短，使电动机的温升降不到零，工作周期小于 10 min 的工作方式。

3.2　三相异步电动机的定子电路与转子电路

三相异步电动机中的电磁关系同变压器类似，定子绕组相当于变压器的原绕组，转子绕组（一般是短接的）相当于副绕组。给定子绕组接上三相电源电压，则定子中就有三相电流通过，此三相电流产生旋转磁场，其磁力线通过定子和转子铁芯而闭合，这个磁场在转子和定子的每相绕组中都要感应出电动势。

3.2.1　定子电路

三相交流异步电动机的每相等效电路类似于变压器，定子绕组相当于变压器的原绕组，闭合的转子绕组相当于副绕组，其电磁关系也同变压器类似，如图 3-10 所示。

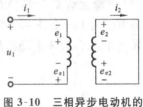

图 3-10　三相异步电动机的
一相电路

当定子绕组接三相电源电压 u_1 时，有三相电流 i_1 通过，产生旋转磁场，并通过定子和转子铁芯而闭合。因为存在旋转磁场，定子绕组和转子绕组中分别产生感应电动势 e_1 和 e_2。此外，漏磁通产生的漏磁电动势分别为 $e_{\sigma1}$ 和 $e_{\sigma2}$。

定子每相电路的电压方程和变压器原绕组的电路一样，其电压方程为

$$u_1 = i_1 R_1 + (-e_{\sigma1}) + (-e_1) = i_1 R_1 + L_{\sigma1}\frac{\mathrm{d}i_1}{\mathrm{d}t} + N_1 \frac{\mathrm{d}\Phi}{\mathrm{d}t} \tag{3-5}$$

正常工作时，定子绕组阻抗上的压降很小，可以忽略不计，故 E_1 约等于电源电压 U_1。在电源电压 U_1 和频率 f_1 不变时，Φ_m 基本保持不变。则

$$U_1 \approx E_1 = 4.44 f_1 N_1 \Phi_m$$

式中　f_1——定子绕组中电流的频率，即电源的频率；

N_1——每相定子绕组的等效匝数；

Φ_m——旋转磁场每个磁极下的磁通幅值。

3.2.2　转子电路

转子每相电路的电压方程为

$$e_2 = i_2 R_2 + (-e_{\sigma2}) = i_2 R_2 + L_{\sigma2}\frac{\mathrm{d}i_2}{\mathrm{d}t} \tag{3-6}$$

转子电路的各个物理量分别介绍如下。

1. 转子频率

$$f_2 = Sf_1 \tag{3-7}$$

转子频率 f_2 与转差率 S 有关,也就是与转速 n 有关。在 $n=0$、$S=1$,即转子静止不动时,$f_2=f_1$,此时旋转磁场对转子的相对切割速度最大。在额定负载下,$S=1\% \sim 9\%$,则 $f_2 = 0.5 \sim 4.5$ Hz。

2. 转子电动势

$$E_2 = 4.44 f_2 N_2 \Phi_{\mathrm{m}} = 4.44 s f_1 N_2 \Phi_{\mathrm{m}} = SE_{20} \tag{3-8}$$

在 $n=0$、$S=1$ 时,转子电动势为

$$E_{20} = 4.44 f_1 N_2 \Phi_{\mathrm{m}}$$

这时 $f_2=f_1$,转子电动势最大。转子电动势 E_2 与转差率 S 有关。

3. 转子感抗

$$X_2 = 2\pi f_2 L_{\sigma 2} = 2\pi S f_1 L_{\sigma 2} \tag{3-9}$$

在 $n=0$、$S=1$ 时,转子感抗为

$$X_{20} = 2\pi f_1 L_{\sigma 2}$$

这时 $f_2=f_1$,转子感抗最大。转子感抗 X_2 与转子频率 f_2、转差率 S 有关。

4. 转子电流

转子电流 I_2 也与转差率 S 有关。当 S 增大,即转速 n 降低时,转子与旋转磁场之间的相对转速 $n_0 - n$ 增加,转子导体切割磁力线的速度提高,于是 E_2 和 I_2 都增加。I_2 随 S 变化的关系曲线如图 3-11 所示。

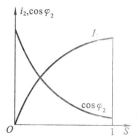

图 3-11　转子电流及 $\cos\varphi_2$
与转差率 S 的关系

3.3　三相异步电动机的电磁转矩与机械特性

3.3.1　三相异步电动机的电磁转矩

异步电动机的电磁转矩 T 是由旋转磁场的每极磁通 Φ 与转子电流 I_2 相互作用而产生的。电磁转矩的大小与转子绕组中的电流 I 及旋转磁场的强弱有关。

经理论证明,它们的关系是

$$T = K_{\mathrm{T}} \Phi I_2 \cos\varphi_2 \tag{3-10}$$

式中　T——电磁转矩;

　　　K_{T}——与电动机结构有关的常数;

　　　Φ——旋转磁场每个极的磁通量;

　　　I_2——转子绕组电流的有效值;

　　　φ_2——转子电流滞后于转子电势的相位角。

考虑电源电压及电动机的一些参数与电磁转矩的关系,可将式(3-10)修正为

$$T = K'_{\mathrm{T}} \frac{SR_2 U_1^2}{R_2^2 + (SX_{20})^2} \tag{3-11}$$

式中 K_T'——常数；

    U_1——定子绕组的相电压；

    S——转差率；

    R_2——转子每相绕组的电阻；

    X_{20}——转子静止时每相绕组的感抗。

由式(3-11)可知，转矩 T 与定子每相电压 U_1 的二次方成比例，所以当电源电压有所变动时，对转矩的影响很大。此外，转矩 T 还受转子电阻 R_2 的影响。

3.3.2 三相异步电动机的固有机械特性

在一定的电源电压 U_1 和转子电阻 R_2 下，电动机的转矩 T 与转差率 S 之间的关系曲线 $T=f(S)$、转速与转矩的关系曲线 $n=f(T)$，称为异步电动机的固有机械特性曲线。图3-12 所示为三相异步电动机的固有机械特性曲线。

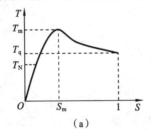 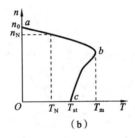

           （a）   （b）

图 3-12 三相异步电动机的固有机械特性曲线

（a）$T=f(S)$ 曲线；（b）$n=f(T)$ 曲线

在机械特性曲线上，要讨论三个转矩：额定转矩、最大转矩、启动转矩。

1. 额定转矩 T_N

额定转矩 T_N 是异步电动机带额定负载时，转轴上的输出转矩。有

$$T_N=9550\frac{P_2}{n} \tag{3-12}$$

式中 P_2——电动机轴上输出的机械功率（W）。

当忽略电动机本身机械摩擦转矩 T_0 时，阻转矩近似为负载转矩 T_L，电动机作等速旋转时，电磁转矩 T 必与阻转矩 T_L 相等，即 $T=T_L$。在额定负载下，有 $T_N=T_L$。

2. 最大转矩 T_m

最大转矩 T_m 又称为临界转矩，是电动机可能产生的最大电磁转矩。它反映了电动机的过载能力。

最大转矩的转差率为 S_m，此时的 S_m 称为临界转差率，如图 3-12(a)所示。

最大转矩 T_m 与额定转矩 T_N 之比称为电动机的过载系数，用 λ 表示，即

$$\lambda=T_m/T_N$$

通常，三相异步的过载系数在 1.8~2.2 之间。

在选用电动机时，必须考虑可能出现的最大负载转矩，而后根据所选电动机的过载系数算出电动机的最大转矩，它必须大于最大负载转矩。否则，就要重新选择电动机。

3. 启动转矩 T_{st}

启动转矩 T_{st} 为电动机启动初始瞬间的转矩，即 $n=0$、$S=1$ 时的转矩。

为确保电动机能够带额定负载启动，必须满足 $T_{st} > T_N$，对于一般的三相异步电动机，有 $T_{st}/T_N = 1 \sim 2.2$。

3.3.3　三相异步电动机的人为机械特性

三相异步电动机的机械特性与电动机的参数有关，也与外加电源电压、电源频率有关。将式(3-11)中的参数人为地加以改变而获得的特性称为异步电动机的人为机械特性。

电压 U 的变化对理想空载转速 n_0 和临界转差率 S_m 没有影响，但最大转矩 T_m 与 U_2 成正比，当降低定子电压时，n_0 和 S_m 不变，而 T_m 大大减小。

在同一转差率下，人为机械特性与固有机械特性的转矩之比等于电压的二次方之比。因此，在绘制降低电压时的人为机械特性时，是以固有机械特性为基础，在不同的 S 处，取固有机械特性上对应的转矩乘以降低后的电压与额定电压比值的二次方，即可作出人为机械特性曲线，如图 3-13 所示为三相异步电动机改变电源电压时的人为机械特性曲线。

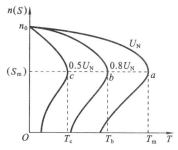

图 3-13　三相异步电动机改变电源电压时的人为机械特性曲线

在电动机定子电路中外串电阻或电抗后，电动机端电压为电源电压减去定子外串电阻上或电抗上的压降，致使定子绕组相电压降低。图 3-14 所示为三相异步电动机定子电路外接电阻或电抗时的人为机械特性曲线。

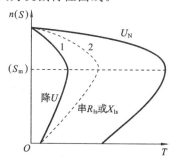

图 3-14　三相异步电动机定子电路外接电阻或电抗时的人为机械特性曲线

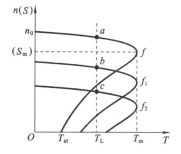

图 3-15　三相异步电动机改变电源频率时的人为机械特性曲线

一般变频调速采用恒转矩调速，即希望最大转矩保持为恒值，为此在改变频率的同时，电源电压也要作相应的变化，使 $U/f = C$，这在实质上是使电动机气隙磁通保持不变。因此，改变电源频率 f 时的人为机械特性如图 3-15 所示。

3.3.4　电动机的负载能力自适应分析

电动机在工作时，它所产生的电磁转矩 T 的大小能够在一定的范围内自动调整，以适应负载的变化，这种特性称为自适应负载能力。

例如,当负载转矩增加时,电动机的转速将下降,转差率将随之上升,电动机电流增加,直至达到新的平衡为止。在此过程中,电动机电流的增加,使电源提供的功率自动增加。

3.4 三相异步电动机的启动特性

采用电动机拖动生产机械时,对电动机启动的主要要求如下。

(1) 有足够大的启动转矩,保证生产机械能正常启动。一般场合下希望启动越快越好,以提高生产效率。即要求电动机的启动转矩大于负载转矩,否则电动机不能启动。

(2) 在满足启动转矩要求的前提下,启动电流越小越好。因为启动电流的冲击过大,对电网和电动机本身都是不利的。

(3) 要求启动平滑,即要求启动时加速平滑,以减小对生产机械的冲击。

(4) 启动设备安全可靠,力求结构简单、操作方便。

(5) 启动过程中的功率损耗越小越好。

3.4.1 三相异步电动机的启动特性分析

1. 启动电流 I_{st}

在刚启动时,由于旋转磁场对静止的转子有着很大的相对转速,磁力线切割转子导体的速度很快,这时转子绕组中感应出的电动势和产生的转子电流均很大,同时,定子电流必然也很大。一般中小型笼型电动机定子的启动电流可达额定电流的 5～7 倍。

注意:在实际操作时应尽可能不让电动机频繁启动。如在切削加工时,一般只是用摩擦离合器或电磁离合器将主轴与电动机轴脱开,而不将电动机停下来。

2. 启动转矩 T_{st}

电动机启动时,转子电流 I_2 虽然很大,但转子的功率因数 $\cos\varphi_2$ 很低,由公式 $T = C_M\Phi I_2\cos\varphi_2$ 可知,电动机的启动转矩 T 较小,通常 $T_{st}/T_N = 1.1\sim2.0$。

启动转矩小可造成两个问题:一是延长启动时间;二是不能在满载下启动。因此,应设法提高启动转矩。但启动转矩如果过大,会使传动机构受到冲击而损坏,所以一般机床的主电动机都是空载启动(启动后再切削),对启动转矩没有什么要求。

综上所述,异步电动机的主要缺点是启动电流大而启动转矩小。因此,必须采取适当的启动方法,以减小启动电流并保证有足够的启动转矩。

3.4.2 三相笼型异步电动机的启动方法

1. 直接启动

直接启动又称为全压启动,是指利用闸刀开关或接触器将电动机的定子绕组直接加到额定电压下启动。

(1) 直接启动的特点 直接启动的特点是电动机定子绕组的工作电压和启动电压相等。

(2) 直接启动的条件 由于直接启动的启动电流很大,因此,在什么情况下采用直接启动,有关供电、动力部门都有规定,主要取决于电动机的功率与供电变压器的容量之比值。

这种方法只用于小容量的电动机或电动机容量远小于供电变压器容量的场合。

一般在有独立变压器供电(即变压器供动力用电)的情况下:若电动机启动频繁,电动机功率小于变压器容量的 20% 时允许直接启动;若电动机不经常启动,电动机功率小于变压器容量的 30%,也允许直接启动。在没有独立的变压器供电(即与照明电路共用电源)的情况下,电动机启动比较频繁,则常按经验公式来估算,满足下列关系则可直接启动:

$$\frac{\text{启动电流 } I_{st}}{\text{额定电流 } I_N} \leqslant \frac{3}{4} + \frac{\text{电源总容量}}{4 \times \text{电动机功率}}$$

2. 电阻或电抗器降压启动

异步电动机采用定子串电阻的降压启动原理如图 3-16 所示。

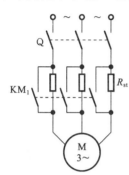

图 3-16 异步电动机采用定子串电阻的
降压启动原理

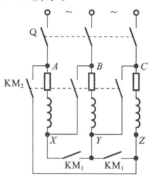

图 3-17 星形-三角形降压
启动原理

启动时,接触器 KM_1 断开,开关 Q 闭合,将启动电阻串入定子电路,使启动电流减小,待转速上升到一定程度后再将 KM_1 闭合,R_{st} 被短接,电动机接上全部电压而趋于稳定运行。

异步电动机采用定子串电抗器的降压启动原理与采用定子串电阻的原理类似,这里不赘述。

异步电动机采用定子串电阻或电抗器的降压启动的特点:

(1) 启动转矩随定子电压的二次方下降,故它只适用于空载或轻载启动的场合;

(2) 不经济,在启动过程中,电阻器上消耗能量大,不适用于经常启动的电动机,若采用电抗器代替电阻器,则所需设备费较贵,且体积大。

3. 星形-三角形降压启动

星形-三角形降压启动的接线图如图 3-17 所示。启动时,定子绕组接成星形;待转速上升到一定程度后,再将定子绕组接成三角形,电动机启动过程完成而转入正常运行。

设 U_1 为电源线电压,I_{stY}、$I_{st\triangle}$ 分别为定子绕组接成星形和三角形的启动电流(线电流),Z 为电动机在启动时每相绕组的等效阻抗。则有 $I_{stY} = U_1/\sqrt{3}Z$,$I_{st\triangle} = \sqrt{3}U_1/Z$,可知 $I_{stY} = I_{st\triangle}/3$。这样,在启动时就把定子每相绕组上的电压降到正常工作电压的 1/3。

此方法只能用于正常工作时定子绕组采用三角形连接的电动机。这种启动方法的优点是设备简单、经济、启动电流小;缺点是启动转矩小,且启动电压不能按实际需要调节,故只适用于空载或轻载启动的场合,并只适用于正常运行时定子绕组按三角形接线的异步电动机。由于这种方法应用广泛,我国规定 4 kW 及以上的三相异步电动机,其定子额定电压为 380 V,连接方法为三角形连接,当电源线电压为 380 V 时,它们就能采用星形-三角形换接启动。

4. 自耦变压器降压启动

自耦变压器降压启动的原理如图 3-18 所示。自耦降压启动是利用三相自耦变压器将电动机在启动过程中的端电压降低。

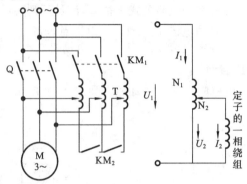

图 3-18 自耦变压器降压启动的原理

对于自耦变压器启动时的一相电路,由变压器的工作原理知,此时,副边电压与原边电压之比为

$$K = \frac{U_2}{U_1} = \frac{N_2}{N_1} \leqslant 1$$

故 $$U_2 = KU_1$$

启动时加在电动机定子每相绕组的电压是全压启动时的 K 倍,因而电流也是全压启动时的 K 倍,即

$$I_2 = KI_{st}$$

而变压器原边电流为 $$I_1 = KI_2 = K_2 I_{st}$$

即此时电网供电电流 I_1 是直接启动时电流 I_{st} 的 K_2 倍。

启动时,先把开关扳到启动位置,当转速接近额定值时,将开关扳向工作位置,切除自耦变压器。

自耦变压器启动与星形-三角形降压启动时情况一样,只是在星形-三角形降压启动时的为定值,而自耦变压器启动时副边电压与原边电压 K 是可调节的,这就是此种启动方法优于星形-三角形启动方法之处,当然它的启动转矩也是全压启动时的 K_2 倍。

采用自耦降压启动,也同时能使启动电流和启动转矩减小。正常运行采用星形连接或容量较大的笼型异步电动机,常用自耦降压启动。但是变压器的体积大、质量大、价格高、维修麻烦,且启动时自耦变压器处在过电流(超过额定电流)状态下运行,因此,不适于启动频繁的电动机。

3.4.3 三相绕线异步电动机的启动方法

笼型异步电动机的启动转矩小、启动电流大,因此不能满足某些生产机械需要高启动转矩、低启动电流的要求。

绕线异步电动机由于能在转子电路中串电阻,因此具有较大的启动转矩和较小的启动电流,即具有较好的启动特性。

在转子电路中串电阻的启动方法常用的有两种:逐级切除启动电阻法和频敏变阻器启动法。

1. 逐级切除启动电阻法

采用逐级切除启动电阻的方法,其目的和启动过程与他励直流电动机采用逐级切除启动电阻的方法相似,主要是为了使整个启动过程中电动机能保持较大的加速转矩。逐级切除启动电阻法原理如图 3-19(a)所示。

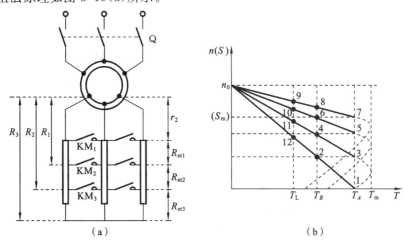

图 3-19 逐级切除启动电阻法原理与电动机的机械特性

(a) 电路原理图;(b) 机械特性

启动开始时,触点 KM_1、KM_2、KM_3 均断开,启动电阻全部接入,开关 Q 闭合,将电动机接入电网。电动机的机械特性如图 3-19(b)所示,初始启动转矩为 T_A,加速转矩 $T_{a1} = T_A - T_L$,这里 T_L 为负载转矩,在加速转矩的作用下,转速沿曲线上升,轴上输出转矩相应下降,当转矩下降至 T_B 时,加速转矩下降到 $T_{a2} = T_B - T_L$,这时,为了使系统保持较大的加速度,让 KM_3 闭合,各相电阻中的 R_{st3} 被短路,启动电阻由 R_3 减为 R_2,电动机的机械特性曲线发生变化。只要 R_2 的大小选择得合适,并掌握好切除时间,就能保证在电阻被切除的瞬间电动机轴上输出转矩重新回升到 T_A,即使电动机重新获得最大的加速转矩。以后各段电阻的切除过程与上述相似,直到转子电阻全部被切除为止,电动机稳定运行在固有机械特性曲线对应于负载转矩的点上,启动过程结束。

2. 串频敏变阻器启动法

频敏变阻器实质上是一个铁芯损耗很大的三相电抗器,铁芯由一定厚度的几块实心铁板或钢板叠成,一般做成三柱式,每柱上绕有一个线圈,三相线圈连成星形,然后接到线绕式异步电动机的转子电路中。如图 3-20 所示为串频敏变阻器原理。

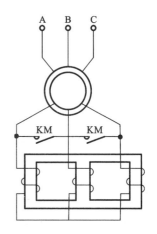

图 3-20 串频敏变阻器原理

转子回路串频敏变阻器启动过程是随着转子回路频率 $f_2 = Sf_1$ 的降低,频敏变阻器的阻抗自动减小的过程,从而在启动过程中,既能限制启动电流,又能得到较大的启动转矩。其工作过程如下。

电动机启动时,$S=1$,转子回路频率 $f_2 = Sf_1(f_1 = 50 \text{ Hz})$ 大,由于频敏变阻器的铁耗 p_{Fe} 与 f_2 的二次方成正比,因此铁耗大,反映为电抗 x_p 或阻抗 z_p 较大,使转子回路的电阻增大,从而启动电流减小、启动转矩增大。随着转速的上升,则 S 下降,f_2 减小,p_{Fe} 减小,x_p 或 z_p 自动减小,使电动机平滑启动。启动结束后,Sf_1、f_2 很小,x_p 或 z_p 也很小,近似认为 x_p 或 z_p 被切除,频敏变阻器自动不起作用。

综上所述,绕线式异步电动机转子串频敏变阻器启动和逐级切除电阻的启动方法相比较,其优点是具有自动平滑调节启动电流和启动转矩的特性,且结构简单,运行可靠,不需要经常维修。其不足是功率因素低,因而启动转矩的增大受到影响,且不能用作调速电阻。频敏变阻器启动应用于冶金、化工等传动设备上。

3.5 三相异步电动机的调速特性

由异步电动机的转速公式 $n = (1-S)60f_1/p$ 可见,改变异步电动机转速的方法有:改变转差率 S、改变极对数 p 和改变电源频率 f_1。

3.5.1 调压调速

异步电动机调压时的机械特性如图 3-21 所示。

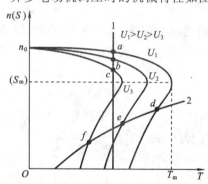

图 3-21 异步电动机调压时的机械特性

一般而言,异步电动机在轻载时,即使外加电压变化很大,转速变化也很小。而在重载时,若降低供电电压,则转速下降,同时,最大转矩也迅速下降,可能会出现过载甚至停转现象,从而引起电动机过热甚至烧坏。因此,了解异步电动机调压时的机械特性,对于了解如何改变供电电压来实现均匀调速是十分有益的。在不同电压 U_1、U_2、U_3 下,稳定运行点为 n_1、n_2、n_3,改变电压时速度变化不大,而最大转矩却迅速减小,所以调速范围非常有限。对于笼型异步电动机,可以将电动机转子的鼠笼由铸铝材料改为电阻率较大的黄铜条,使之具有较倾斜的机械特性。

调压调速的特点:

(1) 异步电动机在高速工作时,调速范围不大。

(2) 异步电动机在低速工作时,转子电路电流大,容易烧坏电动机。

3.5.2 转子电路串电阻调速

图 3-22 所示为异步电动机转子电路串电阻调速时的机械特性,只要在绕线电动机的转子电路中接入一个调速电阻 R_2(接入方法与启动电阻的一样),改变电阻 R_2 的大小,就可

实现平滑调速。例如,增大调速电阻 R_2 时,转差率 S 上升,而转速 n 下降。

转子电路串电阻调速简单可靠,但它是有级调速。这种调速方法的优点是设备简单、投资少,缺点是功率损耗较大,运行效率较低。这种调速方法广泛应用于起重设备中。

当然,这种调速方法只适用于绕线式异步电动机,其启动电阻可兼作调速电阻用,不过此时要考虑稳定运行时的发热,应适当增大电阻的容量。

所以,这种调速方法大多用在重复短期运转的生产机械中,如在起重运输设备中应用非常广泛。

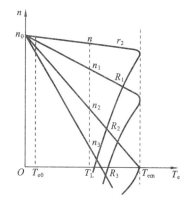

图 3-22 异步电动机转子电路串电阻调速时的机械特性

3.5.3 变极调速

由同步转速 n_0 可知,如果极对数 p 减少一半,则旋转磁场的转速 n_0 将提高一倍,转子转速 n 差不多也提高一倍。因此,改变 p 可以得到不同的转速。这种调速方法称为变极调速。极对数的多少取决于定子绕组的布置和连接方式。笼型多速异步电动机的定子绕组是特殊设计和制造的,可以通过改变外部连接的方式来改变极对数 p,以达到调节转速的目的。

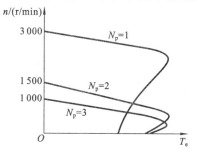

图 3-23 异步电动机变极调速时的机械特性

变极调速的基本原理是:在定子频率一定时,改变定子的极对数即可改变同步转速 n_0,从而达到调速的目的。异步电动机变极调速时的机械特性如图 3-23 所示。

这种方法需要在电动机运行时,改变定子绕组的接线方式。也可在定子上绕上独立的两套或三套不同极对数的绕组,形成双速电动机或三速电动机,这样,会使电动机的成本、体积和质量增加较多。另外,极对数必须是整数,有一对极时同步转速为 1 500 r/min,有三对极时同步转速为 1 000 r/min。因此,变极调速只能是有级调速。变极调速方式只能用于笼型异步电动机,这是因为转子要与定子同步变极,绕线式转子改变极对数非常麻烦,而鼠笼式转子能自动跟踪定子绕组的变极。

尽管这种调速方法有以上这些缺点,但它的优点也是很明显的:设备简单,操作方便,机械特性较硬,效率高;既适用于恒转矩调速,又适用于恒功率调速。

常见的多速电动机有双速、三速、四速电动机几种,是有级调速。

3.5.4 变频调速

变频调速是通过改变笼型异步电动机定子绕组的供电频率 f_1 来改变同步转速 n_0 而实现调速的。如能均匀地改变供电频率 f_1,则电动机的同步转速 n_0 及电动机的转速 n 均可以平滑地改变。在交流异步电动机的诸多调速方法中,变频调速的性能最好,其特点是调速范围大、稳定性好、运行效率高。目前,已有多种系列的通用变频器问世,其使用方便,可靠性高且经济效益显著,得到了广泛的应用。

近年来变频调速技术发展很快,目前主要采用如图 3-24 所示的通用变频调速装置。

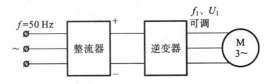

图 3-24　通用变频调速装置

它主要由整流器和逆变器两大部分组成。整流器先将频率 f 为 50 Hz 的三相交流电变换为直流电,再由逆变器变换为频率 f_1 可调、电压有效值 U_1 也可调的三相交流电,供给三相笼型电动机。由此可使电动机达到无级调速,并具有较好的机械特性。

异步电动机的转速正比于定子电源的频率 f,若连续地调节定子电源频率,即可连续地改变电动机的转速。

变频调速用于一般笼型异步电动机,采用一个频率可以变化的电源向异步电动机定子绕组供电,这种变频电源多为晶闸管变频装置。

变频调速就是利用电动机的同步转速随电动机电源频率变化的特性,通过改变电动机的供电频率进行调速的方法。利用半导体功率开关器件如晶闸管、电力晶体管等变频装置构成变频电源对异步电动机进行调速的方法已得到广泛采用。由图 3-15 可知,同步转速随电源频率线性地变化,改变频率时的电动机稳定工作区的机械特性是一组近似平行的曲线,类似于直流电动机电枢调压调速特性。因此,从性能上来讲,变频调速是交流电动机最理想的调速方法。

从异步电动机转速计算式 $n=60f_1(1-S)/p$ 来看,改变电源频率来实现交流调速似乎很容易。然而,与直流调压调速相比,实现一个交流变频电源远比实现一个可调直流电源要复杂得多。还有,从异步电动机定子电路的分析可知:

$$U_1 \approx E_1 = 4.44f_1KN_1\Phi$$

可以看出:当 U_1 不变时,f_1 与 Φ 成反比。如果 f_1 下降,则 Φ 增加,使磁路过饱和,励磁电流迅速上升,导致铁耗增加,电动机发热且效率下降,功率因数降低;如果 f_1 上升,则 Φ 减小,电磁转矩也就跟着减小,电动机负载能力下降。由此可见,在调节 f_1 的同时,还要协调地控制 U_1,即给电动机提供变压变频电源,这样才可能获得较好的调速性能。

3.6　三相异步电动机的制动特性

三相异步电动机的制动方式有机械制动和电气制动两种。

机械制动方式的优点是停车准确,不受中途断电或电气故障的影响,制动力矩在一定范围内可以克服任何外加力矩。其缺点是制动时间越短,对设备的冲击越大,并对空间位置有一定要求。

电气制动有以下几种方式。

3.6.1　反接制动

反接制动是在电动机停车时,将其所接的三根电源中任意两根对调,如图 3-25 所示,开关 Q 由上方(运行状态)合到下方(制动状态),使加在电动机定子绕组中的电源相序改变,旋转磁场反向旋转,产生与原来方向相反的电磁转矩,这对由于惯性作用仍沿原方向旋转的电动机起到制动作用。当电动机转速接近零时,利用测速装置及时将电源自动切断,否则电动机将反转。由于反接制动时,转子以 $n+n_0$ 的速度切割旋转磁场,因而定子及转子绕组中的电流较正常运行时大十几倍,为保护电动机不致过热而烧毁,反接制动时应在定子电路中串入电阻限流。

如果正常运行时异步电动机三相电源的相序突然改变,即电源反接,这就将改变旋转磁场的方向,电动机状态下的机械特性曲线就由第一象限的曲线 1 变成了第三象限的曲线 2,如图 3-26 所示。

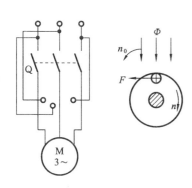

图 3-25　反接制动电气原理

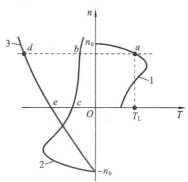

图 3-26　反接制动时电动机的机械特性

3.6.2　反馈制动

由于某种原因,异步电动机的运行速度高于它的同步速度,即 $n>n_0$,$S=\dfrac{n_0-n}{n_0}<0$,异步电动机就进入发电状态。

当转子的实际转速 n 超过旋转磁场的转速 n_0 时,这时的电磁转矩会和原方向相反,也是制动的,图 3-27 所示为反馈制动原理。

当起重机载物下降时,由于物体的重力加速度作用,电动机的转速 n 将大于旋转磁场的转速 n_0,电动机产生的电磁转矩是与转向相反的制动转矩。实际上这时电动机已进入发电机运行状态,将重物的势能转换为电能而反馈到电网里去,所以

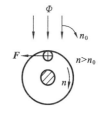

图 3-27　反馈制动的原理

称为发电反馈制动。另外,在将多速电动机从高速调到低速的过程中,也会发生这种制动。因为刚将极对数 p 加倍时,磁场转速立即减半,但由于惯性,转子的转速只能逐渐下降,因此就出现 $n>n_0$ 的情况。

反馈制动时,电机从轴上吸取功率后,一部分转换为转子铜耗,大部分则通过空气隙进

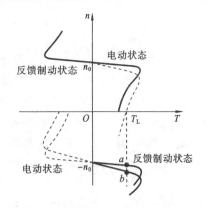

图 3-28 反馈制动电动机的机械特性

入定子,并在供给定子铜耗和铁耗后,反馈给电网。

反馈制动的机械特性曲线的特点是电动状态时的机械特性由第一象限向第二象限延伸或由第三象限向第四象限延伸,如图 3-28 所示。

3.6.3 能耗制动

当电动机与交流电源断开后,立即给定子绕组通入直流电流,将开关 KM₁ 由运行位置转换到制动位置,这样将建立一个静止的磁场,而电动机由于惯性作用继续沿原方向转动。由右手定则和左手定则不难确定,这时的转子电流与固定磁场相互作用产生的转矩的方向和电动机转动的方向相反,因而起制动的作用,使电动机迅速停车。这种制动过程,是将转子的动能转换为电能,再消耗在转子绕组电阻上,所以称为能耗制动。能耗制动的电气原理和能耗制动时电动机的机械特性分别如图 3-29(a)、(b)所示。

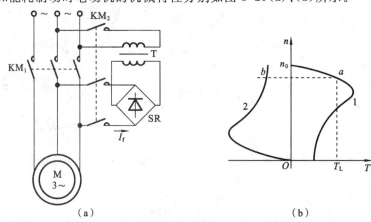

图 3-29 能耗制动的电气原理和机械特性
(a)电气原理;(b)机械特性

3.7 单相异步电动机

单向异步电动机的容量可为几瓦到几百瓦,它是一种由单向交流电源供电的旋转电动机,具有结构简单、成本低廉、运行可靠等优点,被广泛运用于电风扇、洗衣机、电冰箱、吸尘器、医疗器械及自动化控制装置中。

3.7.1 单相异步电动机的结构和工作原理

单相异步电动机的定子绕组为单相的,转子一般为鼠笼式的,如图 3-30 所示。

当接入单相交流电源时,单向异步电动机的定、转子气隙中产生一个脉动磁场。此磁场在空间并不旋转,只是磁通或磁感应强度的大小随时间作正弦变化,即 $B = B_m \sin\omega t$,如图

3-31所示。一个脉动磁场可以分解为幅值相等、速度相同、旋转方向相反的两个磁场,如图 3-32 所示。

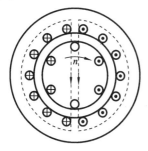

图 3-30　单向异步电动机

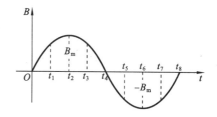

图 3-31　单向异步电动机的脉动磁场的磁感应强度变化波形

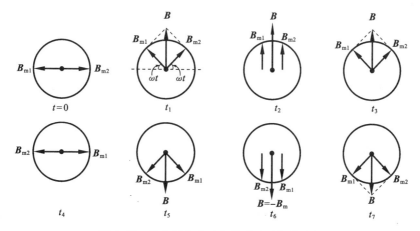

图 3-32　单向异步电动机的脉动磁场的分解
$B_{m1} \longrightarrow B_1$;$B_{m2} \longrightarrow B_2$

可以证明,一个空间轴线固定而大小按正弦规律变化的脉动磁场(用磁感应强度 B 表示),可以分解成两个转速相等而方向相反的旋转磁场,如图 3-32 所示,磁感应强度的大小为

$$B_{m1} = B_{m2} = B_m/2$$

两个旋转磁场的同步转速为

$$n_0 = \frac{60f}{p}$$

如果仅有一个单相绕组,在通电前转子原来是静止的,则通电后转子仍将静止不动。

两个旋转磁场分别作用于鼠笼式转子而产生两个方向相反的转矩,若此时用手拨动它,转子便顺着拨动方向转动起来,最后达到稳定运行状态。如图 3-33 所示为单向异步电动机的机械特性。

可以把一台单相异步电机的运行想象成是两

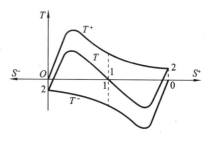

图 3-33　单向异步电动机的机械特性

台完全相同、旋转方向相反的三相笼型电动机同轴运行,两台三相电动机的机械特性完全一样,对称于坐标原点。当 $n=0$ 时电动机的转矩为零,即电动机无法启动。但一旦启动,单相异步电动机能自行加速到稳定运行状态,其旋转方向不固定,完全取决于启动时的旋转方向。

因此,要解决单相异步电动机的应用问题,首先必须解决它的启动转矩问题。

3.7.2 采用不同启动方式的单相异步电动机

单相异步电动机在启动时若能产生一个旋转磁场,就可以建立启动转矩而自行启动。根据启动方式的不同,常见的单相异步电动机有电容分相式异步电动机和罩极式异步电动机两种。

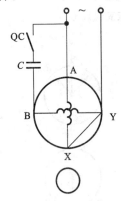

图 3-34 电容分相式异步电动机的原理

1. 电容分相式异步电动机

如图 3-34 所示为电容分相式异步电动机的原理。在启动绕组 BY 支路中,接入一离心开关 QC,电动机启动后,当转速达到额定值附近时,借离心力的作用,将 QC 打开,此后电动机就单相运行了,此种结构形式的电动机,称为电容分相式异步电动机。也可不用离心开关,即在运行时并不切断电容支路。

定子上有两个绕组 AX 和 BY,AX 为运行绕组(或工作绕组),BY 为启动绕组,它们都嵌入定子铁芯中,两绕组的轴线在空间内互相垂直。在启动绕组 BY 电路中串有电容 C,适当选择参数使该绕组中的电流 i_B 在相位上比 AX 绕组中的电流 i_A 超前 $90°$。

当选择参数使 BY 绕组中的电流在相位上比 AX 绕组中的电流超前 $90°$ 时,通电后能在定、转子气隙内产生一个旋转磁场,在此旋转磁场作用下,鼠笼式转子将跟着旋转磁场一起旋转。如图 3-35 所示为电容分相式异步电动机的旋转磁场与两绕组中电流随时间变化的曲线。

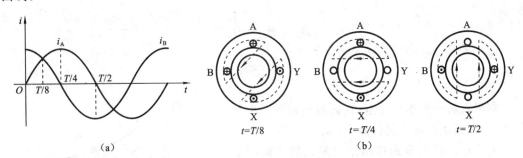

图 3-35 电容分相式异步电动机的两相电流波形和旋转磁场

(a) 两相电流波形;(b) 两相旋转磁场

欲使电动机反转,必须改变电容器 C 的串联位置来实现。如图 3-36 所示,即改变 QB 的接通位置,就可改变旋转磁场的方向,从而实现电动机的反转。

2. 罩极式异步电动机

罩极式异步电动机是一种结构简单、成本低、噪声小的单相异步电动机。按其定子结构分为凸极式和隐极式的两种。如图 3-37 所示为罩极式单相异步电动机结构。

凸极式罩极电动机也有两套定子绕组。主绕组采用集中绕组形式套在凸起的定子磁极上;在凸起的一侧开有小槽,槽内套入一个较粗的短路铜环,也称罩极线圈,作为副绕组,罩住 1/3 磁极表面。为了改善电动机磁场,两磁极间一般插有磁分流片,或称磁桥,也可以直接将磁分流片与磁极做成一体。

罩极式电动机的启动和运行性能较差,效率和功率因数较低,只适用于空载或轻载启动的小容量负载条件。

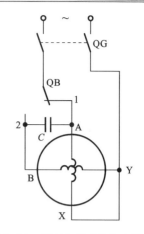

图 3-36　电容分相式异步电动机
反转接线原理图

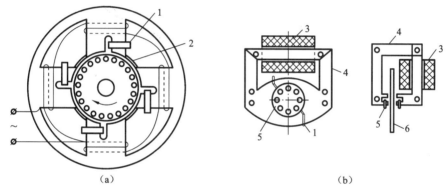

图 3-37　罩极式单相异步电动机结构
(a) 圆形定子;(b) 框形定子
1—罩极线圈;2—磁桥;3—定子绕组;4—定子;5—转子;6—金属圆盘

对于罩极异步电动机,由于它的转向是由转子磁极的结构决定的,也就是由磁极的未罩部分转向被罩部分,因此,不能用改变绕组接线的方法来改变电动机的转向。如果确实需要反转,只能把定子铁芯从机座中抽出来,反向后再装入。这种方法只有在装配或修理时实施,在运行中是无法实现的。也有的罩极式电动机在定子槽中增加了一套主绕组或者罩极线圈,用转换开关来切换,可使电动机反转。

3.8　同步电动机

同步电动机既可以作为发电机运行,亦可以作为电动机运行。同步电动机也是一种三相交流电动机,它除了用于电力传动外,还用于补偿电网功率因素。

1. 同步电动机的结构原理

同步电动机也包括定子和转子两大基本部分。定子由铁芯、电枢绕组(又称定子绕组,通常是三相对称绕制,并通有对称三相交流电流)、机座以及端盖等主要部件组成。转子包括主磁极、装在主磁极上的直流励磁绕组、特别设置的鼠笼式启动绕组、电刷及集电环等主要部件。由于同步电动机中作为旋转部分的转子只通以较小的直流励磁电流,故同步电动机特别适用于大功率、高电压的场合。

同步电动机按转子主磁极的形状分为隐极式和凸极式两种。图 3-38 所示为这两种同步电动机的电气原理。

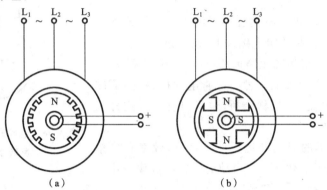

图 3-38 同步电动机的电气原理

(a) 隐极式;(b) 凸极式

电枢绕组通以对称三相交流电流后,气隙中便产生一个电枢旋转磁场,其旋转速度为同步转速

$$n_0 = \frac{60f}{p}$$

在转子励磁绕组中通以直流电流后,同一空气隙中,又出现一个大小和极性固定、极对数与电枢旋转磁场相同的直流励磁磁场,如图 3-39 所示。这两个磁场的相互作用,使转子被电枢旋转磁场拖着以同步转速一起旋转,同步电动机也由此而得名。

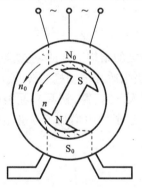 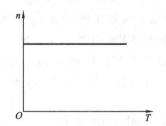

图 3-39 同步电动机的旋转磁场与直流励磁磁场　　　**图 3-40 同步电动机的机械特性**

2. 同步电动机的机械特性

在电源频率 f 与电动机转子极对数 p 一定的情况下,转子的转速为一常数,$n = n_0$,因此,同步电动机具有恒定转速的特性,它的旋转速度是不会随负载转矩而变化的。同步电动机的机械特性如图 3-40 所示。

3. 同步电动机的启动

同步电动机虽具有功率因数可以调节的优点,但却没有像异步电动机那样得到广泛应用,这不仅是由于它的结构复杂、价格高,而且还因为它启动困难。

为了启动同步电动机,通常采用异步启动法,如图 3-41 所示为同步电动机异步启动法原理电路。

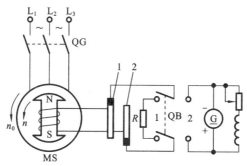

图 3-41　同步电动机异步启动法原理电路
1—电刷;2—滑环

在转子磁极的极掌上装上和鼠笼式绕组相似的启动绕组,如图 3-42 所示。启动时先不加入直流磁场,只在定子上加上三相对称电压以产生旋转磁场。等转速接近同步转速时,再在励磁绕组中通入直流励磁电流,产生固定磁极的磁场,在定子旋转磁场与转子磁场的相互作用下,便可把转子拉入同步,如图 3-43 所示。

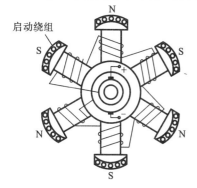
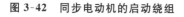

图 3-42　同步电动机的启动绕组

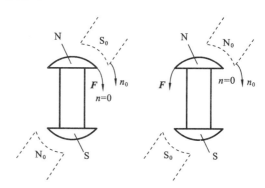

图 3-43　同步电动机的工作原理

同步电动机的启动步骤如下。

(1) 将励磁电路的转换开关 QB 投合到 1 的位置,如图 3-41 所示,使励磁绕组与直流电源断开,直接通过变阻器构成闭合回路,以免启动时励磁绕组受旋转磁场的作用而产生较高的感应电势,发生危险。

(2) 按笼型异步电动机的方法启动,给同步电动机的定子绕组加上额定电压,使转子转速升高到接近同步转速。必要时可采用降压启动。

(3) 将励磁电路转换开关 QB 投合到 2 的位置,励磁绕组与直流电源接通,转子上形成固定磁极,并很快被旋转磁场拖入同步状态。

(4) 用变阻器调节励磁电流,将同步电动机的功率因数调节到要求的数值。

4. 同步电动机的特点

（1）由于同步电动机采用了双重励磁和异步启动方式，故它的结构复杂；

（2）由于需要直流电源、启动以及控制设备，故它的一次性投入要比异步电动机高得多；

（3）运行速度恒定、功率因数可调、运行效率高。

因此，在低速和大功率的场合，如大流量、低水头的泵，面粉机的主转动轴，搅拌机，破碎机，切碎机，造纸工业中的纸浆研磨机、匀浆机，压缩机，直流发电机，轧钢机等都是采用同步电动机来传动的。

习　题

3-1　有一台三相异步电动机，其额定转速 $n_N = 1\,470$ r/min，电源频率为 50 Hz。设该电动机在额定负载下运行，试求：

（1）定子旋转磁场对定子的转速；

（2）定子旋转磁场对转子的转速；

（3）转子旋转磁场对转子的转速；

（4）转子旋转磁场对定子的转速；

（5）转子旋转磁场对定子旋转磁场的转速。

（提示：三相异步电动机中的旋转磁场是由定子电流和转子电流共同产生的。）

3-2　三相异步电动机带动一定的负载运行时，若电源电压降低了，此时电动机的转矩、电流及转速有无变化？如何变化？（提示：注意带动一定的负载运行这个条件。）

3-3　有一台三相异步电动机，其主要技术数据如下：额定功率 $P_N = 10$ kW，额定电压 $U_N = 220/380$ V，额定频率 $f_N = 50$ Hz，额定电流 $I_N = 34.1/19.7$ A，定子绕组采用星形-三角形接法，额定转速 $n_N = 2\,934$ r/min。额定运行时的损耗如下：定子铜耗 $\Delta P_{Cu1} = 347$ W，转子铜耗 $\Delta P_{Cu2} = 244$ W，铁芯损耗 $\Delta P_{Fe} = 450$ W，机械损耗 $\Delta P_m = 370$ W。试求：

（1）输入功率 p_1；

（2）功率因数 $\cos\varphi$；

（3）电磁功率 P_e；

（4）电磁转矩 T；

（5）输出转矩 T_2；

（6）效率 η。

3-4　有一台三相异步电动机，型号为 Y132S-6，其技术数据为：$P_N = 3$ kW，$U_N = 220/380$ V，满载时，$n_N = 960$ r/min，$I_N = 12.8/7.2$ A，$\eta_N \times 100 = 83$，$\cos\varphi_N = 0.75$，$\dfrac{I_{st}}{I_N} = 6.5$，$\dfrac{T_{st}}{T_N} = 2.0$，$\dfrac{T_m}{T_N} = 2.2$。

（1）电源线电压为 380 V 时，三相定子绕组应如何接？

（2）求 n_0、p、S_N、T_N、T_{st}、T_m 和 I_{st}。

（3）额定负载时电动机的输入功率是多少？

（提示：注意技术数据中三角形接法与星形接法的区别。）

3-5 有一台三相异步电动机，其额定功率 $P_N = 70$ kW，额定电压 $U_N = 220/380$ V，额定转速 $n_N = 725$ r/min，过载系数 $\lambda_m = 2.4$。试计算出它的转子不串电阻时的转矩（机械）特性。

3-6 三相异步电动机断了一根电源线后，为什么不能启动？而在运行时断了一线，为什么仍能继续转动？这两种情况对电动机将产生什么影响？（提示：三相异步电动机断了一根电源线相当于一台单相异步电动机。）

3-7 三相异步电动机在相同电源电压下，满载和空载启动时，启动电流是否相同？启动转矩是否相同？

3-8 绕线异步电动机采用转子串电阻启动时，所串电阻愈大，启动转矩是否也愈大？

3-9 某生产机械用绕线异步电动机拖动，该电动机的主要技术数据如下：$P_N = 40$ kW，$n_N = 1\,460$ r/min，$E_{20} = 420$ V，$I_{2N} = 61.5$ A，$\lambda_m = 2.6$。启动时负载转矩 $T_L = 0.75 T_N$，采用转子回路串电阻三级启动，试计算其启动电阻。

3-10 异步电动机有哪几种调速方法？各种调速方法有何优缺点？

3-11 某三相异步电动机拖动起重机主钩，该电动机的 $P_N = 20$ kW，$U_N = 380$ V，采用 Y 连接，即 $n_N = 960$ r/min，$\lambda_m = 2$，$E_{20} = 208$ V，$I_{2N} = 76$ A，若升降某重物时 $T_L = 0.72 T_N$，忽略 T_0，试计算：

（1）在固有机械特性上运行时转子的转速；

（2）转子回路每相串入 $R_1 = 0.88$ Ω 电阻时的转子转速；

（3）转速为 -430 r/min 时转子回路每相串入的电阻值 R_2。

3-12 有一台三相线绕异步电动机，用它拖动位能性负载，已知电动机技术数据如下：$P_N = 60$ kW，$n_N = 577$ r/min，$I_N = 133$ A，$E_{20} = 253$ V，$I_{2N} = 160$ A，$\lambda_m = 2.5$。

（1）电动机以转速 $n = 120$ r/min 下放重物，已知负载转矩 $T_L = 0.7 T_N$，则电动机转子回路每相应串入多大的电阻？

（2）电动机从额定转速的电动状态采用电源反接进行反接制动，以实现快速停车，要求开始制动时的制动转矩为 $1.8 T_N$，转子每相应串入多大电阻？

3-13 什么是恒功率调速？什么是恒转矩调速？

3-14 单相罩极式异步电动机是否可以用调换电源的两根线端来使电动机反转？为什么？

3-15 一般同步电动机为什么要采用异步启动法？

第4章　控制电机及应用

控制电机一般是指用于自动控制、自动调节、远距离测量、随动系统以及计算装置等中的微型特种电机。它是构成开环控制、闭环控制、同步连接等系统的基础元件。根据它在自动控制系统中的职能可分为测量元件、放大元件、执行元件和校正元件四类。

控制电机是在一般旋转电机的基础上发展起来的小功率电机,就电磁过程及所遵循的基本规律而言,它与一般旋转电机没有本质区别,只是所起的作用不同。

传动生产机械用的传动电机主要用来完成能量的变换,具有较高的性能指标(如效率和功率因数等);而控制电机则主要用来完成控制信号的传递和变换,要求它们技术性能稳定可靠、动作灵敏、精度高、体积和质量小、耗电少。当然,传动电机与控制电机也没有一个严格的界线,本章所介绍的力矩电动机、步进电动机等控制电机也可用做传动电机。

4.1　伺服电动机

伺服电动机也称执行电动机,在控制系统中用作执行元件,将电信号转换为轴上的转角或转速,以带动控制对象。

伺服电动机有交流和直流的两种,它们的最大特点是可控。在有控制信号输入时,伺服电动机就转动;没有控制信号输入,则停止转动;改变控制电压的大小和相位(或极性)就可改变伺服电动机的转速和转向。因此,它与普通电动机相比具有如下特点:

(1) 调速范围广,伺服电动机的转速随着控制电压的改变而改变,能在很广的范围内连续调节;

(2) 转子的惯性小,即能实现迅速启动和停转;

(3) 控制功率小,过载能力强,可靠性好。

4.1.1　交流伺服电动机

交流伺服电动机按转子结构主要有两种类型,如表 4-1 所示。

表 4-1　交流伺服电动机的特点和应用范围

电动机型号	转子种类	结 构 特 点	性 能 特 点	应用范围
SL	鼠笼式转子	与一般笼型电机结构相同,但转子做得细而长,转子导体用高电阻率的材料	励磁电流较小,体积较小,机械强度高,但是低速运行不够平稳,有时快时慢的抖动现象	小功率的自动控制系统
SK	杯式转子	转子做成薄壁圆筒形,放在内、外定子之间	转动惯量小,运行平滑,无抖动现象,但是励磁电流较大,体积也较大	要求运行平滑的系统

1. 两相交流伺服电动机的结构

1）定子

两相交流伺服电动机定子绕组与单相电容式异步电动机的结构相类似。其定子用硅钢片叠成，在定子铁芯的内圆表面上嵌入两个相差 90°电角度（即 $90°/p$ 空间角）的绕组，一个称为励磁绕组（WF），另一个称为控制绕组（WC），如图 4-1 所示，这两个绕组通常分别接在两个不同的交流电源（两者频率相同）上，这一点与单相电容式异步电动机不同。

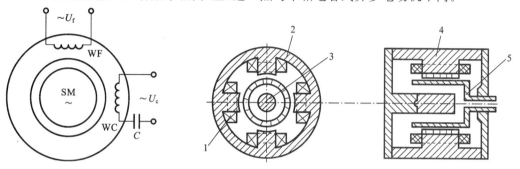

图 4-1　交流伺服电机接线图　　　　图 4-2　杯形转子结构

1—励磁绕组；2—控制绕组；3—内定子；4—外定子；5—转子

2）转子

两相交流伺服电动机的转子一般分为鼠笼式转子和杯形转子两种结构形式的。

两相交流伺服电动机的鼠笼式转子与三相笼型电动机的转子结构相似，杯形转子的结构如图 4-2 所示。

杯形转子通常用铝合金或铜合金制成空心薄壁圆筒，为了减少磁阻，在空心杯形转子内放置固定的内定子。不同结构形式的转子都制成具有较小惯量的细长形的。目前用得最多的是鼠笼式转子的交流伺服电动机。

2. 两相交流伺服电动机的工作原理

1）基本工作原理

两相交流伺服电动机是以单相异步电动机原理为基础的。从图 4-1 可以看出，励磁绕组接到电压一定的交流电网上，控制绕组接到控制电压 U_c 上，当有控制信号输入时，两相绕组便产生旋转磁场。该磁场与转子中的感应电流相互作用，产生转矩，使转子跟着旋转磁场以一定的转差率转动起来，其同步转速为 $n_0 = 60f/p$，转向与旋转磁场的方向相同，把控制电压的相位改变 180°，则可改变伺服电动机的旋转方向。

对伺服电动机的要求是控制电压一旦取消，电动机必须立即停转。但根据单相异步电动机的原理，电动机转子一旦转动以后，再取消控制电压，仅剩励磁电压单相供电，它仍将继续转动，即存在"自转"现象，这意味着失去控制作用，这是不允许的。

2）消除自转现象的措施

消除自转现象办法就是使转子导条具有较大的电阻。

从三相异步电动机的机械特性可知，转子电阻对电动机的转速转矩特性影响很大，如图 4-3 所示。转子电阻增大到一定程度，例如采用阻值为 r_{23} 的电阻时，最大转矩可出现在 $S=$

1 的点附近。

为此目的,把两相交流伺服电动机的转子电阻 r_2 设计得很大,使电动机在失去控制信号,即单相运行时,正转矩或负转矩的最大值均出现在 $s_m > 1$ 之处,这样可得出图 4-4 所示的机械特性曲线。

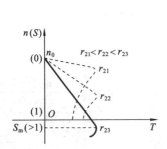

图 4-3 对应不同转子电阻时的机械特性

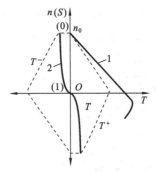

图 4-4 控制电压为 0 时的机械特性

图 4-4 中曲线 1 为有控制电压时伺服电动机的机械特性曲线,曲线 T^+ 和 T^- 为去掉控制电压后,脉动磁场分解为正、反两个旋转磁场对应产生的转矩曲线。曲线 2 为去掉控制电压后单相供电时的合成转矩曲线。

从图 4-4 可以看出,与异步电动机的机械特性曲线不同,控制电压为 0 时两相交流伺服电动机的机械特性曲线在第二和第四象限内。当速度 n 为正时,电磁转矩 T 为负,当 n 为负时,T 为正,即去掉控制电压后,单相供电时的电磁转矩的方向总是与转子转向相反,所以,是一个制动转矩。由于制动转矩的存在,转子会迅速停止转动,能保证不会发生"自转"现象。停转所需的时间,比两相电压 U_c 和 U_f 同时取消、单靠摩擦等制动方法所需的时间要少得多。这正是两相交流伺服电动机在工作时,励磁绕组始终是接在电源上的原因。

综上所述,增大转子电阻 r_2,可使单相供电时合成电磁转矩成为制动转矩,有利于消除自转,同时 r_2 的增大,还使稳定运行段加宽、启动转矩增大,有利于调速和启动。因此,目前两相交流伺服电动机的鼠笼式转子的导条通常都是用高电阻材料(如黄铜、青铜)制成,杯形转子的壁很薄,一般只有 $0.2 \sim 0.8$ mm,因而转子电阻较大,且转动惯量很小。

3) 两相交流伺服电动机的特性和应用

(1) 控制特性 两相交流伺服电动机的控制方法有三种:幅值控制,相位控制,幅值-相位控制。生产中应用幅值控制的最多,下面只讨论幅值控制法。

图 4-5 为幅值控制电路的一种接线图。

从图中看出,两相绕组接于同一单相电源,适当选择电容 C,使 U_f 与 U_c 相角相差 90°,改变 R 的大小,即改变控制电压 U_c 的大小,可以得到图 4-6 所示的不同控制电压下的机械特性曲线簇。

由图可见,在一定负载转矩下,控制电压越高,转差率越小,电动机的转速就越高,不同的控制电压对应着不同的转速。这种维持 U_f 与 U_c 相角相差 90°,利用改变控制电压幅值大小来改变转速的方法,称为幅值控制方法。

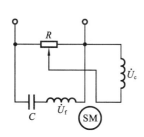

图 4-5　幅值控制电路

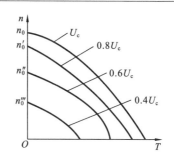

图 4-6　不同控制电压下的机械特性

4) 交流伺服电动机的应用举例

交流伺服电动机可以方便地利用控制电压 U_c 的有无来进行启动、停止控制；利用改变电压的幅值(或相位)大小来调节转速的高低；通过改变 U_c 的极性来改变电动机转向。交流伺服电动机是控制系统中的原动机。例如，雷达系统中扫描线的旋转，流量和温度控制中阀门的开启，数控机床中刀具的运动，甚至连船舰方向舵与飞机驾驶盘的控制都是用交流伺服电动机来实现的。图 4-7 所示为交流伺服电动机在自动控制系统中的典型应用方框图。

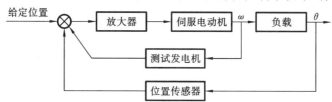

图 4-7　交流伺服电动机的典型应用原理框图

由此看出，伺服电动机的性能直接影响着整个系统的性能。因此，系统对伺服电动机的静态特性、动态特性都有相应的要求，这是在选择电动机时应该注意的。

交流伺服电动机的输出功率一般是 $0.1 \sim 100$ W，其电源频率有 50 Hz、400 Hz 等几种。在需要功率较大的场合，则应采用直流伺服电动机。

4.1.2　直流伺服电动机

直流伺服电动机通常用于功率稍大的系统中，其输出功率一般为 $1 \sim 600$ W。图 4-8(a)、(b)所示分别为他励式(传统电磁式)、永磁两种类型直流伺服电动机的原理。

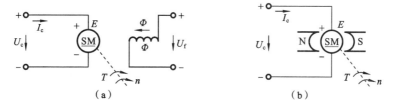

图 4-8　他励式和永磁式直流伺服电动机原理

(a) 他励式；(b) 永磁式

除上述两种形式的电动机外，还有低惯量型直流伺服电动机，它有无槽电枢、杯形电枢、印刷绕组、无刷电枢电动机等几种。它们的特点及应用范围如表 4-2 所示。

表 4-2　直流伺服电动机的特点和应用范围

种类	励磁方式	型号	结构特点	性能特点	应用范围
一般直流伺服电动机	他励或永磁	SZ 或 SY	与普通直流电动机结构相同,但电枢铁芯长度与直径之比大一些,气隙较小	具有下垂的机械特性和线性的调节特性,对控制信号响应快速	一般直流伺服系统
无槽电枢直流伺服电动机	他励或永磁	SWC	电枢铁芯为光滑圆柱体,电枢绕组用环氧树脂粘在电枢铁芯表面,气隙较大	具有一般直流伺服电动机的特点,而且转动惯量和机电时间常数小,换向良好	需要快速动作、功率较大的直流伺服系统
杯形电枢直流伺服电动机	永磁	SYK	电枢绕组用环氧树脂浇注成杯形,置于内、外定子之间,内、外定子分别用软磁材料和永磁材料做成	具有一般直流伺服电动机的特点,且转动惯量和机电时间常数小,低速运转平滑,换向好	需要快速动作的直流伺服系统
印刷绕组直流伺服电动机	永磁	SN	在圆盘形绝缘薄板上印制裸露的绕组构成电枢,磁极轴向安装	转动惯量小,机电时间常数小,低速运行性能好	低速、启动和反转频繁的控制系统
无刷直流伺服电动机	永磁	SW	由晶体管开关电路和位置传感器代替电刷和换向器,转子用永久磁铁做成,电枢绕组在定子上,且做成多相式	既保持了一般直流伺服电动机的优点,又克服了换向器和电刷带来的缺点。寿命长、噪声低	要求噪声低、对无线电不产生干扰的控制系统

直流伺服电动机的机械特性方程与他励直流电动机机械特性方程相同,即

$$n = \frac{U_c}{C_e \Phi} - \frac{R}{C_e C_m \Phi^2} T \qquad (4-1)$$

式中　U_c——电枢控制电压;

　　　R——电枢回路电阻;

　　　Φ——每极磁通;

　　　C_e、C_m——电动机结构常数。

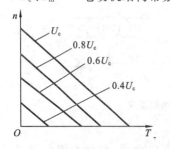

图 4-9　直流伺服电动机的机械特性曲线

由直流伺服电动机的机械特性方程可以看出,改变控制电压 U_c 或改变磁通 Φ 都可以控制直流伺服电动机的转速和转向,前者称为电枢控制,后者称为磁场控制。

由于电枢控制具有响应迅速、机械特性硬、调速特性线性度好的优点,故而实际生产中大都采用电枢控制方式(永磁式伺服电动机只能采取电枢控制方式)。

图 4-9 所示为直流伺服电动机的机械特性曲线。

4.2　力矩电动机

在某些自动控制系统中,被控制对象的转速相对于伺服电动机的转速低得多,所以,两者之间常常必须用减速装置。采用减速装置,使系统装置变得复杂,同时,这也是闭环控制系统产生自激振荡的重要原因之一,会影响系统性能的提高。因此,希望有一种低转速、大转矩的伺服电动机。力矩电动机就是一种能和负载直接连接、产生较大转矩,能带动负载在堵转或大大低于空载转速下运转的电动机。

力矩电动机分为交流力矩电动机和直流力矩电动机。直流力矩电动机具有良好的低速平稳性和线性的机械特性及调节特性,在生产中应用最广泛。

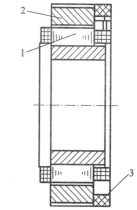

图 4-10　永磁式直流力矩电动机结构
1—电枢;2—定子;3—刷架

4.2.1　永磁式直流力矩电动机的结构特点

永磁式直流力矩电动机的工作原理和传统直流伺服电动机相同,只是在结构和外形尺寸上有所不同。一般直流伺服电动机为了减少其转动惯量,大部分做成细长圆柱形,而永磁式直流力矩电动机为了能在体积和电枢电压与一般直流伺服电动机相同的前提下,产生比较大的转矩及较低的转速,一般都做成扁平状,其结构如图 4-10 所示。

4.2.2　直流力矩电动机转矩大、转速低的原因及应用

1. 转矩与电枢形状的关系

设直流电动机每个磁极下磁感应强度平均值为 B,电枢绕组导体上的电流为 I_a,导体的有效长度(即电枢铁芯厚度)为 l,则由直流电动机基本工作原理可知,每根导体所受的电磁力为

$$F = BI_a l \tag{4-2}$$

电磁转矩为

$$T = NF\frac{D}{2} = NBI_a l \frac{D}{2} = \frac{BI_a Nl}{2}D \tag{4-3}$$

式中　N——电枢绕组总匝数;

D——电枢铁芯直径。

由式(4-3)可知电磁转矩 T 与电动机结构参数 l、D 的关系。电枢体积大小,在一定程度上反映了整个电动机的体积,因此,在电枢体积相同条件下,即保持 $\pi D^2 l$ 不变,当 D 增大时,铁芯长度 l 就应减小;在相同电流 I_a 以及相同用铜量的条件下,电枢绕组的导线粗细不变,则总匝数 N 应随 l 的减小而增加,以保持 Nl 不变。满足上述条件,则 $BI_a Nl/2$ 近似为常数,故转矩 T 与直径 D 近似成正比例关系。

2. 转速与电枢形状的关系

导体在磁场中运动切割磁力线所产生的感应电势为

$$e_a = Blv \qquad (4-4)$$

式中 v——导体运动的线速度，$v = \dfrac{\pi Dn}{60}$。

设一对电刷之间的并联支路数为2，则一对电刷间 $N/2$ 根导体串联后总的感应电势为 E_a，且在理想空载条件下，外加电压 U_a 应与 E_a 相平衡，所以

$$U_a = E_a = NBl\pi Dn_0/120 \qquad (4-5)$$

即

$$n_0 = \frac{120}{\pi} \frac{U_a}{NBlD} \qquad (4-6)$$

式(4-6)说明，在保持 Nl 不变的情况下，理想空载转速 n_0 和电枢铁芯直径 D 近似成反比，电枢直径 D 越大，电动机理想空载转速 n_0 就越低。

由以上分析可知，在其他条件相同的情况下，增大电动机直径，减小轴向长度，有利于增加电动机的转矩和降低空载转速，故力矩电动机都做成扁平圆盘状结构的。

3. 直流力矩电动机的特点和应用

由于在设计、制造上保证了其能在低速或堵转下运行，在堵转情况下能产生足够大的力矩而不损坏电动机，加上具有精度高、反应速度快、线性度好等优点，因此，直流力矩电动机常用在低速、需要转矩调节和需要一定张力的随动系统中作为执行元件。例如，数控机床、雷达天线、人造卫星天线的驱动，X-Y 记录仪及电焊枪的焊条传动等。将它与测速发电机等检测元件配合，可以组成高精度的宽调速伺服系统，调速范围可达 0.000 17～25 r/min（0.000 17 r/min 即 4 天转一周），故常称为宽调速直流力矩电动机。常用的直流力矩电动机的型号为 LY 型。

4.3 小功率同步电动机

交、直流伺服电动机转子速度的高低和转向随着控制信号电压的大小和极性（或相位）而变化，但在有些控制设备和自动装置（如打印记录机构、自动记录仪、电钟、电唱机、录音机、录像机、磁带机、电影摄影机、放映机、无线电传真机等）中，却往往要求速度不受外界的影响而恒定不变。在这些装置中小功率同步电动机得到了广泛的应用。

目前，功率从零点几瓦到数百瓦的小功率同步电动机，在需要恒速传动的装置中常用作传动电动机，在自动控制系统中也可用作执行元件。

4.3.1 永磁式同步电动机

永磁式同步电动机转子主要由两部分构成：用来产生转子磁通的永久磁铁和置于转子铁芯槽中的鼠笼式绕组，如图 4-11 所示。

永磁式同步电动机的工作原理与同步电动机的工作原理相似，只是其转子磁通是由永久磁铁产生的，如图 4-12 所示。

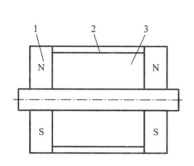

图 4-11　永磁式同步电动机转子示意
1—永久磁铁;2—鼠笼式绕组;3—转子铁芯

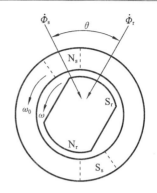

图 4-12　永磁式同步电动机的工作原理

当同步电动机的定子绕组通以三相或两相(包括单相电源经电容分相的情况)交流电流时,产生的旋转磁场(磁极以 N_s、S_s 表示)以同步角速度 ω_0 逆时针旋转。

根据两异性磁铁互相吸引的原理,定子磁铁的 N_s(或 S_s)极吸住转子永久磁铁的 S_r(或 N_r)极,以同步角速度在空间旋转,即转子和定子磁场同步旋转。维持转子的电磁转矩是定子旋转磁场和转子永久磁场相互作用而产生的。

4.3.2　磁阻式电磁减速同步电动机

1. 磁阻式电磁减速同步电动机的结构特点

磁阻式电磁减速同步电动机的定子和转子由硅钢片叠装而成,定子做成圆环形的,其外表有开口槽。定子、转子齿数是不相等的,一般转子齿数大于定子齿数,即 $z_r > z_s$。定子槽中装有三相或单相电源供电的定子绕组,定子绕组接通电源便产生旋转磁通 Φ_s,转子槽内不嵌绕组,如图 4-13 所示。

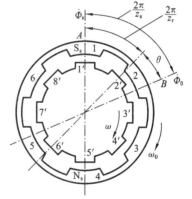

2. 磁阻式电磁减速同步电动机的工作原理

假设电动机只有一对磁极,定子齿数 $z_s = 6$,转子齿数 $z_r = 8$。在图 4-13 所示瞬间位置(A 位置),定子绕组产生的二极旋转磁通 Φ_s,其轴线正好和定子齿 1 和 4 的中心线重合。由于磁力线总是力图使自己经过的磁路磁阻最小,或者说,磁阻转矩力图使

图 4-13　磁阻式电磁减速同步电动机

转子朝着磁导最大的方向转动,所以,这时转子齿 $1'$ 和 $5'$ 分别处于和定子齿 1 和 4 相对齐的位置。当旋转磁通转过一个定子齿距 $2p/z_s$ 到图中的 B 位置时,由于磁力线要继续使自己磁路的磁阻为最小,因此,就力图使转子齿 $2'$ 和 $6'$ 转到分别与定子齿 2 和 5 相对齐的位置上。转子转过的角度为

$$\theta = \frac{2\pi}{z_s} - \frac{2\pi}{z_r} \tag{4-7}$$

因此,可求出定子旋转磁场的角速度 ω_0 和转子旋转角速度 ω 之比:

$$K_R = \frac{\omega_0}{\omega} = \frac{2\pi}{z_s} \bigg/ \left(\frac{2\pi}{z_s} - \frac{2\pi}{z_r}\right) = \frac{z_r}{z_r - z_s} \tag{4-8}$$

式中　K_R——电磁减速系数。

电动机旋转角速度为

$$\omega = \frac{z_r - z_s}{z_r}\omega_0 = \frac{z_r - z_s}{z_r}\frac{2\pi f}{p} \tag{4-9}$$

式中　p——定子磁场的极对数。

对于图 4-13 所示同步电动机,有

$$\omega = \frac{8 - 6}{8}\omega_0 = \frac{\omega_0}{4}$$

如果选取 $z_r = 100, z_s = 98$,则有

$$\omega = \frac{100 - 98}{100}\omega_0 = \frac{1}{50}\omega_0$$

一般 $z_r - z_s = 2p$,z_s 越大,z_r 和 z_s 越接近,则转子速度就越低。

通常磁阻式同步电动机转子上也加装鼠笼式启动绕组,采用异步启动法,当转子速度接近同步转速时,磁阻转矩使转子同步转动。

磁阻式减速同步电动机不需加启动绕组,它的结构简单,制造方便,成本较低,转速一般在每分钟几十转到上百转之间。它是一种常用的低速电动机。

4.4　测速发电机

测速发电机是一种微型发电机,它的作用是将转速变为电压信号,在理想状态下,测速发电机的输出电压 U_0 可以表示为

$$U_0 = Kn = KK'\frac{\mathrm{d}\theta}{\mathrm{d}t} \tag{4-10}$$

式中　K、K'——比例常数(即输出特性的斜率);

　　　n——测速发电机转子的旋转速度;

　　　θ——测速发电机转子的旋转角度。

可见,测速发电机主要有两种用途:

(1) 测速发电机的输出电压与转速成正比,因而可以用来测量转速,故称为测速发电机;

(2) 如果以转子旋转角度 θ 为参数变量,则可作为机电微分、积分器。

测速发电机广泛用于速度和位置控制系统中。根据结构和工作原理的不同,测速发电机分为交流测速发电机和直流测速发电机。其中,交流测速发电机又包括异步交流测速发电机和同步交流测速发电机。

以下介绍异步交流测速发电机和直流测速发电机。

4.4.1　异步交流测速发电机

1. 异步交流测速发电机的基本结构和工作原理

异步交流测速发电机的结构和杯形转子伺服电动机相似。其原理如图 4-14 所示。

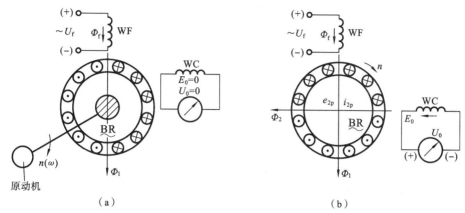

（a）　　　　　　　　　　　　　（b）

图 4-14　杯形转子交流测速发电机原理

在定子上安放两套彼此相差 90° 的绕组，WF 作为励磁绕组，接单相额定交流电源，WC 作为工作绕组（又称输出绕组），接作为负载的测量仪器。交流电源以旋转的杯形转子为媒介，在工作绕组上便感应出数值与转速成正比、频率与电网频率相同的电势。

下面分析输出电压 U_0 与转速 n 的关系。

为方便起见，可将杯形转子看成一个导条数目非常多的鼠笼式转子。当频率为 f_1 的激磁电压 U_f 加在绕组 WF 上以后，在测速发电机内、外定子间的气隙中，产生一个与 WF 轴线一致、频率为 f_1 的脉动磁通 Φ_f，即 $\Phi_f = \Phi_{fm}\sin\omega t$。如果转子静止不动，则因为磁通 Φ_f 只在杯形转子中感应变压器电势和涡流，涡流产生的磁通将阻碍 Φ_f 的变化，其合成磁通 Φ_f 的轴线仍与励磁绕组的轴线重合，而与输出绕组 WC 的轴线相互垂直，故不会在输出绕组上感应出电势，所以，输出电压 $U_0 = 0$，如图 4-14（a）所示。但如果转子以转速 n 顺时针旋转，则杯形转子还要切割磁通 Φ_1 而产生切割电势 e_{2p} 及电流 i_{2p}，如图 4-14（b）所示。因 $e = Blv$，故 e_{2p} 的有效值 E_{2p} 与 Φ_{1m} 及 n 成正比，即 $E_{2p} \propto \Phi_{1m} n$。当励磁电压 U_f 一定时，Φ_{1m} 基本不变（因 $U_f = 4.44 f_1 N_1 \Phi_{1m}$），故 $E_{2p} \propto n$。

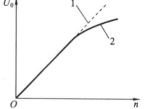

由 e_{2p} 产生的电流 i_{2p} 要产生一个脉动磁通 Φ_2，其方向正好与输出绕组 WC 轴线重合，且穿过绕组 WC，所以就在输出绕组 WC 上感应出变压器电势 e_0，其有效值 E_0 与磁通 Φ_2 成正比，即 $E_0 \propto \Phi_2$、$\Phi_2 \propto E_{2p}$。则有

$$E_0 \propto n \quad 或 \quad U_0 = E_0 = Kn \qquad (4\text{-}11)$$

式（4-11）说明：在励磁电压 U_f 一定的情况下，当输出绕组的负载很小时，异步交流测速发电机的输出电压 U_0 与转子转速 n 成正比，如图 4-15 所示。

图 4-15　异步交流测速发电机的输出特性

1—理想值；2—实际值

2. 主要技术指标

1）剩余电压

剩余电压指的是测速发电机的转速为零时的输出电压。它的存在可能会使控制系统产生误动作，从而引起系统误差。一般规定剩余电压为几毫伏到十几毫伏。

2）线性误差

严格来说，输出电压和转速之间不是直线关系，由非线性引起误差称为线性误差，其大

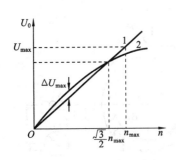

图 4-16 输出特性的线性度
1—理想值；2—实际值

小为

$$\delta = \frac{\Delta U_{\max}}{U_{\max}} \times 100\% \qquad (4-12)$$

式中 $U_{\max}$——实际输出特性和工程上选取的输出特性间输出电压的最大差值；

$\Delta U_{\max}$——对应最大的转速 $n_{\max}$ 的输出电压，如图 4-16 所示。

一般系统要求 $\delta = 1\% \sim 2\%$，精密系统要求 $\delta = 0.1\% \sim 0.25\%$。在选用时，前者一般用在自动控制系统做校正元件，后者一般做解算元件。

3）相位误差

在控制系统中希望交流测速发电机的输出电压和励磁电压同相，而实际上它们之间有相位移 φ，且 φ 随转速 n 变化。所谓相位误差就是指在规定的转速范围内，输出电压与励磁电压之间相位移的变化量，一般要求交流测速发电机相位误差不超过 $10° \sim 20°$。

4）输出斜率（灵敏度）

输出斜率是指额定励磁条件下单位转速（1 000 r/min）产生的输出电压。交流测速发电机的输出斜率比较小，故灵敏度比较低，这是交流测速发电机的缺点。

3. 交流测速发电机使用中的几个问题

输出特性的线性度与磁通 Φ_{1m} 及频率 f_1 有关，因此，在使用时要求维持 U_f 和 f_1 恒定。同时要注意负载阻抗对输出电压的影响，因为工作绕组接入负载后就有电流通过，并在工作绕组中产生阻抗压降，使输出特性陡度下降，影响测速发电机的灵敏度。

温度的变化会使定子绕组和杯形转子电阻以及磁性材料的性能发性变化，使输出特性不稳定。例如，当温度升高时，转子电阻增加，使 Φ_1、Φ_2 减小，从而使输出特性的斜率变小。绕组电阻的增加，不仅会影响输出电压的大小，还会影响输出电压的相位。在实际使用时，可外加温度补偿装置，如在电路中串入负温度系数的热敏电阻来补偿温度变化的影响。选用测速发电机时，应根据系统的频率、电压、工作速度范围、精度要求以及它在系统中所起的作用等来进行。

4.4.2 直流测速发电机

直流测速发电机是一种用来测量转速的小型他励直流发电机，图 4-17 所示为其工作原理。

空载时，电枢两端电压为

$$U_{a0} = E = C_e n \qquad (4-13)$$

由此看出，空载时测速发电机的输出电压与它的转速成正比。

有负载时，直流测速发电机的输出电压将满足

$$U_a = E - I_a R_a \qquad (4-14)$$

式中 R_a——包括电枢电阻和电刷接触电阻。

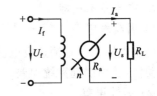

图 4-17 直流测速发电机工作原理

电枢电流为

$$I_a = U_a / R_L \tag{4-15}$$

式中 R_L——负载电阻。故有

$$U_a = \frac{C_e n}{1 + \dfrac{R_a}{R_L}} \tag{4-16}$$

式(4-16)就是有负载时直流测速发电机的输出特征方程,由此可作出图 4-18 所示的直流测速发电机的输出特性曲线。

由图 4-18 可看出,若 C_e 和 R_a、R_L 都能保持为常数(即理想状态),则直流测速发电机在有负载时输出电压与转速之间仍然是线性关系。但实际上,由于电枢反应及温度变化的影响,输出特性曲线不完全是线性的。同时还可看出,负载电阻越高,输出特性曲线弯曲得越厉害,因此,在精度要求高的场合,负载电阻必须选得大些,转速也应工作在较低的范围内。

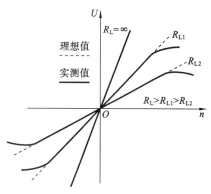

图 4-18 直流测速发电机的输出特性

4.4.3 直流测速发电机与异步测速发电机的性能比较

异步测速发电机的主要优点是:不需要电刷和换向器,因而结构简单,维护容易,惯量小,无滑动接触,输出特性稳定,精度高,摩擦转矩小,不产生无线电干扰,工作可靠,正、反向旋转时输出特性对称。其主要缺点是:存在剩余电压和相位误差,且负载的大小和性质会影响输出电压的幅值和相位。

直流测速发电机的主要优点是:没有相位波动,没有剩余电压,输出特性的斜率比异步测速发电机的大。其主要缺点是:由于采用的是有电刷的换向器,因而结构复杂,维护不便,摩擦转矩大,有换向火花,会产生无线电干扰信号,输出特性不稳定,且正、反向旋转时输出特性不对称。

实际选用时,应注意考虑以上特点。在自动控制系统中,测速发电机常用作调速系统、位置伺服系统中的校正元件,用来检测和自动调节电动机的转速,或用来产生反馈电压以提高控制系统的稳定性和精度。

4.5 直线电动机

直线电动机是一种能直接将电能转换为直线运动的伺服驱动元件。在交通运输、机械工业和仪器工业中,直线电动机已得到推广和应用,它为实现高精度、快响应和高稳定的机电传动和控制开辟了新的领域。

原则上,每一种旋转电动机都有其相应的直线电动机,故直线电动机的种类很多。一般按工作原理来区分直线电动机,将其分为直线异步电动机、直线同步电动机和直线直流电动机三种。由于直线电动机与旋转电动机在原理上基本相同,故下面只简单介绍直线异步电动机,使读者对这类电动机有一个基本的了解。

4.5.1 直线异步电动机的结构

直线异步电动机与笼型异步电动机工作原理完全相同,两者只是在结构形式上有所差别。图 4-19(a)所示是直线异步电动机的结构示意图,它相当于把旋转异步电动机(见图 4-19(b))沿径向剖开,并将定、转子沿圆周展开成平面而形成的。

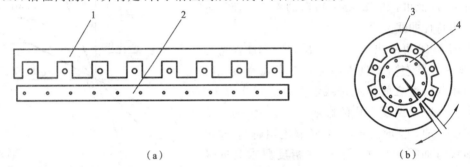

（a） （b）

图 4-19 直线和旋转异步电动机的结构比较

（a）直线异步电动机;（b）旋转异步电动机

1—定子;2—转子;3—初级;4—次级

直线异步电动机的定子一般是初级,而它的转子(动子)则是次级。在实际应用中初级和次级不能做成长度完全相等,而应该做成初、次级长短不等的结构,如图 4-20 所示。

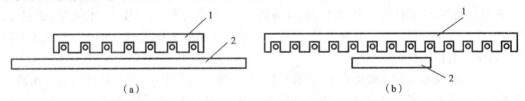

（a） （b）

图 4-20 平板型直线电动机

（a）短初级;（b）短次级

1—初级;2—次级

由于短初级结构比较简单,故一般常采用短初级。下面以短初级直线异步电动机为例来说明它的工作原理。

4.5.2 直线异步电动机的工作原理

直线电动机是由旋转电动机演变而来的,因而当初级的多相绕组通入多相电流后,也会产生一个气隙磁场,这个磁场的磁感应强度 B_δ 按通电的相序作直线移动(见图 4-21),该磁场称为行波磁场。

显然,行波的移动速度与旋转磁场在定子内圆表面的线速度是一样的,这个速度称为同步线速,用 v_s 表示,有

$$v_s = 2f\tau \tag{4-17}$$

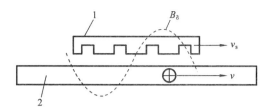

图 4-21 直线电动机的工作原理

1—初级；2—次级

式中 τ ——极距；

  f ——电源频率。

在行波磁场切割下，次级导条将产生感应电势和电流，所有导条的电流和气隙磁场相互作用，产生切向电磁力 F。结果初级是固定不动的，那么，次级就顺着行波磁场运动的方向作直线运动。

直线异步电动机的推力公式与三相异步电动机转矩公式相类似，即

$$F = KpI_2\Phi_m\cos\varphi_2 \tag{4-18}$$

式中 K——电动机结构常数；

  p——初级极对数；

  I_2——次级电流；

  Φ_m——初级一对磁极的磁通量的幅值；

  $\cos\varphi_2$——次级功率因数。

在力 F 的作用下，次级运动速度 v 应小于同步转速 v_s，则转差率 S 为

$$S = \frac{v_s - v}{v_s} \tag{4-19}$$

故次级移动速度为

$$v = (1 - S)v_s = 2f\tau(1 - S) \tag{4-20}$$

式(4-20)表明直线异步电动机的速度与电动机极距及电源频率成正比，因此，改变极距或电源频率都可改变电动机的速度。

与旋转电动机一样，改变直线异步电动机初级绕组的通电相序，就可改变电动机运动的方向，从而可使直线电动机作往复运动。

直线电动机的其他特性，如机械特性、调速特性等都与交流伺服电动机相似，因此，直线异步电动机的启动和调速以及制动方法与旋转电动机的相同。

4.5.3 直线电动机的特点及应用

直线电动机与旋转电动机相比较而言有下列优点：

（1）直线电动机不需中间传动机构，因而使整个机构得到简化，提高了精度，减少了振动和噪声。

（2）响应快速。用直线电动机拖动时，由于不存在中间传动机构的惯量和阻力矩的影响，因而加速和减速时间短，可实现快速启动和正、反向运行。

（3）散热良好，额定值高，电流密度可取很大，对启动的限制小。

（4）装配灵活性大，往往可将电动机和其他机体合成一体。

直线电动机和旋转电动机相比较，存在着效率和功率因数低、电源功率大及低速性能差等缺点。

直线电动机主要用于吊车传动、金属传送带、冲压锻压机床以及高速电力机车等方面。此外，它还可以用在悬挂式车辆传动、工件传送系统、机床导轨、门阀的开闭驱动装置等处。如将直线电动机作为机床工作台进给驱动装置时，则可将初级（定子）固定在被驱动体（滑板）上，也可以将它固定在基座或床身上。国外已有将直线电动机用在数控绘图机上的实例。

4.6 自整角机

在随动系统中，自整角机广泛用于角度的传输、变换和指示，在系统中通常是两台或多台组合使用的，用来实现两个或两个以上机械不相连的转轴同时偏转或同步旋转。

自整角机根据其在随动系统中的作用，分为自整角发送机（产生信号）和自整角接收机（接收信号）。根据使用要求不同，它又可分为力矩式和控制式自整角机，前者主要用于指示系统，后者主要用于随动系统。根据相数不同，分三相和单相自整角机，前者用于电轴系统，后者用于角传递系统。

4.6.1 自整角机的结构特点

图 4-22 为单相自整角机的结构示意图。力矩式自整角机大多数采用两级的凸极结构，只有频率较高、尺寸较大的力矩式自整角机才采用隐极结构。控制式接收机转子也采用隐极结构。

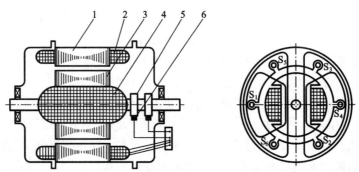

图 4-22 单相自整角机结构示意图

1—定子铁芯；2—三相整步绕组；3—转子铁芯；4—转子绕组；5—滑环；6—电刷

自整角机分定子和转子两大部分，定、转子之间有气隙。定、转子铁芯由高磁导率、低损耗的薄硅钢片冲制后经涂漆叠装而成。三相对称绕组 S_1S_4、S_2S_5、S_3S_6 称为整步绕组，它做成分布绕组的形式，并接成星形，放在定子铁芯的槽内，各相绕组的匝数相同，阻抗一样，空间互差 120°电角度。

从作用原理看，励磁绕组在定子上，整步绕组在转子上，或整步绕组在定子上，励磁绕组在转子上，二者没有本质的区别，但它们的运行性能是不一样的。整步绕组放在转子上，转子质量大,滑环多,摩擦转矩大,因而精度低,但转子花环和电刷仅在转子转动时才有电流通过,滑环的工作条件较好;单相励磁绕组放在转子上,转子质量小,滑环少,因而摩擦转矩小,精度高,同时,由于滑环少,可靠性也相应提高,然而,单相励磁绕组长期经电刷和滑环通入励磁电流,接触处长期发热,容易烧坏滑环,故这种形式只适用于小容量角传递系统。

4.6.2　控制式自整角机

图 4-23 所示是控制式自整角机的接线方式,左边的是发送机,右边的是接收机,两者结构完全一样。三相绕组放在定子上,两对三相绕组用三根导线对应地连接起来。发送机的单相绕组作为励磁绕组,接在交流电源上,其电压为 U_1 定值。接收机的单相绕组作为输出绕组,其输出电压 U_2 由定子磁通感应产生。此时,接收机是在变压器状态下工作,故在控制式自整角机系统中的接收机又称为自整角变压器。

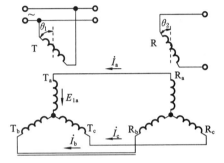

图 4-23　控制式自整角机的接线方式

发送机的转子励磁绕组轴线与定子 T_a 相绕组轴线相重合的位置是它的基准电气零位,其转子的偏转角 θ_1 即为这两条轴线间的夹角。自整角变压器的基准电气零位是转子输出绕组轴线与定子 R_a 相绕组轴线相垂直的位置,其转子的偏转角为 θ_2。

1. 控制式自整角机的基本工作原理

当发送机的励磁绕组通入励磁电流后,产生交变脉冲磁通,其幅值为 Φ_m。设转子偏转角为 θ_1,则通过 T_a 相绕组的磁通幅值为

$$\Phi_{1m} = \Phi_m \cos\theta_1 \tag{4-21}$$

因为定子三相绕组是对称的,励磁绕组轴线和 T_b 相绕组轴线的夹角为 $\theta + 240°$,和 T_c 相绕组轴线的夹角为 $\theta + 120°$,于是,通过 T_b 相绕组和 T_c 相绕组的磁通幅值分别为

$$\begin{cases} \Phi_{2m} = \Phi_m \cos(\theta_1 + 240°) = \Phi_m \cos(\theta_1 - 120°) \\ \Phi_{3m} = \Phi_m \cos(\theta_1 + 120°) \end{cases} \tag{4-22}$$

因此,在定子每相绕组中感应出的电动势有效值分别为

$$\begin{cases} E_{1a} = 4.44 f N_s \Phi_m \cos\theta_1 \\ E_{1b} = 4.44 f N_s \Phi_m \cos(\theta_1 - 120°) \\ E_{1c} = 4.44 f N_s \Phi_m \cos(\theta_1 + 120°) \end{cases} \tag{4-23}$$

式中　N_s——定子每相绕组的匝数。

若令 $E = 4.44 f N_s \Phi_m$,则有

$$\begin{cases} E_{1a} = E\cos\theta_1 \\ E_{1b} = E\cos(\theta_1 - 120°) \\ E_{1c} = E\cos(\theta_1 + 120°) \end{cases} \tag{4-24}$$

式中　E 为 $\theta = 0$ 时 T_a 相绕组中电动势的有效值。

由上述可知,在定子每相绕组中感应出的电动势是同相的,但是它们的有效值不相等。在这些电动势的作用下(假设两个星形连接的三相绕组有一中线相连),自整角变压器的三

相绕组中每个绕组流过的电流分别为

$$\begin{cases} I_a = \dfrac{E_{1a}}{Z} = \dfrac{E}{Z}\cos\theta_1 = I\cos\theta_1 \\[2mm] I_b = \dfrac{E_{1b}}{Z} = \dfrac{E}{Z}\cos(\theta_1 - 120°) = I\cos(\theta_1 - 120°) \\[2mm] I_c = \dfrac{E_{1c}}{Z} = \dfrac{E}{Z}\cos(\theta_1 + 120°) = I\cos(\theta_1 + 120°) \end{cases} \qquad (4\text{-}25)$$

式中　Z——发送机和自整角变压器每相定子电路的总阻抗。

由式(4-25)可知,$I_a + I_b + I_c = 0$,所以,实际上中线不起作用,故图 4-23 中不需要连中线。这些电流都产生脉动磁场,并分别在自整角变压器的单相输出绕组中感应出同相的电动势,其有效值为

$$\begin{cases} E_{2a}' = KI_a\cos(\theta_2 + 90°) = KI\cos\theta_1\cos\theta_2(\theta_2 + 90°) \\[1mm] E_{2b}' = KI_b\cos(\theta_2 + 90° - 120°) = KI\cos(\theta_1 - 120°)\cos(\theta_2 - 30°) \\[1mm] E_{2c}' = KI_c\cos(\theta_2 + 90° + 120°) = KI\cos(\theta_1 + 120°)\cos(\theta_2 + 210°) \end{cases} \qquad (4\text{-}26)$$

式中　K——比例系数。

自整角变压器输出绕组两端电压的有效值 U_2 为式(4-26)中各电动势之和,即

$$U_2 = E_{2a}' + E_{2b}' + E_{2c}' \qquad (4\text{-}27)$$

通过三角函数运算后得

$$U_2 = \frac{3}{2}KI\sin(\theta_1 - \theta_2) = U_{2max}\sin\delta \qquad (4\text{-}28)$$

式中　U_{2max}——输出绕组的最大输出电压,$U_{2max} = 3KI/2$;

　　　δ——失调角,$\delta = \theta_1 - \theta_2$。

由式(4-28)可见,当失调角增大时,输出电压 U_2 随之增大,当 $\delta = 90°$ 时,达到最大值 U_{2max};当 $\delta = 0°$ 时,U_2 也等于零。输出电压还随发送机转子转动方向的改变而改变极性。

2. 控制式自整角机的应用举例

图 4-24 是转角随动系统的示意图。自整角变压器的输出电压经交流放大器放大后去控制交流伺服电动机,伺服电动机也就不断转动,使 θ_1 跟随 θ_2 而变化,以保持 $\delta = 0$,达到转

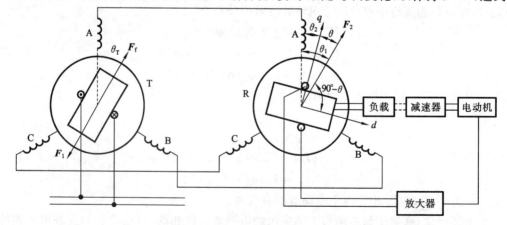

图 4-24　转角随动系统的示意图

角随动的目的。

4.6.3 力矩式自整角机

在控制式自整角机中,转角的随动是通过伺服电动机来实现的。伺服电动机既带动控制对象,也带动自整角变压器的转子。如果负载很轻(例如指示仪表的指针),就不需应用伺服电动机了,而由自整角机直接来实现转角随动,这时的自整角机就是力矩式自整角机。

图 4-25 是力矩式自整角机的接线图。力矩式自整角机右边的是接收机,它的单相绕组和发送机的单相绕组一道接在交流电源上,都作励磁用,接收机的转子带动负载。

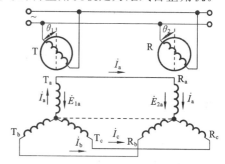

图 4-25 力矩式自整角机的接线图

1. 力矩式自整角机的基本工作原理

励磁电流通过自整角机的励磁绕组对产生各自的交变脉动磁通,此磁通在三相绕组中产生感应电动势,它们同相但是有效值不同。各相绕组中电动势的大小和这个绕组相对于励磁绕组的位置有关。若接收机转子和发送机转子相对定子绕组的位置相同(在力矩式自整角机中,发送机与接收机的电气基准零位是一样的),如图 4-25 所示,两边的偏转角 $\theta_1 = \theta_2$ 或失调角 $\delta = 0°$,那么,在两边对应的每相绕组中的电动势 $\dot{E}_{1a} = \dot{E}_{2a}$。从两边组成的每相回路来看,相应的两个电动势互相抵消,因此在两边的三相绕组中没有电流。若此时发送机转子转动一个角度,则 $\delta = \theta_1 - \theta_2 \neq 0$,于是发送机和接收机相应的每相定子绕组中的两个电动势就不能互相抵消,定子绕组中就有电流,这个电流和接收机励磁磁通作用而产生转矩(称为整步转矩),该转矩将使接收机的转子(带着负载)转动,使失调角减小,直到 $\delta = 0°$ 为止,以实现转角随动的要求。

同样,发送机的转子也受转矩的作用,它力图使发送机转子回到原先的位置,但由于发送机转子与主令轴固定连接,故不能随动。

2. 力矩式自整角机的应用举例

图 4-26 所示是力矩式自整角机在液位指示器中应用的一个例子。图中,浮子随着液面而升降,通过滑轮和平衡锤使自整角发送机转动。因为自整角接收机是随动的,所以,它带动的指针能准确地反映发送机所转过的角度,从而实现液位信息的传递。

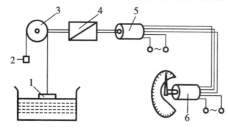

图 4-26 液位指示器的示意图

1—浮子;2—平衡锤;3—滑轮;4—变速器;5—发送机;6—接收机

4.7 步进电动机

步进电动机是一种将电脉冲信号转换成角位移或直线位移的机电执行元件。每当输入一个电脉冲时，它便转过一个固定的角度，这个角度称为步距角 β，简称步距。脉冲一个一个地输入，电动机便一步一步地转动，步进电动机因此而得名。

步进电动机是受其输入信号，即一系列的电脉冲控制而动作的。脉冲发生器所产生的电脉冲信号，通过环形分配器按一定的顺序加到电动机的各相绕组上。为使电动机能够输出足够的功率，经环形分配器产生的脉冲信号还需进行功率放大。环形分配器、功率放大器以及其他控制线路组合称为步进电动机驱动电源，它对步进电动机来说是不可缺少的部分。步进电动机、驱动电源和控制器构成步进电动机传动控制系统。

步进电动机转子运动的速度主要取决于脉冲信号的频率，总位移量取决于总的脉冲信号数，故将步进电动机作为伺服电动机应用于控制系统时，往往可以使系统简化、工作可靠，而且不需要位移传感器就可以实现较精确的定位，获得较高的控制精度。在多数情况下，它可以代替交、直流伺服电动机。

4.7.1 步进电动机的分类

步进电动机的分类方法很多，下面仅就其中几种分类方法作些简要说明。

1. 按步进电动机的工作原理分

1) 激磁式(电磁式)

激磁式步进电动机定子和转子均有绕组，靠电磁力矩使转子转动，它在实际中很少用。

2) 反应式(磁阻式)

反应式步进电动机的转子无绕组，定子绕组励磁后产生反应力矩，使转子转动。它具有较好的技术性能指标。其主要特点是：气隙小，定位精度高；步距角小，控制准确；励磁电流较大，要求驱动电源功率大；断电后无定位转矩，使用中需自锁定位。反应式步进电动机是步进电动机早期发展的主要类型，我国已于 20 世纪 70 年代形成完整的系列，生产量较大，典型的是 BF 系列，并已制定了国家标准。我国可生产机座号(指电动机直径，单位为 cm)为 28～200 的多种型号，电动机最大静转矩可以为 0.0176～15.68 N·m，步距角可以为 15°至数分(′)。

3) 永磁式

永磁式步进电动机的转子或定子的一方具有永久磁钢，另一方是由软磁材料制成的。绕组轮流通电，建立的磁场与永久磁钢的恒定磁场相互作用，产生转矩。永磁式步进电动机的结构与永磁同步电动机一样，其主要特点是：步距角大，一般为 15°、22.5°、30°、45°、90°等(5°以下的很少见)，控制精度不高；控制功率小，效率高；断电后具有一定的定位转矩。

4) 混合式(永磁感应子式)

混合式步进电动机是反应式和永磁式的结合。因为它的转子上有永久磁钢，所以，产生同样大小的转矩所需的励磁电流大大减小。它的励磁绕组只需要单一电源供电，不像反应式步进电动机那样需要高、低压电源。同时,它还具有步距角小、效率高、过载能力强、控制精度高、启动和运行频率较高、不通电时有定位转矩等优点。它代表着步进电动机的最新发展,现在已在数控机床、计算机外部设备等领域得到广泛的应用。

2. 按步进电动机输出转矩大小分

1) 快速步进电动机

快速步进电动机连续工作频率高而输出转矩小,一般为 0.07～4 N·m,可用于控制小型精密机床,如线切割机床的工作台。

2) 功率步进电动机

功率步进电动机的输出转矩比较大,一般为 5～40 N·m,可直接驱动机床移动部件。它多为多段轴向式结构,这种结构功率步进电动机的转动惯量小,快速性和稳定性好。

3. 按步进电动机电流的极性分

按定子绕组励磁电流的极性,步进电动机可分为单极性和双极性的两种。

4.7.2　步进电动机的结构和工作原理

1. 步进电动机的结构特点

步进电动机和一般旋转电动机一样,分为定子和转子两大部分。定子由定子铁芯、绕组、绝缘材料等组成。定子铁芯是由硅钢片叠成的,装上一定相数的控制绕组,由环形分配器送来的电脉冲对多相定子绕组轮流进行励磁。转子由转子铁芯、转轴等组成。转子铁芯用硅钢片叠成或用软磁材料做成凸极结构。转子本身没有励磁绕组的为反应式步进电动机,用永久磁铁做转子的为永磁式步进电动机。步进电动机的结构形式虽然繁多,但工作原理基本相同,下面仅以三相反应式步进电动机为例来予以说明。

图 4-27(a)为三相反应式步进电动机的结构示意图。定子有六个磁极,每两个相对的磁极上绕有一相控制绕组。转子上有四个凸齿。

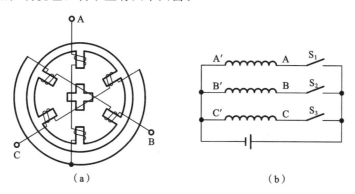

图 4-27　三相反应式步进电动机的结构与电路

(a) 结构;(b) 电路

2. 步进电动机的工作原理

步进电动机的工作原理,其实就是电磁铁的工作原理,如图 4-28 所示。

若对励磁绕组以一定方式通以直流励磁电流,则转子以相应的方式转动。其转动原理

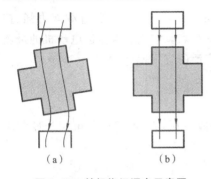

图 4-28 某相绕组通电示意图

(a) 转子齿偏离定子齿一个角度；

(b) 转子齿与定子齿对齐

其实就是电磁铁的工作原理。比如，给 A 相绕组通电时，转子位置如图 4-28(a)所示，转子齿偏离定子齿一个角度。由于励磁磁通力图沿磁阻最小的路径通过，因此对转子产生电磁吸力，迫使转子齿转动，当转子齿转到与定子齿对齐的位置时(见图 4-28(b))，因转子只受径向力而无切向力，故转矩为零，转子被锁定在这个位置上。由此可见：错齿是促使步进电动机旋转的根本原因。

3. 通电方式

步进电动机的转速既取决于控制绕组通电的频率，也取决于绕组通电方式。对于上述三相反应式步进电机，其运行方式有单三拍、单双拍及双三拍等通电方式。"单"是指每次切换前后只有一相绕组通电，"双"就是指每次有两相绕相通电，而从一种通电状态转换到另一种通电状态就称为一"拍"。下面以三相步进电动机为例介绍步进电动机的通电方式。

1) 单相轮流(三相单三拍)通电方式

如图 4-29 所示，定子绕组为三相，每次只有一相绕组通电，而每一个循环只有三次通电，故称为三相单三拍通电方式。通电顺序为 A→B→C→A 时，转子顺时针一步一步转动。通电顺序改为 A→C→B→A 时，转子逆时针一步一步转动。可见，欲改变步进电动机的旋转方向，只要改变通电顺序即可。电流换接三次，磁场旋转一周，转子前进一个角度，该角度称为齿距角(此例中转子有四个齿，则齿距角为 90°)。此例中电流换接三次走完一个齿距角，则步距角为 30°。在这种通电方式下，每次只有一相控制绕组通电吸引转子，容易使转子在平衡位置附近产生振荡，运行稳定性较差。另外，在切换时一相控制绕组断电而另一相控制绕组开始通电，容易造成失步，因而实际上很少采用这种通电方式。

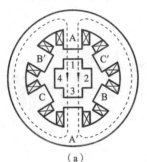 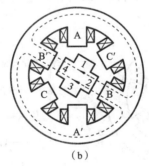 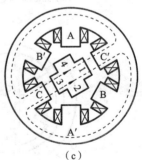

图 4-29 某相绕组通电示意图

(a) A 相通电；(b) B 相通电；(c) C 相通电

2) 双相轮流(三相双三拍)通电方式

按 AB→BC→CA→AB 或 AC→CA→BC→AC 相序循环通电。因为它是两相绕组同时通电，故称为三相双三拍通电方式。其转子受到的感应力矩大，静态误差小，定位精度高。另外，转换时始终有一相的控制绕组通电，所以工作稳定，不易失步。采用三相双三拍方式时步距角与采用三相单三拍工作方式相同，也是 30°，但运行稳定性更好。

3）单双相轮流(三相单双六拍)通电方式

如图 4-30 所示,按 A→AB→B→BC→C→CA→A 或 A→CA→C→BC→B→AB→A 相序循环通电。因为它是单、双相绕组轮流通电,故称为三相单双六拍通电方式,具有双三拍的特点。同样,通电顺序改变时,旋转方向改变。此时,电流换接次数较采用前两种通电方式时多了一倍,步子走得更小,步距角为 15°。

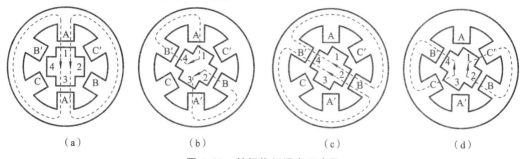

图 4-30 某相绕组通电示意图

(a) A 相通电;(b) A、B 相通电;(c) B 相通电;(d) B、C 相通电

上述步距角显然太大,不适合一般用途的要求,实用中采用小步距角步进电动机。

4.7.3 实用小步距角步进电动机

图 4-31 所示就是一个实用的小步距角步进电动机结构。从图中看出,定子、转子外圆上均有齿和槽,而且定子和转子的齿宽和齿距相等。定子上有三对磁极,分别绕有三相绕组,定子极面小齿和转子上的小齿位置符合下列规律:当 A 相的定子齿和转子齿对齐时(见图 4-31),B 相的定子齿应相对于转子齿顺时针方向错开 1/3 齿距,而 C 相的定子齿又应相对于转子齿顺时针方向错开 2/3 齿距。也就是说,当某一相磁极下定子与转子的齿相对时,下一相磁极下定子与转子齿的位置则刚好错开 τ/m,其中 τ 为齿距,m 为相数。

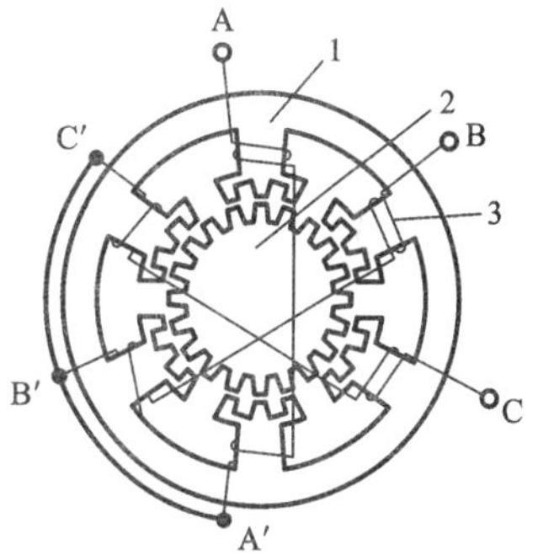

当定子通电循环一周时,转子转过一个齿距。设转子齿数为 z,则转子齿距为

$$\tau = \frac{360°}{z} \tag{4-29}$$

因为每通电一次,转子走一步,故步距角为

图 4-31 小步距角步进电动机结构示意图

1—定子;2—转子;3—定子绕组

$$\beta = 拍数/齿数 = \frac{360°}{zKm} \tag{4-30}$$

式中 K——状态系数(单三拍、双三拍时,$K=1$;单、双六拍时,$K=2$)。

若步进电动机的 $z=40$,三相单三拍运行时,其步距角为

$$\beta = \frac{360°}{3 \times 40} = 3° \tag{4-31}$$

若按三相六拍运行,步距角为

$$\beta = \frac{360°}{2 \times 3 \times 40} = 1.5° \tag{4-32}$$

由此可见,步进电动机的转子齿数 z 和定子相数(或运行拍数)愈多,则步距角愈小,控制越精确。

当定子控制绕组按着一定顺序不断地轮流通电时,步进电动机就持续不断地旋转。如果电脉冲的频率为 $f(\mathrm{Hz})$,步距角用弧度表示,则步进电动机的转速为

$$n=\frac{\beta f}{2\pi}60=\frac{\dfrac{2\pi f}{Kmz}}{2\pi}60=\frac{60}{Kmz}f \tag{4-33}$$

4.7.4　步进电动机的运行特性与性能指标

1. 步进电动机的主要特性

1) 矩角特性

矩角特性又称静态特性,指绕组中电流恒定,使转子处在各个不同位置且固定不动时电磁转矩随偏转角的变化关系。定子一相绕组通以直流电后,如果转子上没有负载转矩的作用,转子齿和通电相磁极上的小齿对齐,这个位置称为步进电动机的初始平衡位置,如图 4-32 所示。

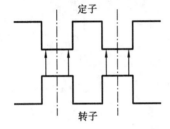

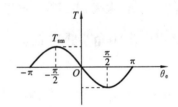

图 4-32　步进电动机初始平衡位置图　　　　图 4-33　矩角特性曲线

若用外力(静负载转矩不为零)使转子错开初始平衡位置一个角度。转子齿偏离初始平衡位置的角度就称为转子偏转角(空间角),若用电角度 θ_e 表示,则由于定子每相绕组通电循环一周(360°电角度),对应转子在空间转过一个齿距($\tau=360°/z$ 机械角度),故电角度是机械角度的 z 倍。$T=f(\theta_e)$ 就是矩角特性曲线。可以证明,此曲线可近似地用一条正弦曲线表示,如图 4-33 所示。

从图 4-33 可以看出,θ_e 达到 $\pm\pi/2$,即在定子齿与转子齿顺时针或逆时针方向错开 1/4 个齿距时,转矩 T 沿对应方向达到最大值,称为最大静转矩 T_{sm},负载转矩必须小于最大静转矩,否则,根本带不动负载。为了能稳定运行,负载转矩一般只能是最大静转矩的 30%～50%。因此,这一特性反映了步进电动机带负载的能力,通常在技术资料中都有说明,它是步进电动机的最主要的性能指标之一。

2) 启动惯频特性

在负载转矩 $T_L=0$ 的条件下,步进电动机由静止状态突然启动、不失步地进入正常运行状态所允许的最高启动频率,称为启动频率或突跳频率。启动频率与机械系统的转动惯量有关,包括步进电动机转子的转动惯量,加上其他运动部件折算至步进电动机轴上的转动惯量。转子的转动惯量越小,在相同的电磁力矩作用下加速度就越大,极限启动频率也就越高。这反映了步进电动机的启动惯频特性。

图 4-34 所示为启动频率 f 与负载转动惯量 J_L 之间的关系。随着负载转动惯量的增

加,启动频率下降。若同时存在负载转矩 T_L,则启动频率将进一步降低。在实际应用中,由于 T_L 的存在,可采用的启动频率要比启动惯频特性中标出的数值还要低。步进电动机拍数越多,步距角越小,极限启动频率就越高;最大静转矩越大,电磁力矩越大,转子加速度就越大,步进电动机的启动频率也就越高。这反映了步进电动机的启动频率特性。

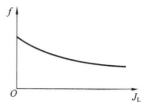

图 4-34 启动惯频特性

3) 运行频率特性

步进电动机启动后,当控制的脉冲频率连续上升时,电动机能不失步运行的最高脉冲重复频率称为连续运行频率。转动惯量主要影响运行频率连续升降的速度,而步进电动机的绕组电感和驱动电源的电压对运行频率的上限影响很大。在实际应用中,启动频率比运行频率低得多。通常采用自动升降频的方式,即步进电动机先在低频下启动,然后逐渐上升至运行频率。当需要步进电动机停转时,先将脉冲信号的频率逐渐降低至启动频率以下,再停止输入脉冲,步进电动机才能不失步地准确停止。步进电动机在小于极限启动频率下正常启动后,控制脉冲再缓慢地升高即可正常运行(不失步、不越步)。因为缓慢升高脉冲频率,转子加速度很小,转动惯量的影响可以忽略。但步进电动机随运行频率增高,负载能力变差。这反映了步进电动机的运行频率特性。

4) 矩频特性

矩频特性描述了步进电动机在负载转动惯量一定且稳态运行时的最大输出转矩与脉冲重复频率的关系。步进电动机的最大输出转矩随脉冲重复频率的升高而下降。这是因为:步进电动机的绕组为电感性负载,在绕组通电时,电流上升减缓,使有效转矩变小;绕组断电时,电流逐渐下降,产生与转动方向相反的转矩,使输出转矩变小。随着脉冲重复频率的升高,电流波形的前、后沿占通电时间的比例越来越大,频率愈高,平均电流愈小,输出转矩也就愈小。当驱动脉冲频率高到一定程度的时候,步进电动机的输出转矩已不足以克服自身的摩擦转矩和负载转矩,其转子就会在原位置振荡而不能作旋转运动,这就是所谓的步进电动机堵转或失步。步进电动机的绕组电感和驱动电源的电压对矩频特性影响很大,低电感或高电压时将获得下降缓慢的矩频特性。

图 4-35 所示为某系列步进电动机的矩频特性曲线。由图可以看出:在低频区,矩频曲线比较平坦,步进电动机保持额定转矩;在高频区,矩频曲线急剧下降,这表明步进电动机的高频特性差。因此,步进电动机作为进给运动控制设备,从静止状态到高速旋转需要有一个加速过程。同样,步进电动机从高速旋转状态到静止也要有一个减速过程。没有加速过程或者加、减速不当,步进电动机都会出现失步现象。

2. 步进电动机主要性能指标

1) 步距角 β

步距角是指每给一个电脉冲信号,步进电动机转子所应转过角度的理论值,它可由式(4-30)计算。β 是步进电动机的主要性能指针之一。不同的应用场合,对步距角大小的要求不同。它的大小直接影响步进电动机的启动和运行频率,因此,在选择步进电动机的步距角时,若通电方式和系统的传动比已初步确定,则步距角应满足

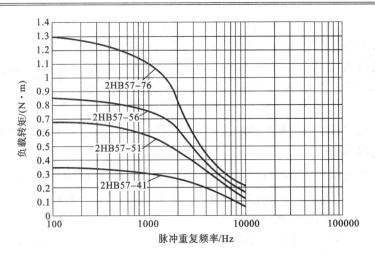

图 4-35 某系列步进电动机的矩频特性

$$\beta \leqslant i\theta_{min} \tag{4-34}$$

式中 i——传动比；

θ_{min}——负载轴要求的最小位移增量（或称脉冲当量，即每一个脉冲所对应的负载轴的位移增量）。

步距角愈小，驱动控制精度愈高。一般反应式步进电动机的步距角为 $0.75°\sim3°$；采用微机控制、由变频器三相正弦电流供电的混合式步进电动机驱动的伺服系统，步距角能小到 $0.036°$，即旋转一周能达到 10000 步（每旋转一周的步数称为分辨率）。这表明，当今步进伺服系统已达到很高的控制精度。

例 4-1 如图 4-36 所示。传动比 $i=4$，丝杠导程 $P=2$ mm，步距角 $\beta=0.9°$。求每一个脉冲所对应的丝杠的角位移量和工作台的线位移量。

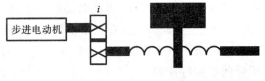

图 4-36 例 4-1 示意图

解 本题已知步距角、传动比，求负载轴对应的脉冲位移增量。负载轴对应的脉冲位移增量为

$$\beta = i\theta \tag{4-35}$$

则 $\theta = \beta/i = 0.9/4 = 0.225°$

设步进电动机每步对应工作台线位移为 X(mm)，由于丝杠（单头）每转 360°对应一个螺距的线位移，本例中螺距为 2 mm，所以

$$X = 2 \times \theta/360° = 2 \times 0.225°/360° \ \mu m = 1.25 \ \mu m$$

2）最大静转矩 T_{sm}

最大静转矩 T_{sm} 是步进电动机可能驱动的最大的负载转矩，单位为 N·m。

负载转矩与最大静转矩的关系为

$$T_{\mathrm{L}} = (0.3 \sim 0.5) T_{\mathrm{sm}} \tag{4-36}$$

为保证步进电动机在系统中正常工作,还必须满足

$$T_{\mathrm{st}} > T_{\mathrm{Lm}} \tag{4-37}$$

式中　T_{st}——步进电动机启动转矩;

　　　T_{Lm}——最大静负载转矩。

通常取 $T_{\mathrm{Lm}} = (0.3 \sim 0.5) T_{\mathrm{st}}$,以保证有相当的力矩储备。

3) 启动频率 f_{st}

启动频率是指步进电动机不失步启动的最高脉冲频率,通常是指空载启动频率 f_{0st},如 1000 步/秒、1800 步/秒、3000 步/秒等等。启动频率愈高,表明步进电动机响应的速度愈快。然而事实上,步进电动机大多是在负载的情况下启动的。负载时,负载转矩愈大,则启动的频率便愈低。因此另设一个"负载启动频率"指标,它是指在一定负载转矩下的启动率,如 2.5 N·m(1500 步/秒)。显然,负载启动频率将低于空载启动频率(为空载启动频率的 50%～80%)。

4) 精度

步进电动机的精度有两种表示方法:一种是用步距误差最大值来表示,另一种是用步距累积误差最大值来表示。

最大步距误差是指电动机旋转一周相邻两步之间实际最大步距和理想步距的差值。连续走若干步后步距误差会形成累积值,但转子转过一周后,会回到上一转的稳定位置,所以步进电动机步距的误差不会无限累积,只会在一周的范围内存在一个最大累积误差。最大累积误差是指在一转范围内从任意位置开始经过任意步之后,角位移误差的最大值。

步距误差和积累误差是两个概念,在数值上也不一样,这就是说,精度的定义没有完全统一起来。从使用的角度看,大多数情况下用累积误差来衡量精度比较方便。

对于所选用的步进电动机,其步距精度为

$$\Delta \beta = i (\Delta \beta_{\mathrm{L}}) \tag{4-38}$$

式中　$\Delta \beta_{\mathrm{L}}$——负载轴上所允许的角度误差。

影响步距误差的主要因素有转子齿的分度精度、定子磁极与齿的分度精度、铁芯叠压及装配精度、气隙的不均匀程度、各相激磁电流的不对称度等。

5) 保持转矩(或定位转矩)

保持转矩是指绕组不通电时电磁转矩的最大值或转角不超过一定值时的转矩值。通常,反应式步进电动机的保持转矩为零,而某些型号的永磁式和混合式步进电动机具有一定的保持转矩。表 4-3 所示为 57BYGH001A 型步进电动机的技术数据。

表 4-3　57BYGH001A 型步进电动机的技术数据

型　号	步距角 /(°)	机身长 /mm	静力矩 /(N·m)	引数线 /条	电流 /A	电阻 /Ω	电感 /H	转动惯量 /(kg·m²)	保持转矩 /(N·m)	质量 /kg
57BYGH001A	1.8	41	0.35	4	0.5	1.2	20	120	0.21	0.45

4.7.5 步进电动机的驱动电源

1. 驱动电源的组成

步进电动机的运行要求功率足够大的电脉冲信号按一定的顺序分配到各相绕组。所以,与其他旋转电动机不同的是,步进电动机的工作需要专门的驱动系统。步进电动机的驱动系统包含脉冲分配器(环行分配器)和功率放大器两部分,如图4-37所示。步进电动机与驱动系统是一个不可分开的有机整体,步进电动机系统的性能除了与电动机本身的性能有关外,在很大程度上取决于所使用的功率驱动电路的类型与优劣。图4-37为常见的三相步进电动机驱动系统结构示意图。

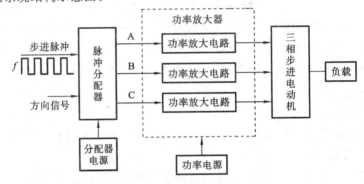

图4-37 小步距角步进电动机结构示意图

图4-37中,若步进电动机按三相单三拍方式运行,则脉冲分配器输出的A、B、C相脉冲如图4-38所示。当方向电平为低时,脉冲分配器的输出按 A→B→C 的顺序循环产生脉冲。

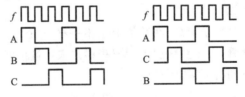

图4-38 脉冲分配示意图

当方向电平为高时,脉冲分配器的输出按 A→C→B 的顺序循环产生脉冲。

脉冲分配器输出的每一相脉冲信号都需要通过功率放大以后才可连接到步进电动机的各相绕组,从而使步进电动机产生足够大的电磁转矩带动负载。

2. 步进电动机脉冲分配器

步进电动机的脉冲分配器可通过硬件或软件方法来实现。硬件脉冲分配器有较好的响应速度,且具有直观、维护方便等优点。软件脉冲分配器则往往会受到微型计算机运算速度的限制,有时难以满足高速实时控制的要求。

1) 硬件脉冲分配器

硬件脉冲分配器需根据步进电动机的相数和步进电动机绕组的通电方式设计,图4-39所示是一个三相六拍的脉冲分配器。

分配器的主体是三个J-K触发器。三个J-K触发器的Q输出端分别经各自的功率放

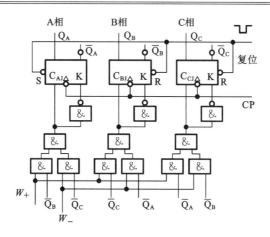

图 4-39　三相六拍脉冲分配器

大电路与步进电动机 A、B、C 三相绕组连接。电动机正转时,要使 A、B、C 按 A→AB→B→ BC→C→CA 顺序循环产生脉冲信号输出。电动机反转时,则应以 A→AC→C→CB→B→ BA 的顺序循环。电路中,决定正、反转的信号为 W_+、W_-,$W_+=1$、$W_-=0$ 时正转,$W_+=0$、$W_-=1$ 时反转。正、反转工作原理类似,下面仅对正转时的工作情况进行分析。根据电路的工作原理可知,当复位端来一个脉冲信号时,三个 J-K 触发器被置初值,即 Q_A、Q_B、Q_C 依次置为 1、0、0。每一个 CP 脉冲的下降沿将 J-K 触发器 J 端的状态锁存到 Q 端,可得出正转($W_+=1$、$W_-=0$)时脉冲分配器的逻辑状态真值表(见表 4-4)。

表 4-4　脉冲分配器的逻辑状态真值表

序　　号	控制信号状态			输出状态			导电绕组
	C_{AJ}	C_{BJ}	C_{CJ}	Q_A	Q_B	Q_C	
0	1	1	0	1	0	0	A
1	0	1	0	1	1	0	AB
2	0	1	1	0	1	0	B
3	0	0	1	0	1	1	BC
4	1	0	1	0	0	1	C
5	1	0	0	1	0	1	CA
6	1	1	0	1	0	0	A

由此可见,连续的输入脉冲 CP 将循环不断地在 Q_A、Q_B、Q_C 端产生三相六拍式脉冲输出。

2)软件脉冲分配器

软件脉冲分配是通过程序来设定硬件接口的位状态,从而产生一定的脉冲分配输出。对于不同的计算机和接口器件,软件脉冲分配有不同的形式。现以 MCS-51 系列单片机 8031 为例加以说明。8031 单片机本身包含 4 个 8 位输入/输出(I/O)端口,分别为 P0、P1、P2、P3。若要实现三相六拍方式的脉冲分配,需要三根输出口线,本例中选 P1 口的 P1.0、P1.1、P1.2 位作为脉冲分配的输出,如图 4-40 所示。

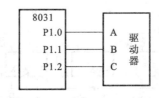

图 4-40 单片机与驱动器的连接

根据 8031 单片机的基本原理,对 P1.0、P1.1、P1.2 位编程,使其按表 4-5 的规定改变输出状态,就可实现三相六拍方式的脉冲分配。

表 4-5 脉冲分配器的逻辑状态真值表

P1.7	P1.6	P1.5	P1.4	P1.3	P1.2	P1.1	P1.0	通电相
×	×	×	×	×	0	0	1	A
×	×	×	×	×	0	1	1	AB
×	×	×	×	×	0	1	0	B
×	×	×	×	×	1	1	0	BC
×	×	×	×	×	1	0	0	C
×	×	×	×	×	1	0	1	CA

表中 P1.3~P1.7 位在此例中不相干,可任意设为 1 或 0。若设定为 0,则向端口 P1 输送的内容依次为 01H、03H、02H、06H、04H、05H。编写程序时,将这些值按顺序存放在固定的只读存储器中,设计一个正转子程序和一个反转子程序供主程序调用。正转子程序按顺序将表中的内容输至 P1 端口,而反转子程序按逆序将表中的内容输至 P1 端口。主程序每调用一次子程序,就完成一次 P1 端口的输出。主程序调用子程序的时间间隔(可用软件延时或中断的方法实现)决定了输出脉冲的频率,从而决定了步进电动机转速。下面是正转子程序清单,反转子程序与此相类似。

```
CW:CJNE R0,#6,CW1        ;R0 指示数据表中数据输出的相对指针
MOV R0,#0               ;若指针已指到表尾,则将指针重指向表头
CW1:MOV A,R0
MOV DPTR,#TABLE         ;指针 DPTR 指向表头
MOVC A,@A+DPTR          ;从表中取值送到 A 中
MOV P1,A               ;A 的内容送到输出端口 P1
INC R0                 ;为取下一个数作准备
RET
```

3. 步进电动机的驱动电路

步进电动机的功率驱动电路实际上是一种脉冲放大电路,使脉冲具有一定的功率驱动能力。由于功率放大器的输出直接驱动电动机绕组,因此,功率放大电路的性能对步进电动机的运行性能影响很大。对于驱动电路,核心问题是如何提高步进电动机的快速性和平稳性。常见的经济型数控机床步进电动机驱动电路主要有以下几种。

1) 单电压驱动电路

图 4-41 所示是步进电动机一相的驱动电路。电动机绕组电感为 L,电阻为 r。三极管

VT 可以认为是一个无触点开关,它的理想工作状态应使电流流过电动机绕组的波形尽可能接近矩形波。但由于电感线圈中电流不能突变,在接通电源后绕组中的电流按指数规律上升。

绕组电流为

$$i = \frac{U}{R+r}(1 - e^{\tau/r}) \qquad (4-39)$$

时间常数为

$$\tau = \frac{L}{R+r} \qquad (4-40)$$

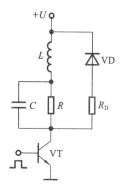

图 4-41　单电压驱动电路

绕组中的电流须经一段时间后才能达到稳态电流。由于步进电动机绕组本身的电阻很小(为零点几欧),所以,若不加外接电阻,其时间常数 L/r 将很大,绕组中电流上升速度很慢,从而严重影响电动机的启动频率。串以电阻 R 后,时间常数变成 $L/(R+r)$,可缩短绕组中电流上升的过渡时间,从而提高工作速度。

在电阻 R 两端并联电容 C,是由于电容上的电压不能突变,在绕组由截止到导通的瞬间,电源电压全部降落在绕组上,使电流上升更快,所以,该电容又称为加速电容。二极管 VD 在三极管 VT 截止时起续流和保护作用,以防止三极管截止瞬间绕组产生的反电势造成管子击穿。串联电阻使电流下降更快,从而使绕组电流波形后沿变陡。

这种电路的缺点是电阻 R 上有功率消耗,为了提高快速性,需加大其阻值 R,随着阻值的加大,电源电压也势必提高(稳态电流达到一定值),功率消耗也进一步加大,正因为这样,单电压限流型驱动电路的使用受到了限制。

2）高、低压切换型驱动电路

高、低压切换型驱动电路的最后一级如图 4-42 所示。这种电路中,采用高压和低压两种电压供电,一般高压为低压的数倍。

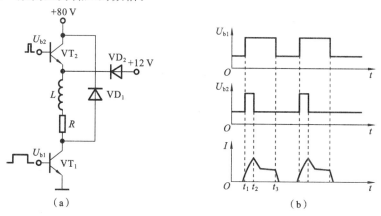

图 4-42　高、低压切换型驱动电路

(a) 原理图;(b) 电压、电流波形

若加在 VT₁ 和 VT₂ 基极的电压 U_{b1} 和 U_{b2} 如图 4-42(b)所示,则在 $t_1 \sim t_2$ 时间内,VT₁ 和 VT₂ 均饱和导通,+80 V 的高压电源经三极管 VT₁ 和 VT₂ 加在步进电动机的绕组 L

上,使绕组电流迅速上升。当到达某一时刻(采取定时方式),或当电流上升到某一数值时(采用定流方式),U_{b2} 变为低电平,VT_2 截止,电动机绕组的电流由 +12 V 电源经管 VT_1 来维持,此时,以 t_2 处的电流为初值,电流下降到电动机的额定电流,当时间到达 t_3 时,U_{b1} 也为低电平,VT_1 截止,电动机绕组电流经续流回路下降到零。

高、低压驱动线路的优点是:功耗小,启动力矩大,突跳频率和工作频率高。其缺点是:大功率管的数量要多用一倍,需要增加驱动电源。

3) 模块化的驱动电路

以雷赛科技生产的 M415B 型步进驱动器为例来介绍模块化的步进电动机驱动电源。M415B 是采用美国 IMS 公司先进技术生产的细分型高性能步进驱动器,适合驱动中小型的任何 1.5 A 相电流以下的两相或四相混合式步进电动机。由于采用新型的双极性恒流斩波驱动技术,使用同样的电动机时可以比采用其他驱动方式时输出的速度和功率更大。其细分功能使步进电动机运转精度提高,振动减小,干扰减少。

(1)特点 M415B 型驱动器具有高性能、低价格的特点,斩波方式为双极性恒流斩波方式,斩波频率 20 kHz。其供电电源为 40 V 直流电,采用光隔离信号输入,输入电信号 TTL 兼容。其细分精度分 2、4、8、16、32、64,细分可选,可实时改变细分。其驱动电流为每相 1.5 A,可驱动任何 1.5 A 相电流以下的 4、6、8 线两相步进电动机,静止时电流可减半。最高响应频率为 100 kHz。具有电源接反保护功能。

(2)应用领域 M415B 型驱动器适合各种中小型自动化设备和仪器,例如气打标机、贴标机、割字机、激光打标机、绘图仪、小型雕刻机、数控机床等,应用于低振动、小噪声、高精度、高速度的设备中效果特佳。

(3)引脚信号定义 表 4-6 所示为 M415B 型驱动器的引脚定义。

表 4-6 引脚定义

P1				P2	
引脚序号		引脚定义		引脚序号	引脚定义
10 位插针	4 位端子				
2	4	ENA		1	GND
4	3	OPTO(+5 V)		2	+U
6	2	DIR		3	A+
8	1	PUL		4	A−
9		GND		5	B+
10		UCC		6	B−
1		FSTEP			
3		MS0			
5		MS1			
7		MS2			

(4)引脚功能详解 表 4-7 所示为弱电接线信号功能,括号内为 10 位插针;表 4-8 所示为 P2 强电接线信号。

表 4-7　弱电接线信号

信　号	功　能
PUL	脉冲信号,上升沿有效,每当脉冲由低变高时电动机走一步
DIR	方向信号,用于改变电动机方向,TTL 电平驱动
OPTO(+5 V)	光耦驱动电源
ENA	使能信号,禁止或允许驱动器工作,低电平禁止
GND	内部电路电源的地
UCC	内部电路电源,+5 V
FSTEP	整步输出信号,高电平有效,用于动态改细分
MS0	细分选择最低位,用于动态改细分
MS1	细分选择第二位,用于动态改细分
MS2	细分选择最高位,用于动态改细分

表 4-8　P2 强电接线信号

信　号	功　能
GND	直流电源地
+U	直流电源正极,典型值为 24 V
A+、A−	电动机 A 相
B+、B−	电动机 B 相

(5) 电气特性　表 4-9 所示为环境温度 $T=25\ ℃$ 时 M415B 型驱动器的电气特性。

表 4-9　电气特性

供电范围	+18~40 V 直流电
典型供电电压	+24 V 直流电
峰值输出电流	0.1~1.5A(可调)
细分精度	参见表 4-11

(6) 使用环境及参数　表 4-10 所示为 M415B 型驱动器的使用环境及参数。

表 4-10　使用环境及参数

冷却方式		自然冷却或强制风冷
使用环境	场合	尽量避免粉尘、油雾及腐蚀性气体
	温度	0~+50 ℃
	湿度	40%~90%(相对湿度)
	振动	最大加速度为 5.9 m/s²
保存温度		−20~+65 ℃
质量		约 150 g

（7）机械安装尺寸　图 4-43 所示为 M415B 型驱动器的机械安装尺寸。

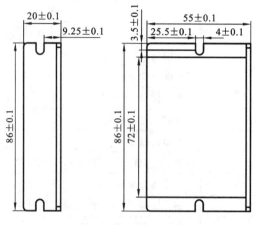

图 4-43　机械安装尺寸

（8）电源供给　电源电压在 18～40 V 之间时，M415B 型驱动器都可以正常工作。最好采用非稳压型直流电源供电，也可以采用变压器降压、桥式整流、电容滤波方式供电，电容可取 1100 μF 左右。但注意应使整流后电压纹波峰值不能超过 40 V，如超过有可能损坏驱动器。建议用户使用 24～26 V 直流供电，避免电压波动超过驱动器电压工作范围。

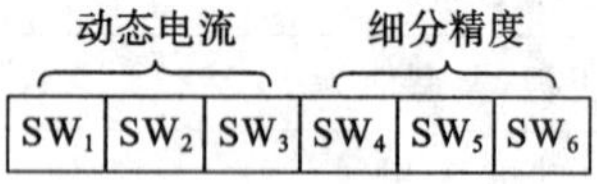

（9）细分和电流设定　M415B 型驱动器采用 SW_1～SW_6 六位拨码开关设定细分精度、动态电流和静态电流。详细描述如图 4-44 所示。

动态电流　　细分精度

| SW_1 | SW_2 | SW_3 | SW_4 | SW_5 | SW_6 |

图 4-44　拨码开关设定

细分精度由 SW_4、SW_5、SW_6 三位拨码开关或 PID 的 MS_0、MS_1、MS_2 决定，如表 4-11 所示。

表 4-11　细分设定

细分倍数	步数/圈（1.8°/步数）	SW_4/MS_0	SW_5/MS_1	SW_6/MS_2
1	200	ON	ON	ON
2	400	OFF	ON	ON
4	800	ON	OFF	ON
8	1600	OFF	OFF	ON
16	3200	ON	ON	OFF
32	6400	OFF	ON	OFF
64	12800	ON	OFF	OFF
由外部确定	动态改细分/禁止工作	OFF	OFF	OFF

拨码开关组的 SW_1、SW_2、SW_3 用于设定电动机运转时的动态电流，电流设定如表 4-12 所示。其中，跳线 JP_1、JP_2 出厂缺省模式为第二种模式。用户可根据自己的情况选择不同模式，以使应用达到最佳效果。需要更改时，打开盖子，按要求选择好即可。

表 4-12　电流设定

模式	JP_1	JP_2	功　　能
1	ON	ON	脉冲输入频率低于 1 000 Hz,选这种模式
2	OFF	ON	脉冲输入频率大于 1 000 Hz、低于 2 000 Hz,选这种模式
3	ON	OFF	脉冲输入频率大于 2 000 Hz、低于 5 000 Hz,选这种模式
4	OFF	OFF	脉冲输入频率大于 5 000 Hz、低于 100 kHz,选这种模式

（10）驱动器接线　一个完整的步进电动机控制系统应含有步进电动机、步进驱动器、直流电源以及控制器（脉冲源）。图 4-45 是典型的系统接线图。

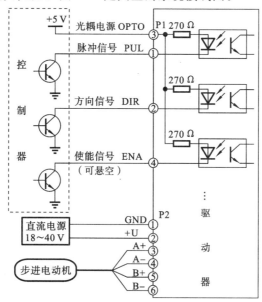

图 4-45　步进电动机与 M415B 型驱动器接线图

习　　题

4-1　何谓"自转"现象？交流伺服电动机怎样克服这一现象,使其在控制信号消失时能迅速停止？

4-2　有一台直流伺服电动机,电枢控制电压和励磁电压均保持不变,当负载增加时,电动机的控制电流、电磁转矩和转速如何变化？

4-3　为什么直流力矩电动机要做成扁平圆盘状结构？

4-4　永磁式同步电动机为什么要采用异步启动？

4-5　在理想情况下,当转子不动时,为什么交流测速发电机没有输出电压？转子转动后,为什么输出电压与转子转速成正比？

4-6　某直流测速发电机,在转速 3 000 r/min 时,空载输出电压为 52 V;接上 2 000 Ω 的负载电阻后,输出电压为 50 V。试求当转速为 1 500 r/min、负载电阻为 5 000 Ω 时的输出电压。

4-7 力矩式自整角机与控制式自整角机有什么不同？试比较它们的优缺点，并说明它们各自应用在什么控制系统中较好。

4-8 步进电动机的运行特性与输入脉冲频率有什么关系？

4-9 步进电动机的步距角的含义是什么？一台步进电动机可以有两个步距角，例如，$3°/1.5°$，这是什么意思？什么是单三拍、单双六拍和双三拍运行方式？

4-10 一台五相反应式步进电动机，采用五相十拍运行方式时，步距角为 $1.5°$，若脉冲电源的频率为 3000 Hz，则转速是多少？

4-11 步距角小、最大静转矩大的步进电动机，为什么启动频率和运行频率高？

4-12 负载转矩和转动惯量对步进电动机的启动频率和运行频率有什么影响？

第 5 章　继电器-接触器控制系统

目前,电气传动已向无触点、连续控制、弱电化、计算机控制的方向发展,但由于继电器-接触器控制系统所用的控制电路结构简单、维护方便、价格低廉等优点,且能够满足生产机械的一般要求,所以仍广泛应用于机床电气控制领域。

继电器-接触器控制系统主要用于控制生产机械动作的电动机的启动、运行(根据实际要求实现正反转控制等)和停止(包括制动)。大部分生产机械的传动部分除了采用电动机外,还采用了液压、电磁器件进行控制,所以,电气传动控制除了对电动机的控制外,还包括对液压、电磁器件的控制。有的控制电路还包括保护环节。对生产机械的动作控制可以采用闸刀开关、转换开关进行手动控制,也可以采用电磁铁等动力机构实现自动控制。自动控制可以减轻工人的劳动强度,提高生产机械的生产率和劳动质量,还可以实现远距离控制。

本章主要介绍常用低压电器工作原理及其符号表示、继电器-接触器控制线路的绘制方法和基本控制线路,以及机电传动控制线路的分析和设计方法。

5.1　常用低压电器

凡是能对电能的生产、输送、分配和应用起到切换、控制、调节、检测及保护等作用的电工器械均称为电器。低压电器是指工作电压在 500 V 以下,用来接通和断开电路,以及用来控制、调节和保护用电设备的电气器具。

低压电器的品种繁多,分类的方法也很多,按用途可分为以下几类。

(1)控制电器　控制电器用来控制电动机的启动、制动、调速等动作,如开关电器、信号控制电器、接触器、继电器、电磁启动器、控制器等。

(2)保护电路　保护电路用来保护电动机和生产机械,使其安全运行,如熔断器、电流继电器、热继电器等。

(3)执行电器　执行电器是用来带动生产机械运行和使机械装置保持在固定位置上的一种执行元件,如电磁阀、电磁离合器等。

大多数电器既可作为控制电器,也可以作为保护电器。如电压继电器可用来按电压参量控制电动机,也可用来保护电动机,避免出现"欠压""过压"状况。行程开关既可用来控制工作台的加、减速及行程长度,又可作为终端开关,以保护工作台不致运动到导轨外面去。

5.1.1　主令电器

1. 刀开关

刀开关又称闸刀开关,通常用于不需要经常断开和闭合的交、直流低压电路。一般的刀开关要求在额定电压下工作。

刀开关的结构如图 5-1 所示,它由刀极(动触点)5、刀极支架及手柄 4、刀夹座(静触点)

3、接线端子 2 和绝缘底座 1 组成。转动手柄，刀极 1 与刀夹座 3 接触或断开，使电路接通或断开。安装时，手柄向上，不能倒装或平装，以防止拉闸后手柄因自身重力下落引起误合闸而造成人身、设备安全事故。接线时，必须将电源线接在上端，负载线接下端，以保证安全。

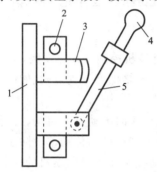

图 5-1   刀开关结构示意图

1—绝缘底座；2—接线端子；3—刀夹座；
4—刀极支架及手柄；5—刀极（动触点）

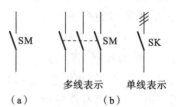

多线表示   单线表示

（a）   （b）

图 5-2   刀开关图形符号

（a）单极开关；（b）三极开关

刀开关分为单极、双极、三极的，其符号如图 5-2 所示，文字符号用 SM 或 SK 表示。常见的刀开关有胶盖开关和铁壳开关两种。

刀开关的选择应根据工作电流、工作电压、通断能力等参数来选择。

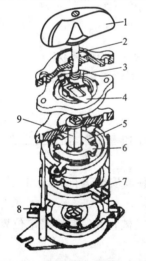

图 5-3   HZ-10/3 转换开关结构

1—手柄；2—转轴；3—弹簧；
4—凸轮；5—绝缘垫板；6—动触片；
7—静触片；8—接线柱；9—绝缘杆

2. 转换开关

转换开关又称组合开关，它通过在平面内左右旋转来操作，用于小电流情况下，进行线路的接通、断开、转换。转换开关结构紧凑、占用面积小，操作时与刀开关不同，是用手拧转，故省时、省力、方便。

转换开关结构如图 5-3 所示。转换开关是由装在同一根方形轴上的单个或多个单级旋转开关叠装在一起组成的。多级转换开关的工作原理：轴转动时，一部分动触片插入相应的静触片中，使对应的线路接通，而另一部分断开；也可使全部动、静触点同时接通或断开。因此，转换开关既起断路器的作用，又起转换器的作用。

转换开关按极数分，有单极、双极、多极等几种形式的。主要参数有额定电压、额定电流、极数、允许操作次数等，其中额定电流有 10 A、16 A、20 A、25 A、40 A、60 A、100 A 等几个等级。转换开关的选择应根据电源的种类、电压等级、电动机功率及所需触点数等参数来进行。

万能转换开关是具有更多操作位置，能够接更多电路的一种手动电器。由于换线线路多，用途广泛，故称为万能开关。万能开关常用于需要控制多回路的场合，在操作不太频繁的情况下，可用于小容量电动机的启动、制动、调速或换向的控制。常用万能开关有 LW_8、LW_6 系列。

万能转换开关的图形文字符号为 SA，如图 5-4 所示。在图形符号中，触点下方虚线上的"●"表示当操作手柄处于该位置时,该对触点闭合;如果虚线上没有"●",则表示当操作手柄处于该位置时该对触点处于断开状态。为了更清楚地表示万能转换开关的触点分合状态与操作手柄的位置关系,经常把万能转换开关的图形符号和触点合断表结合使用。在触点合断表5-1中,用"×"来表示手柄处于该位置时触点处于闭合状态。

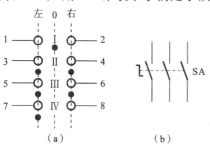

图 5-4　万能转换开关的图形、文字符号

(a) 图形符号;(b) 文字符号

表 5-1　万能转换开关的触点合断表

线路编号	触点	左	0	右
Ⅰ	1—2		×	
Ⅱ	3—4	×		×
Ⅲ	5—6	×		×
Ⅳ	7—8	×		

转换开关可以用来控制电动机的正、反转,如图 5-5 所示,电源线接到触点 X_1、X_2、X_3 上,电动机定子绕组的三根线接到触点 D_1、D_2、D_3 上。转换开关转到位置Ⅰ时,触点 X_1、X_2、X_3 相应地和 D_1、D_2、D_3 接通,电动机正转;当转换开关转到位置Ⅱ时,触点 X_1、X_2、X_3 相应地和 D_1、D_3、D_2 接通,电动机反转,如表 5-2 所示。表中×表示触点接通,空格表示断开。

表 5-2　转换开关控制电动机正、反转的合断表

接触点	转换位置		
	Ⅰ	0	Ⅱ
	正转	停止	反转
X_1—D_1	×		×
X_2—D_2	×		
X_3—D_3	×		
X_2—D_3			×
X_3—D_2			×

图 5-5　转换开关控制的电动机正、反转原理

3. 按钮开关

按钮开关常用作短时间接通或断开小电流控制电路的开关,其结构如图 5-6 所示,文字符号用 SB 表示(见图 5-7)。其工作原理:按下按钮 1、动触点 4 与静触点 3 断开,动触点 4 与下边的静触点接通,从而控制两条线路;松开按钮,在弹簧的作用下,触点复位。

按钮开关一般用来遥控接触器、继电器等,从而控制电动机的启停、反转、停转,因此,一个按钮开关盒内常包括两个以上的按钮元件,在线路中分别起不同的作用。最常见的是启动和停止双联按钮开关。在电路的设计中,为避免误操作,按钮一般都低于外壳,但是停止(或急停)按钮开关的按钮应高于外壳或做成特殊形状(如蘑菇头)的,并涂以红色以醒目显示。

按钮开关的选择应根据电源的种类、电压的等级、所需触点数、使用场合及颜色等参数进行,常用按钮开关的型号有 LA2、LA19、LA20、LAY3 等,如表 5-3 所示。

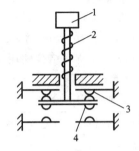

图 5-6　按钮开关结构

1—按钮；2—弹簧；3—静触点；4—动触点

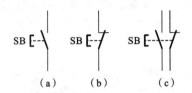

图 5-7　按钮开关的图形及文字符号

(a) 常开按钮；(b) 常闭按钮；(c) 复合按钮

表 5-3　LA 系列按钮

型　号	额定电压 /V	额定电流 /A	触点数		按钮数	按钮颜色	结构形式
			动合	动断			
LA2	500	5	1	1	1	黑、红、绿	开启式
LA4-2K			2	2	2	黑、红、绿	开启式
LA4-2H	500	5	2	2	2	黑、红、绿	保护式
LA4-3H			3	3	3	黑、红、绿	保护式
LA8-1	500	5	2	2	1	黑或绿	开启式
LA10-1	500	5	1	1	1	黑、红或绿	开启式
LA2-A	500	5	1	1	1	红色(蘑菇形)	
LA18-22			2	2			
LA18-44	500	5	4	4	1	红、绿、黑或白	元件
LA18-66			6	6			
LA18-22J			2	2			
LA18-44J	500	5	4	4	1	红	元件(紧急式)
LA18-66J			6	6			
LA18-22X2			2	2			
LA18-44X	500	5	4	4	1	黑	元件(旋钮式)
LA18-22X3			2	2			
LA18-66X			6	6			
LA18-22Y	500	5	2	2	1		元件(钥匙式)
LA18-66Y			6	6			
LA19-11			1	1			
LA19-11J	500	5	1	1	1	红、黄、蓝、白或绿；	元件
LA19-11D			1	1		紧急式为红色	
LA19-11JD			1	1			

4. 行程开关

生产机械的工作部件要做各种移动或转动,为了实现这种控制,就要有测量位移的元件——行程开关。通常把放在终端位置、用以限制生产机械极限行程的行程开关作为终端开关或极限开关。行程开关是机床上常用的一种主令电器,常用的行程开关有按钮式行程开关、滚轮式行程开关、微动开关、接近开关等。

1) 按钮式行程开关

按钮式行程开关构造与按钮相似,但它不是通过手按来实现操作的,而是由运动部件上撞块的移动和碰撞来实现操作的。它的结构如图 5-8 所示,其工作原理是:当撞块压下推杆 1 时,其常闭触点 3 断开,常开触点 4 闭合;当撞块离开推杆时,触点在弹簧作用下恢复原状。行程开关的优点是结构简单、价格便宜;缺点是触点的通断速度与撞块的移动速度有关,若移动速度慢,触点不能瞬时切换电路,电弧容易使触点烧坏。因此,它不宜用在移动速度小于 0.4 m/min 的场合。常用的按钮式行程开关的型号有 JW2、LX19 等。

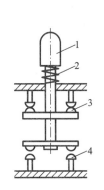

图 5-8　按钮式行程开关

1—推杆;2—弹簧;
3—常闭触点;4—常开触点

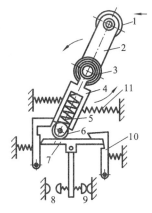

图 5-9　滚轮式行程开关

1—滚轮;2—上转臂;3、5、11—弹簧;4—下转臂;
6—滑轮;7—横板;8—常开触点;
9—常闭触点;10—压板

2) 滚轮式行程开关

滚轮式行程开关的结构如图 5-9 所示,它是一种快速动作的行程开关。它的工作原理:当滚轮 1 受到向左的外力作用时,上转臂 2 向左下方转动,下转臂 4 向右转动,并压缩右边的弹簧 11,同时下面的滑轮也很快沿横板 7 向右运动,滑轮 6 同时压缩弹簧 5,当滑轮走过横板 7 的中点时,弹簧 5 使横板 7 迅速转动,从而使常闭触点 9 断开,常开触点 8 闭合,这样,就可减少电弧对触点的烧蚀,并保证动作的可靠性。触点的分合不受部件速度的影响,故常用在低速的机床工作部件上。行程开关有自动和非自动复位的两种:自动复位是指当外力撤销时,触点在恢复弹簧的作用下自动复位;非自动复位行程开关没有恢复弹簧,但装有两个滚轮,当反向运动时,挡块撞到另一滑轮时将其复位。

常用的滚轮式行程开关有 LX19、JLXK1、LXK2 等系列的。滚轮式行程开关的图形符号及文字符号如图 5-10 所示,JLXK1 系列行程开关的主要技术参数如表 5-4 所示。

表 5-4　JLXK1 系列行程开关的主要技术参数

基本型号	传动结构	复位方式	动作力/kgf	触点对数		额定电压/V		额定电流/A	操作频率/(次/小时)
				动合	动断	交流	直流		
JLXK1-11	单轮防护式	自动复位	>1	1	1	500	440	5	1 200
JLXK1-111M	单轮密封式	自动复位							
JLXK1-211	双轮防护式	非自动复位	>1.5						
JLXK1-211M	双轮密封式	非自动复位							
JLXK1-311	直动防护式	自动复位	>2						
JLXK1-311M	直动密封式	自动复位							
JLXK1-411	直动滚轮防护式	自动复位	>2						
JLXK1-411M	直动滚轮密封式	自动复位							

注:1 kgf=9.8 N。

3) 微动开关

要求行程控制的准确度较高时,可采用微动开关,它的优点是体积小、质量小、工作灵敏、能瞬时动作等。微动开关还可用来作为其他电器(空气阻尼式时间继电器、压力继电器等)的触点。

常用的微动开关有 JW、JWL、JLXW、LX-5、LX-31 等系列的。微动开关的图形及文字如图 5-10 所示。

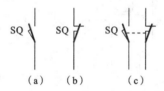

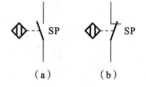

图 5-10　按钮式、滚轮式行程开关和微动开关的图形及文字符号

(a) 常开触点；(b) 常闭触点；(c) 复合触点

图 5-11　接近开关的图形及文字符号

(a) 常开触点；(b) 常闭触点

4) 接近开关

接近开关是无触点的行程开关。接近开关有高频振荡型、电容型、感应电桥型、永久磁铁型、霍尔效应型等多种类型,其中,以高频振荡型接近开关应用最广,它是由装在运动部件上的一个金属片移近或离开振荡线圈来实现控制的。接近开关的优点是寿命长、操作频率高、动作迅速可靠,故应用广泛。常用的接近开关的型号有 WLX1、LXU1 等。接近开关的图形及文字符号如图 5-11 所示。

5. 自动空气开关

自动空气开关又称为自动空气断路器,它相当于闸刀开关、熔断器、热继电器、欠压继电器等的组合,是一种既有手动开关作用,又有对电动机进行短路、过载、欠压保护作用的器件,这种电器能在线路发生述故障时自动切断电路。

空气开关的工作原理如图 5-12 所示。开关的主触点是靠手动操作或电动合闸,由自由

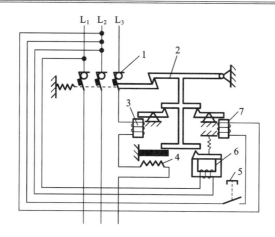

图 5-12　自动空气开关的工作原理图

1—主触点；2—自由脱扣器；3—过电流脱扣器；4—热脱扣器；5—按钮；6—失压脱扣器；7—分励脱扣器

脱扣器将主触点锁在合闸的位置上。过电流脱扣器的线圈和热脱扣器的热元件与主电路串联，失压脱扣器的线圈与电路并联。当电路发生短路或严重过载时，过电流脱扣器的衔铁被吸合，使自由脱扣器动作。当电路过载时，热脱扣器的热元件产生热量增加，使双金属片向上弯曲，推动自由脱扣动作。

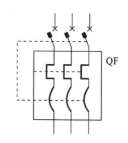

图 5-13　自动空气开关的图形和文字符号

机床上常用的自动开关有 DZ10 系列和 DW10 系列的。自动空气开关的图形及文字符号如图 5-13 所示。DW10、DZ10 系列空气开关的技术数据如表 5-5 所示。

自动开关实现短路保护比熔断器优越，因为当三相电路短路时，很可能只有一相熔断，造成单相运行。而空气开关则不同，只要造成短路，空气开关就跳闸，将三相电路同时切断，因此它广泛应用于要求较高的场合。

自动空气开关的选择应根据额定电压、额定电流及允许切断的极限电流等参数进行。目前，常用的自动空气开关有 DZ-10、DZ5-20、DZ5-50 系列的，适用于 500 V 交流电压、220 V 以下直流电压。

5.1.2　接触器

接触器是一种用来接通或断开电动机或其他负载主回路的自动切换电器，它是利用电磁力来使开关断开或闭合的电器。它具有工作可靠、寿命长、体积小等优点，适用于频繁操作和远距离控制。接触器是继电器-接触器控制系统中最常用的元件之一。

接触器的基本参数有主触点的额定电流、主触点允许切断电流、触点数、线圈电压、操作频率、机械寿命和电寿命等。

接触器种类很多，按主触点所接回路的电流种类分为交流接触器和直流接触器两种。

1. 交流接触器

交流接触器常用于远距离接通和分断，其结构如图 5-14 所示。其工作原理是：当接触器的励磁线圈处于断电状态下时，接触器保持释放状态，这时，在复位弹簧的作用下，动铁芯

表 5-5 DW10、DZ10 系列空气开关

型号	脱扣器额定电流 I_H/A	电磁式脱扣器可调范围	保护特性			极限通断能力			寿命/次	
			长延时动作可调范围	短延时动作可调范围	瞬时动作可调范围	短延时	瞬时		机械寿命	电寿命
							有效值/V	峰值/V		
DW10-200	100~200	(1~3)I_H			(1~3)I_H		10 000		20 000	5 000
DW10-400	100~400						15 000			
DW10-600	500~600								10 000	2 500
DW10-1 000	400~1 000						20 000			
DW10-1 500	1500									
DW10-2 500	1 000~2 500						30 000			
DW10-4 000	2 000~4 000						40 000		5 000	1 250
DZ10-100	15~100	10I_H	1.1I_H<2 h 不动		10I_H		DC12 000	AC12 000	10 000	5 000
DZ10-250	100~250		1.1I_H<1 h 动				DC20 000	AC30 000	8 000	4 000
DZ10-600	200~600	(3~10)I_H	1.1I_H<3 h 不动 1.45I_H<1 h 动		(1~3)I_H		DC25 000	AC50 000	7 000	2 000
DWX15-200	100~200	(0.64~12)I_H	1.2I_H <20 min 不动		10I_H		50 000		20 000	10 000
DWX15-400	300~400				12I_H				10 000	5 000
DWX15-600	300~600						70 000			
DW15-200	100~200		1.5I_H <3 min 动	(3~10)I_H 延时 0.2s	(10~12)I_H	20I_H	20 000		20 000	10 000
DW15-400	300~400				(8~20)I_H		25 000		10 000	5 000
DW15-600	300~600						30 000			
DW15-1 000	600~1 000	(0.7~10)I_H	1.3I_H<1 h 不动	(3~10)I_H 延时 0.4s	(1~3)I_H	20I_H	40 000		5 000	2 500
DW15-1 500	1 500				(3~10)I_H					
DW15-2 500	1 500~2 500		2I_H<10 min 动	(3~6)	(10~20)I_H (1~3)I_H	14I_H	60 000		5 000	500

通过绝缘支架将动触桥推向最上端,因此触点 1、2 断开,静触闭合;当励磁线圈接通电源时,流过线圈内的电流在铁芯中产生磁通,此磁通使静铁芯与动铁芯之间产生足够的吸引力,从而克服弹簧的反力,将动铁芯向下吸合,这时动触桥也被拉向下端,原来闭合的触点 1、2 就被断开,而原来处于断开状态的触点 3、8 就转为闭合。这样,控制励磁线圈的通电和断电,就可以使接触器的触点由断开转为闭合,或由闭合转为断开的状态,从而达到控制电路通断的目的。

交流接触器由触点系统、灭弧装置、电磁系统(铁芯和线圈)、弹簧、支架、底座等组成。

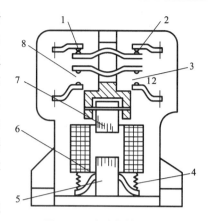

图 5-14　交流接触器结构

1、2—常闭触点;3、8—常开触点;4—弹簧;
5—静铁芯;6—线圈;7—动铁芯

1) 触点系统

触点用来使接触器接通和断开电路。对触点的要求是:接通时导电性能良好、不跳(不振动)、噪声小、不过热、断开时能可靠地消除规定容量下的电弧。接触器有两类触点:一类是动合(常开)触点,是指当接触器线圈内通有电流时触点闭合,断电时触点断开;另一类是动断(常闭)触点,线圈通电时断开,断电时闭合。

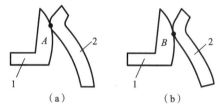

图 5-15　触点滚动接触的位置

(a) 开始接通时;(b) 正常工作时
1—静触点;2—动触点

为使触点接触时导电性能良好,接触电阻小,触点常用铜、银及其合金制成。但在铜的表面易产生氧化膜,而在闭合和断开处,电弧易将触点烧坏,造成接触不良。因此,工作于大电流回路的接触器,其触点采用滚动接触的形式,如图 5-15 所示。接通时动触点在 A 点接触,最后滚动到 B 点,B 点位于触点根部,是触点长期工作接触区域。断开时触点先从 B 点向上滚动,最后从 A 点处断开。这样,断开和接触点均在 A 点,可保证 B 点工作良好,同时,触点滚动还可除去表面的氧化膜。

触点的接触形式可分为点接触、线接触和面接触三种,如图 5-16 所示。图 5-16(a)所示为点接触,它由两个半球形的触点或一个半球形和一个平面形触点构成,常用于小电流的电器中,如接触器的辅助触点或继电器触点。图 5-16(b)所示为线接触,接触区域为一条直线,触点的通断过程中为滚动接触,多用于中等容量的触点,如接触器的主触点;图 5-16(c)所示为面接触,可允许通过较大的电流,一般在接触表面上镶有合金,以减小触点接触电阻和提高耐磨性,多用于大容量接触器的主触点。

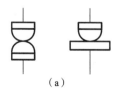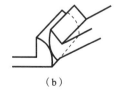

图 5-16　交流接触器的触点形式

(a) 点接触;(b) 线接触;(c) 面接触

2) 灭弧装置

当触点断开大电流时,在动、静触点间将产生强烈电弧,会烧坏触点,并使切断时间拉长。为使接触器可靠工作,必须使电弧迅速熄灭,故要采用灭弧装置。常见的灭弧方法有以下几种。

(1) 点动力灭弧法 它是利用触点回路本身电动力的简单灭弧方法,如图 5-17(a)所示,电弧受到点动力 F 的作用而拉长,在拉长的过程中电弧迅速冷却并熄灭。

(2) 多断口灭弧法 图 5-17(b)所示是采用双断口桥式触点的灭弧结构,它将整个电弧分为两段,利用点动力灭弧,效果较好。

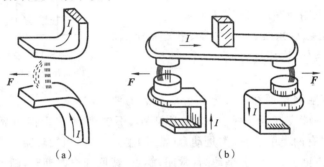

图 5-17 电动力灭弧

(a) 简单灭弧法;(b) 多断口灭弧法

(3) 磁吹灭弧 如图 5-18 所示,是在触点回路(主电路)中串接吹弧线圈(较粗的几匝导线,其间穿铁芯以增加其导磁性),通电后产生较大的磁通。触点分开的瞬间产生的电弧就是载流体,它在磁通的作用下产生电磁力 F,把电弧拉长并冷却而灭弧。电磁电流越大,吹弧的能力就越大。吹磁灭弧法在直流接触中得到了广泛应用。

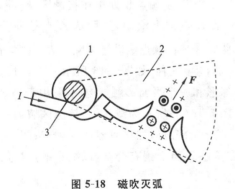

图 5-18 磁吹灭弧

1—吹弧线圈;2—导磁颊片;3—线圈铁芯

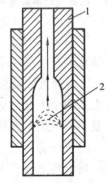

图 5-19 纵缝灭弧

1—灭弧罩;2—电弧

(4) 纵缝灭弧 灭弧罩内有一个纵缝,缝的下部较宽,以便安放触点,缝的上部较窄,以便压缩电弧并和灭弧室保持很好的接触,如图 5-19 所示。当触点断开时,电弧被外界磁场或电动力横吹而进入缝内,将电弧的热量传递给室壁而迅速冷却,去游离的效果增加,电弧熄灭。

(5) 栅片灭弧 栅片灭弧的原理如图 5-20 所示。栅片是由表面镀铜的薄钢片制成的,嵌装在灭弧罩内。一旦发生电弧,电弧周围产生磁场,导磁的钢片将电弧吸入栅片,电弧被栅片分割成许多串联的短电弧,当交流电过零时电弧熄灭,栅片间必须有 $150\sim250\text{ V}$ 的电压,电弧才能重燃。这样,一方面电源电压不足以维持电弧,另一方面栅片具有散热作用,因此电弧自然熄灭后很难重燃。灭弧栅片广泛应用在交流接触器中。

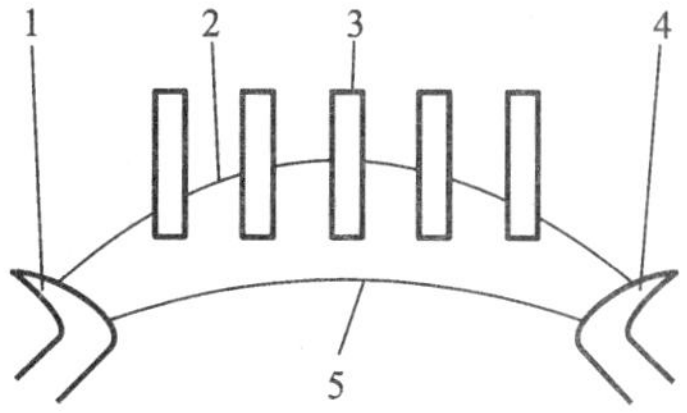

图 5-20 　栅片灭弧
1—静触点;2—短电弧;3—灭弧栅片;
4—动触点;5—长电弧

3) 电磁系统

交流接触器采用的是交流电磁机构。当线圈通电后,动铁芯在电磁力的作用下,克服弹簧的反力与静铁芯吸合,带动动触点动作,从而接通或断开相应电路;当线圈断电后,在弹簧力的作用下,动作与上述过程相反。为了减小涡流与磁滞损耗,避免使铁芯过分发热,交流接触器的铁芯用硅钢片叠铆而成,在铁芯的端面上还装有分磁环(短路环)。交流接触器的吸引线圈一般做成架式的,避免与铁芯直接接触,且形状较扁,以改善线圈的散热状况。交流线圈的匝数较少,纯电阻较大,在电路接通的瞬间,由于铁芯气隙大、电抗小,电流强度达到工作电流强度的 15 倍。因此,交流接触器不适宜在启动、停止极频繁的条件下工作。特别要注意,千万不能把交流接触器的线圈接在直流电源上,否则,将因电阻小、流过电流大而使线圈烧坏。

目前,常用的交流接触器有 CJ10、CJ20 等系列的。例如型号为 CJ10-40A 的交流接触器,其主触点的额定工作电流为 40 A,可以控制额定电压为 380 V,额定功率为 20 kW 的三相异步电动机。CJ10 系列交流接触器的基本技术数据如表 5-6 所示。

表 5-6 　CJ10 系列交流接触器基本技术数据

型　号	额定电流/A		额定操作频率 /(次/小时)	可控电动机最大容量/kW		
	主触点	辅助触点		220 V	380 V	500 V
CJ10-5	5	5	600	1.2	2.2	2.2
CJ10-10	10	5	600	2.2	4	4
CJ10-20	20	5	600	5.5	10	10
CJ10-40	40	5	600	11	20	20
CJ10-60	60	5	600	17	30	30
CJ10-100	100	5	600	30	50	50
CJ10-150	150	5	600	43	75	75

2. 直流接触器

直流接触器主要用来控制直流电路(主电路、控制电路和励磁电路等),它的组成部分和交流接触器一样,如图 5-21 所示。目前,常用的是 CZ0 系列直流接触器。直流接触器的结构如图 5-21 所示。

直流接触器的铁芯一般用软钢或工业纯铁制成圆形结构,不会产生涡流(因为通的是直流电,没有电磁感应现象存在)。

直流接触器的吸引线圈中通以直流,因此没有冲击的启动电流,也不会产生铁芯猛烈撞击的现象,所以它的寿命长,适用于启动、制动频繁的场合。

直流接触器的图形及文字符号如图 5-22 所示。

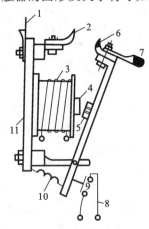

图 5-21　直流接触器的结构

1、7、8—接线端；2—静触点；3—线圈；4—铁芯；5—衔铁；
6—动触点；9—辅助触点；10—反作用弹簧；11—底板

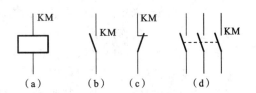

图 5-22　直流接触器的图形及文字符号

(a) 线圈；(b) 辅助常开触点；
(c) 辅助常闭触点；(d) 主触点

选择接触器时需考虑的参数：一是电源种类（直流或交流）；二是主触点的额定电压和额定电流；三是辅助触点的种类、数量、触点的额定电流；四是电磁线圈的电源种类、频率和额定电压，以及额定操作频率等。

5.1.3　继电器

继电器是一种根据输入信号而动作的自动控制电器。它与接触器不同，主要用于反映控制信号，其触点通常接在控制电路中。

继电器的种类很多，按它所反映信号的种类可分为电流、电压、速度、压力、热继电器等；按动作时间可分为瞬时动作和延时动作继电器；按执行环节的作用原理可分为触点继电器和无触点继电器；按作用原理可分为电磁式、电动式、感应式、电子式和机械式继电器等。由于电磁式继电器具有工作可靠、结构简单、制造方便、寿命长等一系列的优点，故在机床电气传动系统中应用最为广泛，90%以上的继电器都是电磁式的。继电器一般用来接通、断开控制电路，故电流容量、触点、体积都很小，只有当电动机的功率很小时，才可用某些中间继电器来接通和断开电动机的主电路。电磁式继电器有交流继电器和直流继电器之分。它们的主要结构和接触器基本相同。下面介绍几种常用的继电器。

1. 电流继电器

电流继电器是根据电流信号动作的。如在直流电动机的励磁线圈里串联一电流继电器，当励磁电流过小时，它的触点便打开，从而控制接触器，以切除电动机的电源，防止电动机因转速过高或电枢电流过大而损坏，具有这种性质的继电器称为欠电流继电器（如 JT3-L 型电流继电器）；反之，为了防止短路或过大的电枢电流（如严重过载时的电枢电流）损坏电动机，就要采用过电流继电器（如 JT3 型电流继电器）。

电流继电器的特点是匝数少，线径较粗，能通过较大的电流。

一般根据电路内的电流种类和额定电流的大小来选择电流继电器。在电气传动系统中,用得较多的电流继电器型号有 JT14、JT15、JT3、JT9、JT10 等。

2. 电压继电器

电压继电器是根据电压信号动作的。如果把电流继电器的线圈改成用细线绕制,并增加匝数,就成了电压继电器,它的线圈与电源是并联的。

电压继电器可分为过电压继电器和欠电压(零电压)继电器。

(1)过电压继电器　当控制线路电压大小超过所允许的正常电压大小时,过电压继电器动作而控制切换电器(接触器),使电动机等停止工作,以保护电气设备不致因过高的电压而损坏。

(2)欠电压(零电压)继电器　当控制线圈电压过低时,控制系统不能正常工作(如异步电动机的 $T \propto U^2$,不宜在电压过低的情况下工作),利用欠电压继电器可在电压过低时动作的特征,使控制系统或电动机脱离不正常的工作状态。这种保护称为欠电压保护。

选择电压继电器时根据线圈电压的种类和大小来进行。在机床电气传动系统中常用的电压继电器型号有 JT3、JT4 等。

3. 中间继电器

中间继电器本质上是电压继电器,它具有触点多(多至 6 对或更多)、触点能承受的电流较大(额定电流 5～10 A)、动作灵敏(动作时间小于 0.05 s)等特点。

中间继电器的用途:一是用于传递信号,当电流超过电压或电流继电器触点所允许通过的电流时,可用中间继电器作为中间放大器来控制接触器;二是用于同时控制多条线路,在机床电气传动系统中除了 JT3、JT4 型中间继电器外,目前用得最多的是 JZ7 和 JZ8 型中间继电器。在可编程序控制器和仪器仪表中还会用到各种小型的中间继电器。

选用中间继电器的主要依据是控制线路所需触点的多少和电源电压等级。

4. 热继电器

热继电器是根据控制对象的温度变化来控制电流流通的继电器,即利用电流的热效应而动作的电器。它主要用来保护电动机,以免其因长时间的过载而损坏。电动机是不允许在超过额定温升的条件下工作的,否则会降低电动机的寿命。熔断器和过电流继电器只能保护电动机,使通过电动机的电流不超过允许最大电流,不能反映电动机的发热情况,而电动机的短时过载是允许的,但长时间过载时电动机要发热,因此,必须采用热继电器进行保护。

图 5-23 所示是 JR14-20/2 型热继电器的结构,为反映温度信号,设有感应部分——发热元件与双金属片;为控制电流流通,设有执行部分——触点。发热元件 3 用镍铬合金丝等材料制成,直接串联在被保护的电动机主电路内,它随电流的大小和时间的长短而发出不同的热量,这些热量将被传递给双金属片 2。双金属片是由两种膨胀系数不同的金属

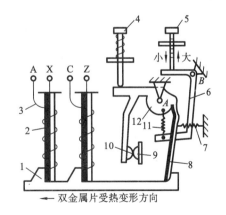

图 5-23　JR14-20/2 型热继电器的结构

1—绝缘杆;2—双金属片;3—发热元件;
4—手动复位按钮;5—调节按钮;6—杠杆;
7、11—弹簧;8—感温元件;9—静触点;
10—动触点;12—凸轮元件

片碾压而成的,右侧采用高膨胀系数的材料,左侧采用低膨胀系数的材料。双金属片的一端是固定端,另一端是自由端,过度发热时双金属片便向左弯曲。热继电器有制成单个的(如常用的 JR14 型系列),亦有和接触器制成一体,安放在磁力启动器的壳体之内的(如 JR15 系列的 QC10 系列)。目前,一个热继电器内一般有两个或三个发热元件,通过双金属片和杠杆系统作用到同一常闭触点上。感温元件 8 用作温度补偿装置,调节旋钮 5 用于整定电流。

热继电器的工作原理:当电流过大时,通过发热元件 3 的电流使双金属片 2 向左弯曲,推动绝缘杆 1 向左运动,绝缘杆带动感温元件 8 向左转,使感温元件脱开绝缘杆,凸轮元件 12 在弹簧 7、11 的拉动下绕支点 A 顺时针旋转,从而使动触点与静触点断开,电动机得到保护。

使用热继电器时应注意以下几个问题:

(1)为了正确反映电动机的发热,在选用热继电器时应采用适当的发热元件,热元件的额定电流和电动机的额定电流相等时,继电器便准确地反映电动机的发热情况。

(2)注意热继电器所处的周围环境温度,应保证它与电动机的散热条件,特别是有温度补偿装置的热继电器。

(3)热继电器有热惯性,大电流出现时它不能立即动作,故热继电器不能用于短路保护。

(4)用热继电器保护三相异步电动机时,至少要用有两个热元件的热继电器,从而在不正常的工作状态下,实现对电动机的过载保护。

应根据电动机的额定电流选择热继电器的型号、规格、热元件的电流等级。常用的热继电器有 JR14、JR15、JR16 等系列的。JR16B 系列热继电器基本技术数据如表 5-7 所示。

表 5-7　JR16B 系列热继电器基本技术数据

型　　号	额定电流/A	热元件等级	
		热元件额定电流/A	电流调节范围/A
JR16B-20/3 JR16B-20/3D	20	0.35	0.25～0.35
		0.5	0.32～0.50
		0.72	0.45～0.72
		1.1	0.68～1.1
		1.6	1.0～1.6
		2.4	1.5～2.4
		3.5	2.2～3.5
		5	3.2～5
		7.2	4.5～7.2
		11	6.8～11
		16	10～16
		22	14～22

续表

型　号	额定电流/A	热元件等级	
		热元件额定电流/A	电流调节范围/A
JR16B-60/3 JR16B-60/3D	60	22	14～22
		32	20～32
		45	28～45
		63	40～63
JR16B-150/3 JR16B-150/3D	150	63	40～63
		85	53～85
		120	75～120
		160	100～160

5．时间继电器

时间继电器是一种接收信号后,经过一定的延时后才能输出信号,实现触点延时接通或断开的控制电器。其按动作与构造不同,可分为空气阻尼式、电磁式、电动式、晶体管式等类型的。时间继电器可实现从 0.05 s 到几十个小时的延时。

图 5-24 所示为 JS7-A 系列时间继电器的结构,它主要由电磁铁、空气室和工作触点三部分组成。图 5-24(a)所示为通电延时时间继电器,其工作原理如下:当线圈 1 通电时,铁芯 2 将衔铁 3 吸合(推板 5 使微动开关 16 立即动作),活塞杆 6 在弹簧 7 作用下,带动活塞 13 及橡胶膜 9 向上移动,由于橡胶膜下方气室空气稀薄,形成负压,因此活塞杆 6 不能迅速上移。当空气由进气孔 12 进入时,活塞杆 6 才逐渐上移。移到最上端时,杠杆 15 才使微动开

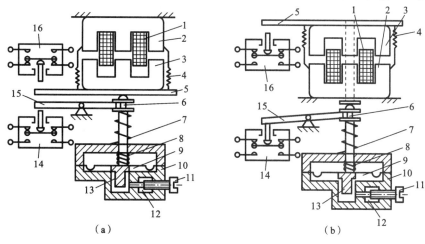

图 5-24　JS7-A 系列时间继电器的结构

(a) 通电延时型;(b) 断电延时型

1—线圈;2—铁芯;3—衔铁;4—复位弹簧;5—推板;6—活塞杆;7—塔形弹簧;8—弱弹簧;
9—橡胶膜;10—空气室;11—调节螺杆;12—进气孔;13—活塞;14、16—微动开关;15—杠杆

关 14 动作。延时时间即为从电磁铁吸引线圈通电时起,到微动开关动作时为止的这段时间,通过调节螺杆 11 调节进气孔的大小,就可以调节延时时间。

当电磁铁线圈 1 失电后,依靠恢复弹簧,气室空气经由出气孔迅速排出,微动开关复位。

将电磁机构旋转 180°安装,可得到图 5-24(b)所示的断电延时型时间继电器,它的工作原理与通电延时型继电器相似,微动开关在吸引线圈断电后延时动作。

空气阻尼式时间继电器的优点是结构简单、寿命长、价格低廉,还附有不延时的触点,通用性高、延时范围大。其缺点是准确度低、延时误差大(10%~20%),因此,在要求高准确延时的生产中不宜采用。

时间继电器的图形符号如图 5-25 所示。时间继电器的选择应依据延时方式(通电延时或断电延时)、延时触点与瞬时动作触点的种类和数量等参数进行。JS7-A 型时间继电器的技术参数如表 5-8 所示。

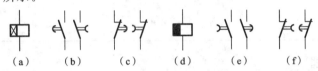

图 5-25 时间继电器的图形及文字符号

(a) 延时接通线圈;(b) 延时接通常开触点;(c) 延时接通常闭触点;
(d) 延时断开线圈;(e) 延时断开常开触点;(f) 延时断开常闭触点

表 5-8 JS7-A 型时间继电器的技术参数

型号	触点容量		延时触点数量				不延时触点数量		线圈电压/V	延时整定范围/s	操作频率/(次/小时)
	电压/V	额定电流/A	线圈通电后延时		线圈断电后延时		动合	动断			
			动合	动断	动合	动断					
JS7-1A	380	5	1	1					36、110、127、220、380、440	0.4~60 0.4~180 (误差不大于±10%)	600
JS7-2A	380	5	1	1			1	1			
JS7-3A	380	5			1	1					
JS7-4A	380	5			1	1	1	1			

6. 速度继电器

电动机的启动和制动时间与负载的大小等因素有关,因此只通过时间来控制电动机的启动和制动过程是收不到较好效果的,在反接制动的情况下,电动机甚至有反转的可能。为了准确地控制电动机的启动和制动,需要直接测量速度信号,再用此速度信号进行控制,这就需要用速度进行控制,对应的测量元件是速度继电器。

速度继电器的结构原理如图 5-26 所示。继电器的轴和电动机轴相连接,永久磁铁的转子固定在电动机轴上,定子与电动机轴同心且能独自偏转,与永久磁铁间有一气隙。当电动机轴转动时,永久磁铁也一起转动,这相当于一旋转磁场,在绕组里感应出电动势和电流,和笼型电动机原理一样。这就驱使定子和转子一起运动,通过定子柄拨动触点,使继电器触点接通或断开。当电动机轴的转速下降到接近零速时,定子柄在动触点弹簧力的作用下恢复到原位。

　　机床上常用的速度继电器有 JY1 和 JFZ0 型速度继电器。JY1 型速度继电器能在3 000 r/min 以下可靠地工作;JFZ0 型速度继电器能在 300～1 000 r/min 和 1 000～3 000 r/min 两种额定转速下可靠地工作。速度继电器的结构较简单、价格便宜,但它只能反映转动的方向和反映是否停转。所以,它仅广泛应用在异步电动机的反接制动中。

　　速度继电器的图形符号如图 5-27 所示,文字符号为 KS。

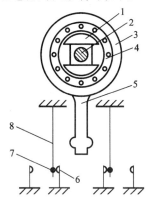

图 5-26　速度继电器结构原理
1—转子;2—电动机轴;3—定子;4—绕组;
5—定子柄;6—静触点;7—动触点;8—弹簧片

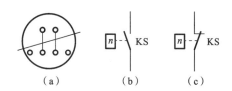

图 5-27　速度继电器的图形及文字符号
(a) 转子;(b) 常开触点;(c) 常闭触点

5.1.4　熔断器

　　熔断器主要用在低压配电电路中,起短路保护作用。熔断器串于被保护的电路中,当电路发生短路或严重过载时,它的熔体能自动迅速熔断,从而切断电路,使导线和电气设备不致损坏。

　　熔断器从结构上分有瓷插入式、螺旋式、密封式三种。机床电气中常用的为 RC1 系列插入式熔断器和 RL1 系列螺旋式熔断器,如图 5-28 所示。RL1 系列螺旋式熔断器的技术数据如表 5-9 所示。

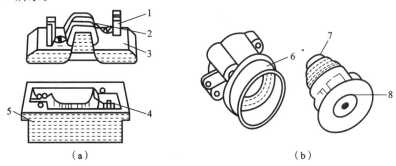

(a)　　　　　　　　　　　　　　　　(b)

图 5-28　熔断器外形图
1—动触点;2—熔体;3—瓷插件;4—静触点;5—瓷底座;6—瓷帽;7—熔芯;8—底座

熔断器主要由熔体和放置熔体的绝缘管或绝缘底座(又称熔壳)组成。当熔断器装在电

表 5-9　RL1 系列熔断器的技术数据

型　　　号	熔断器额定电流/A	熔体额定电流等级/A	交流 380 V 时极限分断能力(有效值)/A
RL1-15	15	2、4、5、6、10、15	2 000
RL1-60	60	20、25、30、35、40、50、60	5 000
RL1-100	100	60、80、100	
RL1-200	200	100、125、150、200	

路中时,负载电流流过熔体,熔体电阻上的损耗使其发热,温度上升。当电路正常工作时,发热温度低于熔化温度,故熔断器长期不熔断。当电路发生短路或严重过载时,电流大于熔体允许的正常发热电流,熔体温度急剧上升,超过熔点而熔断,从而断开电路,保护电路和设备。熔体熔断后,更换上新熔体,电路可重新恢复工作。

熔断器的熔断时间 t 与通过熔体的电流 I 有关,它们之间具有反时限特性,称为熔断器的熔断特性,如图 5-29 所示。当通过熔体的电流 I 小于额定电流 I_N 的 1.25 倍时,熔体将长期工作;当通过熔体的电流 I 大于额定电流 I_N 的 1.6 倍时,熔体将在 1 h 内熔断;当熔体的电流 I 大于额定电流 I_N 的 2 倍时,熔体在 40 s 熔断;当熔体的电流 I 大于额定电流 I_N 的 10 倍时,熔体将在瞬间熔断。

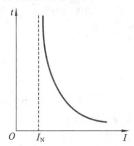

图 5-29　熔断器的熔断特性

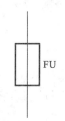

图 5-30　熔断器的图形及文字符号

熔断器的优点是结构简单、价格低廉,缺点是动作准确性较差。熔断器的图形及文字符号如图 5-30 所示。

熔断器的选择应根据线路的工作电压和额定电流来进行。用于保护一般电路、直流电动机和绕线异步电动机时,熔断器按它们的额定电流来选择。对于一般笼型异步电动机,熔断器就不能这样选择,因为笼型异步电动机直接启动时的启动电流为额定电流的 4～7 倍,按额定电流选择时,熔体将即刻熔化。因此,为了保证所选的熔断器既能起到短路保护作用,又不妨碍电动机启动,一般笼型异步电动机的熔断器按启动电流的 $1/K(K=1.6～2.5)$ 来选择。轻载启动、启动时间短的 K 应选大一些;重载启动、启动时间短的 K 应选小一些。由于电动机的启动时间短,故所选择的熔断器在电动机启动过程中是来不及熔断的。

5.1.5　执行电器

在机床的电气控制系统中,除了会用到上面已经介绍的作为控制元件的接触器和继电器等电器外,还常用到电磁铁、电磁离合器、电磁工作台等执行电器。

1. 电磁铁

电磁铁是一种通电后能对铁磁质物质产生吸引力,把电磁能转化为机械能的电器。在控制电路中,电磁铁主要有两个方面的应用:一是作为控制元件,如电动机抱闸制动电磁铁和立式铣床变速进给机械中由恒速到快速变换的电磁铁等;二是用于电磁牵引工作台,起到夹具的作用。电磁铁的工作原理与接触器相同,它主要由铁芯和线圈组成。线圈通电后产生磁场,由于衔铁与机械装置相连接,所以线圈通电衔铁被吸合时就带动机械装置完成一定的动作。线圈中通以直流电的称为直流电磁铁,线圈中通以交流电的称为交流电磁铁。图5-31 所示为单相交流电磁铁的结构。

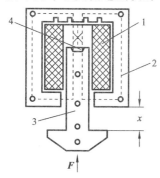

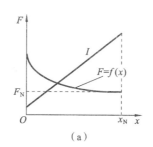

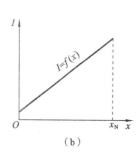

図 5-31　单相交流电磁铁的结构
1—线圈;2—静铁芯;3—动铁芯;4—短路环

图 5-32　电磁铁的工作特性

由于磁阻减小时,线圈内自感电势和感抗增大,因此,交流电磁铁在线圈通电,吸引衔铁而气隙宽度 x 减小时,电流逐渐减小,但与此相应,气隙磁通减小,主磁通增加,电磁铁的吸引力将逐步增大,最后将达到 1.5～2 倍的初始吸引力。电磁铁的工作特性如图 5-32 所示。由此可以看出,使用这种交流电磁铁时,要注意不要使衔铁有卡住现象,否则,衔铁不能完全吸上而留有一定的气隙,将使线圈因电流大增而严重发热甚至烧毁。交流电磁铁适用于操作不太频繁、行程较大和动作时间短的执行机构,常用的交流电磁铁有 MQ2 系列牵引电磁铁、MZD1 系列单相制动电磁铁、MZS1 系列三相制动电磁铁。

直流电磁铁的线圈电流与衔铁位置无关,但电磁吸引力与气隙长度关系很大,所以衔铁工作行程不能很大;由于线圈电感大,线圈断电时会产生过高的自感电势,故使用时要采取措施消除自感电势(常在线圈两端并联一个二极管或电阻)。直流电磁铁的工作可靠性好、动作平稳、寿命比交流电磁铁长,它适用于动作频繁或工作平稳可靠的执行机构。常用的直流电磁铁有 MZZ1A、NZZ2S 系列直流制动电磁铁和 MW1 系列起重电磁铁。

在经常制动和惯性较大的机械系统中,采用电磁铁制动电动机的机械制动方法应用得非常广泛,称为电磁抱闸制动。

起重电磁铁可以提起各种钢铁、分散的钢砂等铁磁性物体,如 MW1-45 型直流起重电磁铁在提起钢板时起重力可达 4.4×10^5 N。

选用电磁铁时,应根据机械所求的牵引力、工作行程、通电持续率、操作频率等来选用。

2. 电磁离合器

电磁离合器是利用表面摩擦或电磁感应来传递两个转动体间转矩的执行电器。电磁

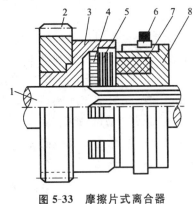

图 5-33　摩擦片式离合器

1—主动轴；2—从动齿轮；3—套筒；4—衔铁；
5—摩擦片；6—集电环；7—线圈；8—铁芯

离合器由于能够实现远距离操作、控制能量小，便于实现机床自动化，同时动作快，结构简单，因此获得了广泛的应用。常用的电磁离合器有摩擦片式电磁离合器、电磁粉末离合器、电磁转差离合器等。

在机床上广泛采用的是摩擦片式离合器，如图5-33所示。在主动轴的花键上装有主动摩擦片，它可沿花键轴自由移动，同时由于主动轴是花键连接，所以主动摩擦片可以随主轴一起旋转。从动摩擦片与主动摩擦片交替叠装，其外缘凸起部分卡在与从动齿轮固定在一起的套筒内，因此，可随从动轮一起旋转。在主动、从动摩擦片未压紧之前，主动轴旋转时从动齿轮不转动。

当通电线圈通入直流电产生磁场后，在电磁吸力的作用下，主动摩擦片与衔铁克服弹簧反力被吸向铁芯，并将各摩擦片紧紧压住，依靠主动摩擦片与从动摩擦片之间的摩擦力使从动摩擦片随主轴旋转，同时又使套筒及从动摩擦片随主轴旋转，实现力矩的传递。当电磁离合器线圈断电后，装在主动、从动摩擦片之间的圈状弹簧使衔铁和摩擦片复位，离合器便失去了传递力矩的作用。

电磁粉末离合器的结构如图5-34所示。在铁芯气隙间安放铁粉，当线圈通电产生磁通后，铁粉就沿磁力线紧紧排列，因此，当主动轴和从动轴发生相对移动时，在铁粉层间就产生切应力。切应力是由已磁化的粉末彼此间摩擦而产生的，这样，就带动从动轴转动，传递转矩。它的优点是动作快，因为没有摩擦片那样的机械位移过程，仅有铁粉的沿磁力线排列过程，而且制造简单，在工艺上没有特殊要求。缺点是工作性能不够稳定。

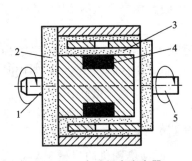

图 5-34　电磁粉末离合器

1—主动轴；2—绝缘层；3—铁粉；4—线圈；5—从动轴

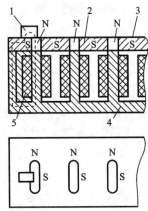

图 5-35　电磁工作台的结构

1—工件；2—绝缘材料；3—工作台；4—铁芯；5—线圈

3. 电磁夹具

电磁夹具在机床上的应用很多，尤其是电磁工作台（或电磁吸盘），它在平面磨床上应用广泛。

电磁夹具的种类很多，一种结构如图5-35所示。在电磁平面内嵌入铁芯极靴，并且用锡合金等绝磁材料与工作台相隔,线圈套在各铁芯柱上,当线圈中通有直流电流时就产生如图中虚线所示的磁通。工件放在工作台上,恰使磁通形成闭合回路,因此工件被吸住。当工件加工完毕需要拉开时,只要将电磁工作台励磁线圈的电源切断即可。

电磁工作台与机械夹紧装置相比有如下特点:

(1) 夹紧简单、迅速,能缩短辅助时间,夹紧工件时只需要动作一次,但夹紧时需要固定很多点;

(2) 能同时夹紧许多工件,而且可以是很小的工件,既方便又有利于提高生产率;

(3) 加工精度高,在加工过程中,工件发热变形,可以自由伸缩,不会产生弯曲变形,同时被夹紧表面无任何损伤,但因工件发热,热量将传到电磁工作台而使它变形,从而影响加工精度。为了提高加工精度,还需要切削液等来冷却工件,从而降低工件温度。

它的缺点是:只能固定铁磁性材料,且夹紧力不大,断电时工件易被甩出,造成事故。

为了防止事故,常采用零励磁保护,使线圈断电时,工作台即停止工作;此外,工件加工后有剩磁,使工件不易取下,尤其对某些不允许有剩磁的工件如轴承,必须进行去磁处理。去磁的方法有以下两种:

(1) 为了容易取下,常在线圈中通以方向相反的去磁电流;

(2) 为了比较彻底地除去工件的剩磁,另用退磁器,常用的退磁器有 TC-1 型退磁器。

电磁工作台有永久性的,它不存在断电时将工件摔出的危险。

在电气传动系统中有电磁铁、电磁离合器的电磁卡具的文字符号分别为 YA、YC 和 YH,它们的图形符号与接触器线圈的符号相同,仅是线条稍粗一点。

5.2　电气控制电路图的绘制与分析方法

为了表达生产机械电气控制系统工作原理,便于使用、安装、调试和检修控制系统,需要将电气控制系统中各电气元件(如接触器、继电器、开关、熔断器)及其连接方式,用一定的图形表达出来,这样绘制出来的图就是电气控制系统图。在电气控制线路中,必须使用国家统一规定的电气图形符号。

5.2.1　电气控制电路图的绘制

常见的电气控制系统图有电气原理图、电气设备安装图、电气设备接线图。

1. 电气原理图

电气原理图反映了电气控制线路的工作原理和各元器件的作用及相互关系。图 5-36 所示为车床的控制线路电气原理图。绘制电气原理图时一般应遵循以下原则:

(1) 电气控制线路分为主电路和控制电路。主电路放在电气原理图的左侧,控制线路放在电气原理图的右侧。

(2) 电气控制线路中的同一电器的各导电部件(如电器的线圈和触点)常常不画在一起,但需要用同一文字符号标明。

(3) 电气控制线路中各电器的触点应按照没有通电或没有施加外力的状态绘出。如:

接触器、继电器等电器的触点绘制应按其线圈未通电状态绘制;按钮和行程开关等电器应按没有受到外力时触点的状态绘制;主令电器应按手柄置于"零位"时触点的位置绘制。

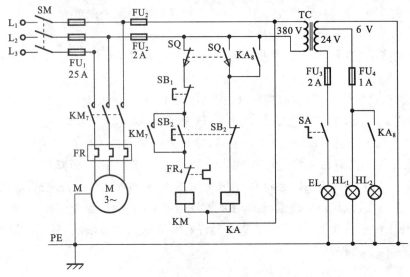

图 5-36 某机床电气原理图

2. 电气设备安装图

在明确了电气原理图的基础上,需要确定各电气设备在机械设备和电气控制柜中的实际安装位置。电气元件的安装位置应由机械设备的结构和工作要求来决定,电动机要和被拖动的机械部件在一起,行程开关应放在要取得信号的地方,电气元件应放在电气控制柜内,操作元件则应放在操作方便的地方。电气设备安装图中的代号应与相关电路图及其清单上的代号保持一致,在电气元件之间应留有导线槽的位置,如图 5-37 所示。

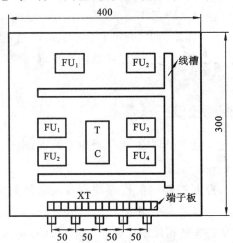

图 5-37 电气设备安装图

3. 电气设备接线图

电气设备接线图的作用是在确定好电气设备安装图后,指导电气工作人员将各电器设备正确安装到相应位置,同时电气设备接线图也是电气工作人员检查维修电气电路的最直接参考依据,它反映了电气设备之间的实际接线情况。图 5-38 所示为电气设备接线图,绘制接线图时应把各电气元件的各部分(如触点和线圈)画在一起;文字符号、元器件连接顺序、线路号码编制都必须与电气原理图一致。

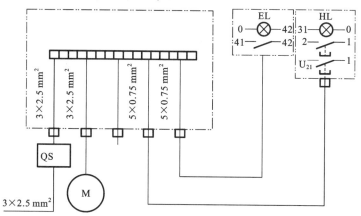

图 5-38　电气设备接线图

对控制装置的外部连接线应在图上或用接线表示清楚,并标明电源的引入点。

5.2.2　机床电气控制线路的分析步骤

分析控制线路时,首先要研究控制机构的工作原理,进而根据电气原理图来分析主电路、控制电路和保护电路等环节。

1. 熟悉机床

分析控制电路前首先要了解机床的基本结构、运动形式、加工工艺过程、操作方法和机床对电气控制的基本要求等,然后根据控制电路及有关说明来分析该机床的各个运动形式是如何实现的。弄清各电动机的安装部位、作用、规格和型号,初步掌握各种电器的安装部位、作用、各操纵手柄、开关、控制按钮的功能和操纵方法,了解行程开关、撞块、压力继电器、电磁离合器等的安装部位及作用。

2. 主电路分析

从主电路入手,根据每台电动机和电磁阀等执行电器的控制要求,去分析它们的控制内容,控制内容包括启动控制、方向控制、制动控制等。

分析主电路,看机床需要用几台电动机来拖动,了解每台电动机的作用,包括:这些电动机分别用哪些接触器或开关控制,有没有正反转要求,有没有电气制动;各电动机由哪些电器进行短路保护,由哪个电器进行过载保护,还需要哪些保护措施。如果有速度继电器,则应分析清楚它与哪台电动机有机械联系。

3. 控制电路分析

(1) 分析控制环节　根据主电路中每台电动机和电磁阀等执行器件的控制要求,逐一找出控制电路中的控制环节,利用基本环节的知识,按功能不同,将整个控制电路划分成若干个局部控制线路来进行分析。

控制电路可以分为几个环节,每个环节一般主要控制一台电动机。将主电路中接触器的文字符号一一对照,分清控制电路中哪一部分电路控制哪一台电动机、如何控制,各个电器线圈通电后它的触点会引起或影响哪些动作,以及机械手柄和行程开关之间的关系等。

（2）分析辅助电路　辅助电路包括电源显示、工作状态显示、照明和故障报警等部分,它们大多由控制电路中的元件来控制,所以在分析时,还要回过来对照控制电路进行分析。

（3）分析连锁和保护环节　机床对安全性和可靠性有很高的要求,实现这些要求,除了合理选择拖动和控制方案外,在控制电路中还设置了一系列电气保护和必要的电气连锁装置。

（4）总体检查　经过"化整为零",逐步分析了每一个局部电路的工作原理及各部分之间的控制关系后,还必须用"集零为整"的方法,检查整个控制电路,看是否有遗漏。特别要从整体角度去进一步检查和理解各控制环节之间的联系,理解电路中每个元件所起的作用。

5.3　继电器-接触器控制线路基本环节

5.3.1　三相异步电动机的启动控制线路

三相异步电动机的启动有直接启动和降压启动两种方式。

1. 直接启动控制线路

一般小型台式钻床和砂轮机都采用开关直接启动,图 5-39 所示为开关直接启动控制线路。

许多小型车床都采用接触器直接启动线路,如图 5-40 所示,在控制线路中利用辅助触点 KM 来实现自锁。其作用是:当放开启动按钮 SB$_2$ 后仍可保持 KM 线圈通电,使电动机运行。通常,将这种利用接触器本身的触点来使其线圈通电的环节称为自锁环节。

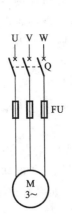

图 5-39　开关直接启动控制线路

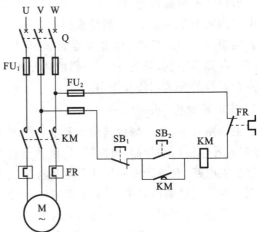

图 5-40　接触器直接启动线路

2. 降压启动控制线路

较大容量的异步电动机一般采用降压启动方法来启动。常用的降压启动方法有星形-三角形降压启动、定子串电阻降压启动控制线路。

1）星形-三角形降压启动

正常运行时,定子绕组是连成三角形的,启动时把它连接成星形,启动完成时恢复成三角形。其启动控制线路如图 5-41 所示,在这个控制线路中是靠延时继电器来实现星形-三角形转换的。

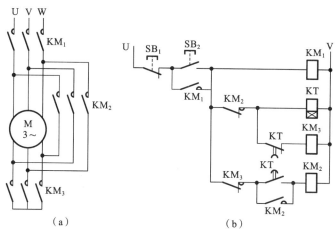

图 5-41　星形-三角形降压启动控制线路

（a）主电路；（b）控制电路

工作原理是:按下按钮 SB_2,接触器 KM_1、KM_3 同时得电,其主触点闭合,控制线路使电动机接成星形;经过一段时间延时后,接触器 KM_3 断电,其主触点打开,同时接触器 KM_2 得电,其主触点闭合,则电动机实现降压启动,而后再自动转换到正常速度运行。

KM_2 和 KM_3 的动断触点可保证接触器 KM_2 和 KM_3 不会同时通电,以防电源短路。KM_2 的动断同时也使时间继电器 KT 断电(此延时继电器延时断开 KT,工作时不需要 KT 得电)。

2）定子串电阻降压启动控制线路

定子串电阻降压启动控制线路如图 5-42 所示。按下按钮 SB_2,接触器 KM_1 得电,电动机启动时在三相定子电路中串接电阻,使电动机定子绕组电压降低;同时,时间继电器 KT 得电,经过一段延时后,接触器 KM_2 得电,将启动线路中的电阻短接,电动机仍然在正常电压下运行。这种启动方式不受电动机接线形式的限制,设备简单,因而在小型机床中应用。机床中也常用这种串接电阻的方法限制电动调整时的启动电流。

只要接触器 KM_2 得电,电动机就能正常运行。若采用图 5-42(b)所示的线路图,KM_2 和 KT 在电动机启动后一直得电动作,这是不必要的;图 5-42(c)所示的线路图就解决了这个问题,接触器 KM_2 得电后,其动断触点使 KM_1 和 KT 断电,KM_2 自锁。

5.3.2　三相异步电动机的正反转控制线路

大多数机床的主轴或进给运动都需要两个方向运行,故要求电动机能够正反转。只要把三相交流电动机的定子三相绕组任意两相调换,电动机定子相序即可改变,电动机的旋转方向就改变了。

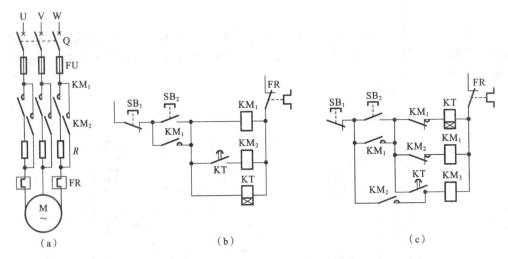

图 5-42　定子串电阻降压启动控制线路

(a) 主电路；(b) 控制线路方案一；(c) 控制线路方案二

1. 电动机的正反转线路

电动机的正反转主电路和控制线路如图 5-43 所示。利用两个接触器 KM_1 和 KM_2 来完成电动机定子绕组相序的改变，从而实现电动机的正反转控制。由图 5-43(b)可知：按下按钮 SB_2，正向接触器 KM_1 得电动作，主触点　闭合，使电动机正转；按下停止按钮 SB_1，电动机停止；按下按钮 SB_3，反向接触器 KM_2 得电动作，主触点闭合，定子绕组通电与正转时相序相反，电动机反转。从主电路来看，如果接触器 KM_1 和 KM_2 同时通电动作，就会造成

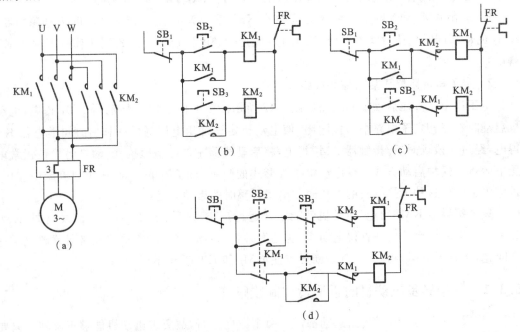

图 5-43　电动机的正反转控制线路

(a) 主电路；(b) 控制线路方案一；(c) 控制线路方案二；(d) 控制线路方案三

主电路短路,即如果同时按下按钮 SB_2 和 SB_3,就会造成短路事故,所以不能采用此种控制线路。

在图 5-43(b)中,把接触器的动断触点互相串联在对方的控制回路中进行连锁控制。这样,当 KM_1 得电时,由于 KM_1 的动断触点打开,使得 KM_2 不能通电。此时即使发生误操作,按下按钮 SB_3,也不会造成短路;反之,也是如此。接触器辅助触点这种相互制约的关系即称为连锁或互锁。

在机床的控制电路中,这种互锁关系应用非常广泛。凡是有相反动作,如工作台上下移动、左右移动,机床主轴电动机必须在液压泵电动机工作后才能启动等时,都需要用到这种连锁控制。

图 5-43(c)所示控制线路也存在操作不便的情况,如果电动机正在正转,想要反转,必须先按停止按钮 SB_1,再按反向按钮 SB_3 才能实现,操作不方便。如图 5-43(d)所示,利用复合按钮 SB_2、SB_3,就可直接实现电动机的正反转变换。

显然,复合按钮还可以起到连锁作用,这是由于按下按钮 SB_2 时,只有 KM_1 可以得电工作,同时 KM_2 所在回路被切断。同时按下按钮 SB_3 时,只有 KM_2 得电,同时 KM_1 所在回路被切断。

但只用按钮进行连锁控制,而不用接触器和动断触点来进行连锁控制是不可靠的。在实际中可能出现这样的情况:由于负载电路大电流的长期作用,接触器的主触点被强烈的电弧"烧焊"在一起,或者接触器的机构失灵,使衔铁卡住,总是处在吸合状态,这都可能使主触点不能断开,这时如果另一个接触器动作,就会造成电源短路事故。如果用接触器动断触点进行连锁,不论什么原因,只要一个接触器处在吸合状态,它的连锁动断触点就必然将另一个接触器线圈电路切断。

2. 正反转自动循环线路

在实际加工生产中,有些机床的工作台和刀架等都需要自动往复运动。图 5-44 所示为

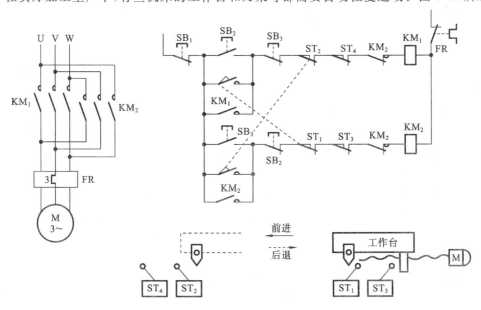

图 5-44　正反转自动循环线路

机床工作台往复运动的控制线路,其实质上是利用行程开关来自动实现电动机正反转的。组合机床、龙门刨床、铣床的工作台等常用这种线路来实现往返循环。

ST_1、ST_2、ST_3、ST_4 为行程开关,按要求安装在固定位置上,当撞块压下行程开关时,其动合触点闭合,动断触点打开。工作原理是:按下正向启动按钮 SB_2,接触器 KM_1 得电动作并自锁,电动机正转,使工作台前进。当运行到 ST_2 时,撞块压下 ST_2,ST_2 的动断触点使 KM_1 断电,ST_2 的动合触点使 KM_2 得电动作并自锁,电动机反转,使工作台后退。当撞块又压下 ST_1 时,使 KM_2 断电,KM_1 又得电动作,电动机又正转,使工作台前进。这样,可一直循环下去。

SB_1 为停止按钮,SB_2 和 SB_3 为不同方向的复合启动按钮。使用复合按钮,是为了满足改变工作台方向时,不按停止按钮可直接操作的条件。限位开关 ST_3 和 ST_4 安装在极限位置,当由于某种故障,工作台到达行程开关 ST_1(或 ST_2)设定的位置时,未能切断 KM_2(或 KM_1)时,工作台将继续移动到极限位置,压下 ST_3(或 ST_4),此时最终把控制回路断开,使电动机停止,可避免工作台由于越出允许位置所导致的事故,因此 ST_3、ST_4 起限位保护作用。

利用行程开关按照机床运动部件的位置或机件的位置变化所进行的控制,称为按行程原则的自动控制,或称行程控制。行程控制是机床和生产自动线应用最为广泛的控制方式之一。

5.3.3　三相异步电动机的制动控制线路

电动机断电后,要求机床能够迅速停止动作和准确定位,而电动机断电后由于惯性,停机时间拖得很长,停机位置也不准确。这就要求必须对电动机采取有效的制动措施。

制动停机的方式一般分为两大类:电气制动和机械制动。电气制动是指电动机产生一个与原来转子的转动方向相反的制动转矩,机床上经常用到的是能耗制动和反接制动两种制动方式;机械制动是指采用机械抱闸或液压装置制动。

1. 能耗制动控制线路

能耗制动是指在三相异步电动机切除三相电源的同时,把定子绕组接通直流电源,在转速为零时再切除直流电源。这种制动方法实质上是把转子原来存储的机械能转变为电能,又消耗在转子的制动上,所以称为能耗制动。图 5-45 所示是分别用复合按钮与时间继电器实现能耗制动的控制线路,其中整流装置由变压器和整流元件组成。KM_2 为制动用接触器,KT 为时间继电器。图 5-45(b)所示是手动控制的简单能耗控制线路。停车时,按下按钮 SB_1,到制动结束放开按钮。采用图 5-45(c)所示线路可实现自动控制,简化操作。控制线路工作过程如下:按下按钮 SB_2,KM_1 通电,电动机启动;按下按钮 SB_1,KM_1 断电,切断交流电源,接触器 KM_2 的线圈得电,主电路接通直流电源,实现能耗制动;与此同时,时间继电器 KT 通电,延时一段时间后动作,使 KM_2 的线圈断电,制动结束。

制动作用的强弱,与通入直流电流的大小和电动机转速有关,在同样的转速下,电流越大制动作用越强。一般取直流电流为电动机空载电流的 3～4 倍,过大会使定子过热。图 5-45 所示直流电源中串接的可调电阻 R_P,用于调节电流大小。图 5-45(c)所示的能耗制动控制线路为利用时间继电器,按时间控制原则组成的电路。

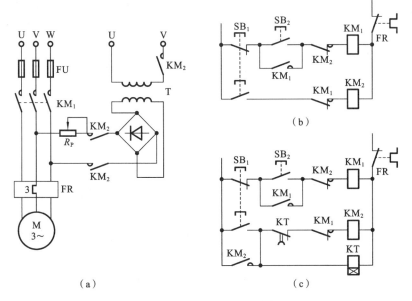

图 5-45　能耗制动控制线路

（a）主电路；（b）简单能耗控制电路；（c）自动能耗控制电路

2. 反接制动控制线路

反接制动实质上是通过改变异步电动机定子绕组中的三相电源相序,产生与转子转动方向相反的转矩来进行制动的。具体方法是:停机时,先将三相电源反接,当电动机转速接近零时,再将三相电源切除。

图 5-46 所示为反接制动控制线路。在反接制动的过程中,当电源反接后,电动机转速

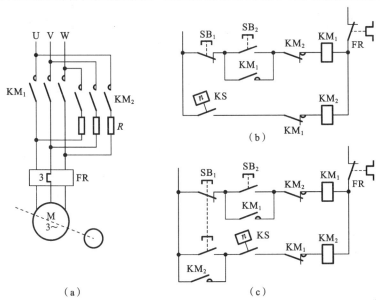

图 5-46　反接制动控制线路

（a）主电路；（b）控制电路方案一；（c）控制电路方案二

将由正转急速下降到零时,立即将反接电源切断。控制线路中是用速度继电器来"判断"电动机的停与转。电动机与速度继电器的转子是同轴连接在一起的,电动机转动时,速度继电器的动合触点闭合,电动机停止时,动合触点打开。

控制线路中,如图 5-46(b)所示线路的工作过程为:按下按钮 SB$_2$ 则 KM$_1$ 通电,电动机正向转动,此时速度继电器 KS 的动合触点闭合。当按下按钮 SB$_1$ 时,KM$_1$ 断电,KM$_2$ 通电,开始制动。当电动机转速为零时,速度继电器 KS 的动合触点复位,KM$_2$ 断电,制动结束。

但是如果采用图 5-46(b)所示方案,会出现一个问题:在停机期间,如果为了调整工件,需要手动转动机床的主轴时,速度继电器的转子也将随着机床主轴旋转,其动合触点闭合,接触器 KM$_2$ 得电动作,电动机接通电源,开始反接制动,不利于调整工件。如图 5-46(c)所示,采用复合按钮并在其动合触点上并联 KM$_2$ 的动合触点(使得 KM$_2$ 能够自锁),就可解决上述问题。这样,在用手转动机床的主轴时,虽然速度继电器 KS 的动合触点闭合,但是只要不按停止按钮 SB$_1$,KM$_2$ 就不会得电,反接制动电路也就不会工作。

说明:在主电路中串接电阻 R,是因为电动机反接制动电流很大,串接电阻可以防止电动机绕组过热。

能耗制动与反接制动相比较,具有制动准确、平稳、能量消耗小等优点,但制动力较弱,特别是在低速时尤其突出。能耗制动适用于要求制动准确、平稳的场合,如磨床、龙门刨床及组合机床的主轴定位等。反接制动旋转磁场的相对速度大,定子电流也很大,制动效果显著,但制动过程中有冲击,对传动部件有害,消耗大,适用于不太经常启、制动的设备,如铣床、镗床、中型车床主轴的制动。

5.3.4　电气控制系统的保护环节

电气控制系统除了能满足生产机械的加工工艺要求外,还需要有各种保护措施,以实现机械设备的无故障运行。电气控制系统的保护环节主要用来保障电动机、电网、电气设备及人身安全等,它是电气控制系统中不可缺少的部分。

电气控制系统常用的保护环节有短路保护、过电流保护、零电压和欠电压保护及弱磁保护等。

1. 短路保护

电动机绕组绝缘损坏或线路发生故障会造成短路。线路短路会导致电气设备损坏,所以在线路发生短路现象时,必须迅速将电源切断。常用的短路保护元件有熔断器和自动空气开关。

通常熔断器适用于对动作准确和自动化程度要求较低的系统,如小容量的笼型电动机、普通交流电源系统。使用熔断器进行短路保护时,可能会出现一相熔断,造成单相运行的危险。而自动空气开关只要发生短路就会跳闸,可以将三相同时切断。自动空气开关结构复杂,适用于操作频率低的场合,广泛应用于要求较高的场合。

2. 过载保护

电动机若长时间过载运行,会使电动机等电气设备发热,温度升高,甚至会超过设备所允许的温升而使电动机等电气设备的绝缘层破坏,进而导致电动机损坏,所以必须予以保护。

　　使用最多的长期过载保护装置是热继电器 FR。当电动机在额定电流下工作时,电动机绕组的发热形成的温升为额定温升,热继电器不动作;在过载电流较小时,热继电器要经过较长时间才动作;在过载电流较大时,热继电器要在较短时间内就动作。在图 5-47 所示的电路中,热继电器 FR 的发热元件串在电动机的主电路中,其触点串接在控制电路接触器线圈的回路中。当电动机过载时,热继电器的热元件就发热,将其在控制电路内的动断触点断开,接触器线圈失电,触点断开,电动机就停转。

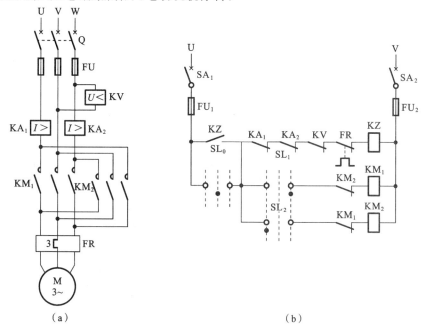

图 5-47　电动机保护接线

(a) 主电路;(b) 控制线路

　　由于热惯性的原因,热继电器不会受电动机短路时过载冲击电流或短路电流的影响而瞬时动作,所以在使用热继电器时,还需要进行短路保护。

3. 过电流保护

　　过电流保护一般使用过电流继电器。过电流广泛用于直流电动机或绕线异步电动机,对于三相笼型电动机,由于短时过载电流不会造成严重后果,故不采用过电流保护。

　　过电流是由不正确的启动和过大的负载引起的,一般比短路电流小。在电动机运行中产生过电流的可能性要比产生短路的可能性大,尤其是在频繁正反转启动制动电路中,直流电动机和绕线异步电动机线路中过电流继电器也起着短路保护的作用,一般过电流的强度值为启动电流的 1.2 倍左右。

4. 零压(或欠压)保护

　　零压(或欠压)保护的作用在于防止因电源电压消失或降低而可能发生的不容许故障。如当电动机正在运行时,电源电压因某种原因消失,在电源电压恢复时,对于手动控制的情况,此时若未拉开刀开关或转换开关,电动机就会自行启动,可能造成生产设备的损坏,甚至造成人身伤亡事故。对于电网,同时有许多电动机及其他用电设备自行启动也会引起不允许的过电流及瞬时网络电压下降。防止电压恢复时电动机自行启动的保护称为零压保护。

当电动机正好在这个时段运转时,电源电压过分的降低会引起一些电能释放,造成线路不正常工作,可能产生事故,电源电压过分降低也会引起电动机转速下降甚至停转。因此,需要在电压下降到允许值以下时将电源切断,这就是欠压保护。

图 5-47 所示为电动机常用的保护接线情况。短路保护由熔断器 FU 来实现;过载保护由热继电器 FR 来实现;过电流保护由过电流继电器 KA 来实现;零压保护由电压继电器 KZ 来实现。

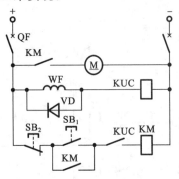

图 5-48　弱磁保护线路

5. 弱磁保护

直流电动机在磁场有一定强度时才能启动,如果磁场太弱,电动机的启动电流就会很大。直流电动机在运行时若磁场突然减弱或消失,电动机的转速将迅速升高,甚至发生飞车。可以在电动机励磁电路中串入弱磁继电器(欠电流继电器)来实现弱磁保护。电动机在运行时,如果励磁电流消失或降低很多,弱磁继电器就释放,切断主电路接触器线圈的电源,使电动机断电停车。在图 5-48 中,当合上开关 QF 后,电动机励磁绕组 WF 中通过额定励磁电流,此时电流使电流继电器 KUC 动作,其常开触点 KUC

闭合。当按下按钮 SB₁ 时,接触器 KM 动作,直流电动机 M 运行。若运行中励磁电流消失或强度降低太多,就会使电流继电器 KUC 释放,常开触点 KUC 断开,从而使接触器 KM 释放,电动机脱离电源而停车。图中,与 WF 并联的二极管 VD 的用途是降低切断电源时由励磁绕组感应产生的高电压。

5.4　继电器-接触器控制线路设计

生产机械一般都是由机械部分和电气部分组成的。设计时应:首先考虑机械设备的技术要求,拟订总体方案;其次应根据要求设计电气原理图,选择电气元件;最后编写电气系统说明书。

5.4.1　继电器-接触器控制系统设计的基本内容

继电器-接触器控制系统部分是生产机械不可缺少的重要组成部分,它对生产机械能否正确与可靠工作起着决定性作用。生产机械高效率的生产方式使得机械部分的结构与电气控制密切相关,因此生产机械电气控制系统的设计应与机械部分的设计同步进行、密切配合,以便拟订出最佳的控制方案。

继电器-接触器控制系统的设计内容主要包括:

(1) 编制电气设计任务书(给出技术条件);

(2) 确定电气控制传动方案,选择电动机;

(3) 设计电气控制原理图;

（4）选择电气元件，并编制电器元件明细表；

（5）设计操作台、电气控制柜及非标准电器元件；

（6）设计机床电气设备布置总图、电气安装图、电气接线图；

（7）编写电气系统说明书和使用操作说明书；

以上电气设计的各项内容，必须以国家有关标准为依据。在具体的设计过程中，可根据生产机械的总体技术要求和控制线路的复杂程度不同，对以上内容进行增减。

5.4.2　电动机的选择

电动机是机电传动系统中最常见的原动机，电动机的选择主要是容量的选择。

1. 电动机容量的选择

在机电传动控制系统中电动机容量（功率）的选择是非常重要的。如果所选电动机的容量过小，生产效率低，使电动机在过载条件下运行，会造成电动机损坏或其他机械故障；若电动机的容量选择得过大，则会造成设备投资费用不必要的增加，并会使运行效率下降。

选择电动机的容量需考虑以下几个因素。

（1）发热　电动机运行时的实际最高温度 θ_m 应等于或小于电动机绝缘的允许最高温度 θ_a，即 $\theta_m \leqslant \theta_a$。

（2）过载能力　由于电动机的热惯性，在短期工作时，能承受高于额定功率的负载并能保证 $\theta_m \leqslant \theta_a$，具有一定的过载能力。所选电动机的最大转矩 T_m（对于异步电动机）或最大电流 I_m（对于直流电动机）必须大于运行过程中可能出现的最大负载转矩 T_{Lm} 和最大负载电流 L_{Lm}，即

$$\text{对于异步电动机} \qquad T_{Lm} \leqslant T_m = \lambda_m T_N \qquad (5\text{-}1)$$

$$\text{对于直流电动机} \qquad I_{Lm} \leqslant I_m = \lambda_i I_N \qquad (5\text{-}2)$$

式中　λ_m、λ_i——电动机的过载能力系数。

（3）启动能力　为了保证电动机可靠启动，必须使

$$T_L \leqslant T_{st} = \lambda_{st} T_N \qquad (5\text{-}3)$$

式中　λ_{st}——启动能力系数；

　　　T_{st}——启动转矩。

2. 不同工作制下电动机功率的选择

电动机的运行方式也称为工作制，它分为连续工作制、短时工作制、重复短时工作制三类。

1）连续运行方式下电动机功率的选择

（1）恒定负载　对于负载功率 P_L 恒定不变的生产机械（如风机、泵、立式车床等），连续工作制下，电动机的选择原则是 $P_N \geqslant P_L$。

（2）变负载　在大多数生产机械中，电动机所带的负载是变动的。如果按生产机械的最大负载来选择电动机的功率，则电动机的能力不能充分发挥；如果按最小负载来选择，其功率又不能够满足要求。一般采用"等值法"来计算电动机的功率，即把实际的变化负载化成一个等效的恒定负载，要求二者的温升相同，就可以根据得到的等效恒定负载来确定电动机的功率。负载的大小可用电流、转矩、功率来代表。

2）短时工作制下电动机容量的选择

某些生产机械的工作时间短，而停车时间却很长，例如升降机、龙门刨床的夹紧装置等，这类机械的工作特点是，短时工作时温度达不到稳定值 τ_s，长期停车，停车时间足以使电动机冷却到环境温度。由于短时工作制下电动机的发热情况与长期连续工作方式下的电动机不同，所以，电动机的选择也不一样。

（1）短时工作制电动机　我国生产的短时工作制电动机的标准运行时间有 10 min、30 min、60 min、90 min 四种。这类电动机铭牌上所标的额定功率 P_N 和一定的标准持续时间 t_s 相对应。选择时，要求 $P_N \geqslant P_s$，P_s 为电动机工作时的等效功率。

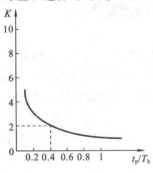

图 5-49　短时工作过载倍数与工作时间

（2）连续工作制电动机　普通额定功率 P_N 是按长期运行的情况设计的。若将这种电动机用于短时工作，按照 $P_N \geqslant P_L$ 来选择，将不能充分利用电动机的能力，从而造成设备的浪费。因此，为了充分发挥电动机在发热上的潜能，在短时工作状态下，可以使它过载运行，而其过载倍数与 $\dfrac{t_p}{T_h}$（t_p 为短时实际工作时间，T_h 为电动机的发热时间常数）有关，如图 5-49 所示。选择原则是保证

$$P_N \geqslant R_p / K \tag{5-4}$$

式中　P_p——短时实际负载功率；

P_N——连续工作制电动机的额定负载。

3. 重复短时工作制下电动机的选择

有些生产机械工作一段时间后就停歇一段时间，工作、停歇交替进行，且时间都比较短，如电梯、组合机床与自动线中的主传动电动机等。这类生产机械的工作特点：工作时间 $t_p < 4T_h$，停车（或空载）时间 $t_0 < 4T_h'$，工作时间内电动机的温升不可能达到稳定温升，停车时间内温升还没有下降到零时，下一个周期又已开始。重复性、短时性是重复短时工作制的两个重要特点。通常，用暂载率（或称负载持续率）ε 来表征重复短时工作制的工作情况：

$$\varepsilon = \frac{t_p}{t_p + t_0} \tag{5-5}$$

1）选用重复短时工作制的电动机

我国生产的专供重复短时工作的电动机，规定的标准暂载率 ε 为 15%、25%、40%、60% 四种，并以 25% 为额定暂载率 ε_{sN}，同时，规定一个周期的总时间为 $t_p + t_0$ 不超过 10 min。

重复短时工作制电动机容量选择的步骤是：首先根据生产机械的负载图算出电动机的实际暂载率 ε，如果算出的 ε 值与电动机的额定负载暂载率 ε_{sN}（25%）相等，就从该电动机的产品目录中查出额定功率 P_{sN}，所选电动机的 P_{sN} 应等于或略大于生产机械所需功率 P，若 $\varepsilon \neq \varepsilon_{sN}$，则折算功率 P_s 为

$$P_s = P \sqrt{\frac{\varepsilon}{\varepsilon_{sN}}} = P \sqrt{\frac{\varepsilon}{0.25}} \tag{5-6}$$

2）选用连续工作制的普通电动机

若选用连续工作制的电动机,此时可看成 $\varepsilon = 100\%$,再按上述方法选择电动机。等效负载功率为

$$P_s = P\sqrt{\frac{\varepsilon}{\varepsilon_s}} = P\sqrt{\frac{\varepsilon}{100\%}} \tag{5-7}$$

在重复短时工作制的情况下,若负载是变动的,仍可用等值法先算出等效功率,再按式(5-7)选择电动机。

以上对于不同工作制电动机容量的选择方法,是针对理想状况给出的,一般来说电动机的负载图与生产机械的负载图是不相同的,在实际应用中要根据具体情况适当给予考虑和修正。

另外,电动机铭牌上的额定功率是在一定的工况下电动机运行的最大输出功率,如果工况变了,也应作适当调整。除了正确选择电动机的功率外,还需要根据生产机械的要求、技术经济指标和工作环境等条件,来正确选择电动机的种类、电压、转速和电动机的结构形式。

5.4.3　电气控制线路设计举例

以 CW6163 型卧式车床的电气控制线路设计为例说明电气设计的步骤和方法。

1. 车床电气传动的特点及控制要求

（1）车床主运动和进给运动由电动机 M_1 集中传动,采用机械方法调速,主轴运动的正反向（满足螺纹加工要求）由两组摩擦片离合器来实现;

（2）主轴制动采用液压制动器;

（3）冷却泵由电动机 M_2 拖动;

（4）刀架快速移动由单独的快速电动机 M_3 拖动;

（5）进给运动的纵向运动、横向运动以及快速移动统一由一个手柄操纵。

电动机型号按经验设计法选择,如表 5-10 所示。

表 5-10　电动机的选择

电动机 名称和序号	型号	额定功率 /kW	额定电压 /V	额定电流 /A	额定转速 /(r/min)
主电动机 M_1	Y160M-4	11	380	23	1 460
冷却泵电动机 M_2	JCB-22	0.15	380	0.43	2 790
快速移动电动机 M_3	J02-21-4	1.1	380	2.67	1 410

2. 电气控制线路设计

1）主电路设计

采用经验设计方法进行 CW6163 型卧式车床电气控制电路的设计。先设计主电路,主电路有三台电动机,根据电气传动的特点及控制要求,由接触器 KM_1、KM_2、KM_3 分别控制电动机 M_1、M_2 及 M_3,主电路如图 5-50 所示。

车床的三相电源由电源引入开关 Q 引入。主电动机 M_1 的过载保护由热继电器 FR_1 实现,它的短路保护可由机床前一级配电箱中的熔断器担任。冷却泵电动机 M_2 的过载保

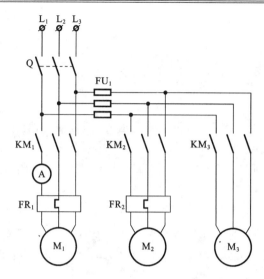

图 5-50　CW6163 型卧式车床主电路电气原理图

护由热继电器 FR_2 实现。快速移动电动机 M_3 由于是短时工作,不设过载保护。电动机 M_2、M_3 共同的短路保护由熔断器 FU_1 实现。

2)控制线路设计

考虑到操作方便,对主电动机 M_1 进行两地启停控制。可在床头操作板上和刀架拖板上分别设启动和停止按钮 SB_1、SB_2、SB_3、SB_4 进行操纵,如图 5-51 所示。接触器 KM_1 与控制按钮组成自锁的启停控制线路。

冷却泵电动机 M_2 启停操作由按钮 SB_5、SB_6 进行控制,SB_5、SB_6 装在床头板上,如图 5-52所示。

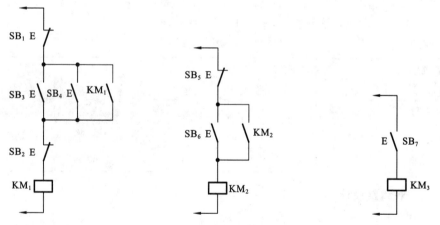

图 5-51　主电动机控制电路　　图 5-52　冷却泵电动机控制电路　　图 5-53　快速电动机控制电路

快速电动机 M_3 工作时间短,为了使操作灵活,用按钮 SB_7 与接触器 KM_3 组成点动控制线路,如图 5-53 所示。

将三台电动机的控制电路集聚起来,根据对控制电路的要求,适当加以修改或整理,就组成了该车床的电气控制电路,如图 5-54 所示。

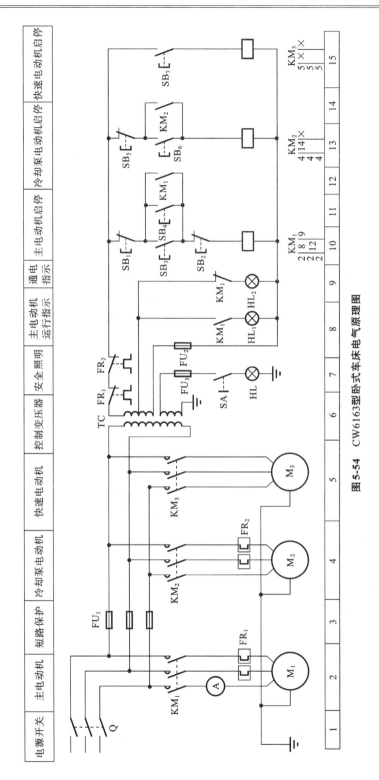

图5-54　CW6163型卧式车床电气原理图

3) 信号指示与照明电路

可设置电源指示灯 HL_2（绿色），在电源开关 Q 接通后，HL_2 立即发光显示，表示机床电气线路已处于供电状态。设指示灯 HL_1（红色）表示主电动机是否运行。这两个指示灯可由接触器 KM_1 的动合和动断两对辅助触点进行切换通电显示。

在操作板上设有交流电流表Ⓐ，它串联在电动机主电路中，用以指示机床的工作电流。这样，可根据电动机工作情况调整切削用量，使主电动机尽量满载运行，提高生产率，并能提高电动机功率因数。

设置照明灯 HL，用于局部安全照明（24 V 安全电压）。

4) 控制电路电源

考虑安全可靠性及满足照明指示灯的要求，控制线路电压为 110 V，车床局部照明电压为 24 V，指示灯电压为 6.3 V。

5) 绘制电气原理图

根据各局部线路之间的互相关系和电气保护线路，绘制成电气原理图，如图 5-54 所示。电气原理图分为若干个图区，上方图区配以用中文说明每个部分功能，下方图区用阿拉伯数字编号，以帮助读图。

3. 选择电气元件

1) 电源引入开关 Q

开关 Q 主要用作电源隔离开关，并不用来直接启停电动机，可按电动机额定电流来选。显然，应该根据三台电动机来选。中小型机床常用组合开关，选用 HZ10-25/3 型三极组合开关，其额定电流为 25 A。

2) 热继电器 FR_1、FR_2

主电动机 M_1 额定电流为 23 A，FR_1 应选用 JR0-40 型热继电器，热元件电流为 25 A，整定电流调节范围为 16～25 A，工作时将额定电流调整为 23 A。

同理，FR_2 应选用 JR10-10 型热继电器，选用 1 号元件，整定电流调节范围是 0.4～0.64 A，整定在 0.43 A。

3) 熔断器 FU_1、FU_2、FU_3

在熔断器的选用中，当多台电动机由一个熔断器保护时，其熔体电流 $I_R \geqslant I_m/2.5$，其中 I_m 为可能出现的最大电流。如果几台电动机不同时启动，则 I_m 为容量最大的一台电动机的启动电流，加上其他台电动机的额定电流。

FU_1 是对 M_2、M_3 两台电动机进行保护的熔断器。熔体电流为

$$I_R \geqslant \frac{2.67 \times 7 + 0.43}{2.5} \text{ A} = 7.65 \text{ A}$$

可选用 RL1-15 型熔断器，配 10 A 的熔体。

FU_2、FU_3 选用 RL1-15 型熔断器，配 2 A 的熔体。

4) 接触器 KM_1、KM_2、KM_3

主电动机 M_1 的额定电流 $I_N = 23$ A，控制电路电源 110 V，需主触点三对，动合辅助触

点两对,动断辅助触点一对,根据上述情况,KM_1 选用 CJ10-40 型接触器,电磁线圈电压为 110 V。

由于 M_2、M_3 电动机额定电流很小,KM_2、KM_3 可选用 JZ7-44 交流中间继电器,线圈电压为 110 V,触点电流 5 A,可完全满足要求,对小容量的电动机常用中间继电器替代接触器。

5) 控制变压器 TC

控制变压器主要依据所需变压器容量及一次侧、二次侧的电压等级来选择。控制变压器可根据以下两种情况确定其容量。一是依据控制线路最大工作负载所需的功率计算,变压器所需容量 P_T 为 $P_T \geqslant K_T \sum P_{xc}$,其中 K_T 为变压器容量储备系数,取值范围为 $1.1 \sim 1.25$;$\sum P_{xc}$ 为控制线路最大负载时工作的电器所需的总功率。二是变压器的容量应满足已吸合的电器在再次启动吸合另一些电器时仍能吸合,变压器所需容量 P_T 为 $P_T \geqslant 0.6 \sum P_{xc} + 1.5 \sum P_{sT}$,其中 $\sum P_{sT}$ 为同时启动的电器的总保持功率。

变压器负载最大时 KM_1、KM_2 及 KM_3 同时工作,取 $K_T = 1.2$,则

$$P_T \geqslant K_T \sum P_{xc} = 1.2 \times (12 \times 2 + 3.3) \text{ VA} = 32.76 \text{ VA}$$

以及

$$P_T \geqslant 0.6 \sum P_{xc} + 1.5 \sum P_{sT} = [0.6 \times (12 \times 2 + 3.3) + 1.5 \times 12] \text{ VA} = 34.38 \text{ VA}$$

可知,变压器容量应大于 34.38 VA。考虑到照明灯等其他电器容量,可选用 BK-100 型变压器,电压等级为 380 V/110-24-6.3 V,可满足辅助回路的各种电压需要。

4. 制定电气元件明细表

电气元件明细表要注明各元器件的型号、规格及数量等。CW6163 型卧式车床电气元件明细表如表 5-11 所示。

表 5-11　CW6163 型卧式车床电气元件明细表

符　号	名　称	型　号	规　格	数　量
M_1	主电动机	Y160M-4	11 kW,380 V,23 A,1 460 r/min	1
M_2	冷却泵电动机	JCB-22	0.15 kW,380 V,0.43 A,2 790 r/min	1
M_3	快速移动电动机	J02-21-4	1.1 kW,380 V,2.67 A,1 410 r/min	1
Q	组合开关	HZ10-25/13	三极,500 V,25 A	1
KM_1	交流接触器	CJ10-40	40 A,线圈电压 110 V	1
KM_2、KM_3	中间继电器	JZ7-44	5 A,线圈电压 110 V	2
FR_1	热继电器	JR0-40	电流调节范围 16～25 A,整定电流 23 A	1
FR_2	热继电器	JR10-10	热元件 1 号,整定电流 0.43 A	1
FU_1	熔断器	RL1-15	500 V,熔体 10 A	3

符　号	名　称	型　号	规　格	数量
FU$_2$、FU$_3$	熔断器	RL1-15	500 V,熔体 2 A	2
TC	控制变压器	BK-100	100 VA,380 V/110-24-6.3 V	1
SB$_3$、SB$_4$、SB$_6$	控制按钮	LA10	黑色	3
SB$_1$、SB$_2$、SB$_5$	控制按钮	LA10	红色	3
SB$_7$	控制按钮	LA9	绿色	1
HL$_1$、HL$_2$	指示信号灯	ZSD-0	6.3 V,绿色 1,红色 1	2
A	交流电流表	62T2	0～50 A,直接接入	1

5. 绘制电气安装接线图

机床的电气接线图是根据电气原理图及各电气设备安装的布置图来绘制的。安装电气设备或检查线路故障都要依据电气接线图。接线图要表示出各电气元件的相对位置及各元件的相互接线关系,因此,要求接线图中各电气元件的相对位置与实际安装的位置一致,并且同一个电器的元件要画在一起。还要求各电气元件的文字符号与原理图一致。对各部分线路之间接线和对外部接线都应通过端子板进行,而且应该注明外部接线的去向。

为了看图方便,将导线走向一致的多根导线合并画成单线,可在元件的接线端标明接线的编号和去向。

接线图还应标明接线用导线的种类和规格,以及穿管的管子型号、规格尺寸。成束的接线应说明接线根数及其接线号,如图 5-55 所示。

图 5-55 为 CW6163 型卧式车床电气接线图,表 5-12 为内敷线明细表。

表 5-12　CW6163 型车床电气接线图中管内敷线明细表

代号	穿管用线(或电缆)类型	电线截面	电线根数	备注
1	内径为 15 mm 的聚氯乙烯软管	4	3	
2	内径为 15 mm 的聚氯乙烯软管	4	2	
3	内径为 15 mm 的聚氯乙烯软管	1	8	
4	G3/4 螺旋管	1	12	
5	内径为 15 mm 的金属软管	1	12	
6	内径为 15 mm 的聚氯乙烯软管	1	9	
7	ϕ18 mm×16 mm 铝管	1	9	
8	内径为 15 mm 的聚氯乙烯软管	1	2	
9	内径为 8 mm 的聚氯乙烯软管	1	2	
10	VHZ 橡套电缆	1	3	

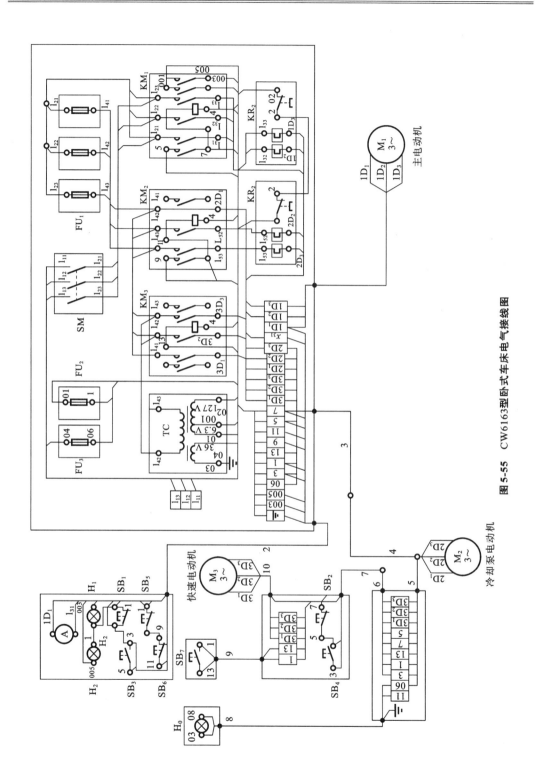

图 5-55　CW6163型卧式车床电气接线图

习　题

5-1　说出下列电器的作用,并标出其图形符号和文字符号。

(1)熔断器;　　(2)按钮开关;　　(3)三极刀开关;　　(4)自动空气开关;

(5)热继电器;　　(6)时间继电器;　　(7)速度继电器;　　(8)电磁铁线圈

5-2　若交流电器的线圈误接入直流电源,或直流电器的线圈误接入交流电源,会发生什么问题,为什么?

5-3　自动空气断路器有什么功能和特点?

5-4　电动机为什么要采取零压保护和欠压保护措施?

5-5　电动机的短路保护、过电流保护和长期过载(热)保护有何区别?

5-6　对热继电器不能做短路保护而只能做长期过载保护,而对熔断器则相反,其原因是什么?

5-7　设计一按序启动电路,要求三台电动机 M_1、M_2、M_3 按顺序启动:M_1 启动后 M_2 才能启动,M_2 启动后 M_3 才能启动,停车时则同时停车,试设计此控制线路。

5-8　设计一条自动运输线,采用两台电动机,M_1 拖动运输机,M_2 拖动卸料机。控制线路要求:

(1)电路均有短路、长期过载保护;

(2)M_1 启动后,经过一点时间,才允许 M_2 启动;

(3)M_2 停止后,才允许 M_1 停止。

5-9　习题 5-9 图为机床自动间歇润滑的控制线路图,其中接触器 KM 为润滑泵电动机启停用接触器(电动机主电路没有绘出),控制线路可以使润滑设备有规律地间歇工作。试分析该控制线路的工作原理,并说明开关 S 的按钮 SB 的作用。

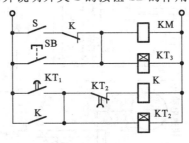

习题 5-9 图

第6章 可编程控制器

可编程逻辑控制器(PLC,programmable logic controller)简称可编程控制器,是微机技术与继电器常规控制技术相结合的产物,是在顺序控制器的基础上发展起来的新型控制器。它采用一类可编程的存储器,用其内部存储的程序,执行逻辑运算、顺序控制、定时、计数与算术操作等面向用户的指令,并通过数字或模拟式输入/输出控制各种类型的机械或生产过程。

20世纪70年代初,由于计算机技术和集成电路的迅速发展,美国首先把计算机技术应用到控制装置中。可编程控制器就是利用计算机技术设计的一种顺序控制装置,它采用了专门设计的硬件,而它的控制功能则是通过存放在存储器中的控制程序来实现的,因此,若要对控制功能作一些修改,只需改变程序即可。

6.1 PLC 的结构、工作原理与特点

6.1.1 PLC 的基本结构

PLC 的种类很多,大、中、小型 PLC 的功能也不尽相同,其结构也有所不同,但主体结构形式大体上是相同的,由输入/输出电路、中央控制、电源及编程器等构成。PLC 结构框图如图 6-1 所示。

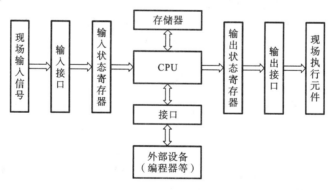

图 6-1 PLC 结构框图

1. 中央控制单元

中央控制单元(CPU)是 PLC 的控制中枢。它按照 PLC 系统程序赋予的功能接收并存储从编程器键入的用户程序和数据,检查电源、存储器、输入/输出(I/O)以及警戒定时器的状态,并能诊断用户程序中的语法错误。当 PLC 投入运行时,首先它以扫描的方式接收现场各输入装置的状态和数据,并分别存入输入/输出映像区,然后从用户程序存储器中逐条读取用户程序,经过命令解释后按指令的规定执行逻辑或算数运算,并将结果送入输入/输

出(映像区或数据寄存器。在所有的用户程序执行完毕之后,将输入/输出映像区的各输出状态或输出寄存器内的数据传送到相应的输出装置,如此循环运行,直到停止运行为止。因此,中央控制单元为控制和计算中心,其主要作用是:

(1) 接收从编程器输入的用户程序,并存入程序存储器中;

(2) 用扫描方式采集现场输入状态和数据,并存入输入状态寄存器中;

(3) 执行用户程序,产生相应的控制信号以控制输出电路,实现程序规定的各种操作;

(4) 通过故障诊断程序,诊断 PLC 的各种运行错误。

2. 存储器

PLC 的存储器用来存放系统程序和数据,因此有程序存储器和变量(数据)存储器之分;程序分系统程序和用户程序,因此程序存储器又分为系统程序存储器和用户程序存储器。

1) 程序存储器

(1) 系统程序存储器   系统程序存储器存放系统程序(系统软件)。系统程序决定 PLC 的性能,它包括监控程序、解释程序、故障自诊断程序、标准子程序及其他各种管理程序。系统程序用来管理、协调 PLC 各部分的工作,编译、解释用户程序,进行故障诊断等。系统程序由生产厂家提供,一般固化在只读存储器(ROM)或可擦写可编程只读存储器(EPROM)中,用户不能直接存取。

(2) 用户程序存储器   用户程序存储器可分为两部分,一部分用来存储用户程序,另一部分则供监控和用户程序作为缓冲单元。

用户程序是用户为解决实际问题并根据 PLC 指令系统而编制的程序,它通过编程器输入,经微处理器存入用户程序存储器。为了便于程序的调试、修改、扩充、完善,该存储器可使用随机存储器(RAM),但具有掉电保护功能。

微处理器对供监控和用户程序作为缓冲单元的某些部分可以进行字操作,而对另一部分可进行位操作。在 PLC 中,可进行字操作的缓冲单元常称为字元件(也称数据寄存器),可进行位操作的缓冲单元常称为位元件(也称辅助继电器)。

2) 变量(数据)存储器

变量(数据)存储器存放 PLC 的内部逻辑变量,如内部继电器、输入/输出寄存器、定时器/计数器中的当前值等。由于 CPU 需要随时读取和更新这些存储器的内容,因此变量存储器采用 RAM。

现今用户程序存储器和变量存储器常采用低功耗的互补金属氧化物半导体(CMOS-RAM)及锂电池供电的掉电保护技术,以提高运行可靠性。

3. 输入/输出电路

1) 输入电路

输入电路是 PLC 与外部连接的输入通道。输入信号(如按钮、行程开关以及传感器输出的开关信号或模拟量)经过输入电路转换成中央控制单元能接收和处理的数字信号。

2) 输出电路

输出电路是 PLC 向外部执行部件输出相应控制信号的通道。将主机向外输出的信号转换成可以驱动外部执行电路的信号,以便控制接触器线圈等电器通、断电。通过输出电路,PLC 可对外部执行部件(如接触器、电磁阀、继电器、指示灯、步进电动机、伺服电动机等)进行控制。

输入/输出电路根据其功能的不同,可分为数字输入、数字输出、模拟量输入、模拟量输出、位置控制、通信等各种类型的。

4. 电源部件

电源部件能将交流电转换成中央控制单元、输入/输出部件所需要的直流电源;能适应电网波动、温度变化的影响,对电压具有一定的保护能力,以防止电压突变时损坏中央控制器。另外,电源部件内还装有备用电池(锂电池),以保证在断电时存放在 RAM 中的信息不致丢失。因此,用户程序在调试过程中可采用 RAM 储存,以便于修改程序。

PLC 的电源在整个系统中起着十分重要的作用。如果没有一个良好的、可靠的电源系统,PLC 是无法正常工作的,因此,PLC 的制造商对电源的设计和制造也十分重视。一般交流电压波动在 +10%(+15%)范围内,可以不采取其他措施而将 PLC 直接连接到交流电网上去。

5. 编程器

编程器是 PLC 的重要外部设备。它能对程序进行编制、调试、监视、修改、编辑,最后将程序固化在 EPROM 中。它可分成简易型和智能型编程器两种。

简易型编程器只能在线编程,通过一个专用接口与 PLC 连接。程序以软件模块形式输入。可先在编程器 RAM 区存放,然后送入控制器的存储器中。利用编程器可进行程序调试。可随时插入、删除或更改程序,调试通过后转入 EPROM 中储存。

智能型编程器既可在线编程,又可离线编程,还可远离 PLC 插到现场控制站的相应接口编程。可以实现梯形图编程、彩色图形显示、通信联网、打印输出控制和事务管理等。编程器的键盘采用梯形图语言键或指令语言键,通过屏幕对话进行编程。也可用通用计算机做编程器,通过 RS-232 通信口与 PLC 连接。在微机上进行梯形图编辑、调试和监控,可实现人机对话、通信和打印等。

6.1.2　PLC 的结构形成

按结构形成的不同,PLC 可分为整体式和模块式的两种。

整体式 PLC 是将所有的电路都装入一个模块内,构成的一个整体。因此,它的特点是结构紧凑,体积和质量小。

模块式 PLC 是采用搭积木的方式组成,在一块基板上插上 CPU、电源、I/O 模块及特殊功能模块,构成的一个总 I/O 点数很多的大规模综合控制系统。这种结构形式的特点是 CPU 模块、I/O 模块都是独立模块。因此,可以根据不同的系统规模选用不同档次的 CPU 及各种 I/O 模块、功能模块。其模块尺寸统一、安装方便,对于 I/O 点数很多的大型系统的选型、安装调试、扩展、维修等都非常方便。对于这种结构形式的 PLC,需要用基板(主基板、扩展基板)将各模块连成整体;有多块基板时,则还要用电缆将各基板连在一起。

图 6-2 所示为两种结构形式 PLC 的外形。

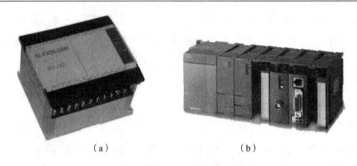

（a） （b）

图 6-2 PLC 结构外形

（a）整体式结构；（b）模块式结构

6.1.3 PLC 的工作原理

1. 循环扫描工作方式

PLC 用户程序的执行采用的是循环扫描工作方式，即 PLC 逐条顺序执行用户程序，程序结束后再从头开始扫描，周而复始，直至停止执行用户程序为止。PLC 有两种基本的工作模式，即运行（RUN）模式和停止（STOP）模式，如图 6-3 所示。

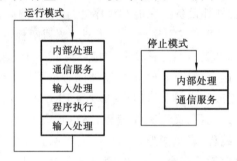

图 6-3 PLC 基本的工作模式

1）运行模式

在运行模式下，PLC 对用户程序的循环扫描过程分为三个阶段，即输入处理阶段、程序执行阶段和输出处理阶段，如图 6-4 所示。

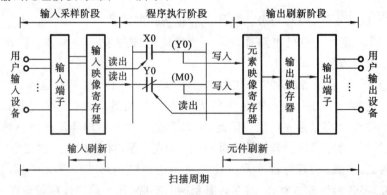

图 6-4 PLC 的工作过程

（1）输入处理阶段　　输入处理阶段又称为输入采样阶段。在此阶段,PLC 以扫描方式顺序读入所有输入端子的状态(接通或断开),并将其状态存入输入映像寄存器。接着转入程序执行阶段,在程序执行期间,即使输入状态发生变化,输入映像寄存器的内容也不会变化,这些变化只能在一个工作周期的输入采样阶段被读入和刷新。

（2）程序执行阶段　　在程序执行阶段,PLC 对程序按顺序进行扫描。如果程序用梯形图表示,则总是按先上后下、先左后右的顺序进行扫描。每扫描一条指令时,所需的输入状态或其他元素的状态分别由输入映像寄存器和元素映像寄存器中读出,然后进行逻辑运算,并将运算结果写入元素映像寄存器中。也就是说,程序执行过程中,元素映像寄存器内元素的状态可以被后面将要执行到的程序所应用,它所寄存的内容也会随程序执行的进程而变化。

（3）输出处理阶段　　输出处理阶段又称为输出刷新阶段。在此阶段,PLC 将元素映像寄存器中所有输出继电器的状态(接通或断开)转存到输出锁存电路,再驱动被控对象(负载),这就是 PLC 的实际输出。

PLC 重复执行上述三个阶段,这三个阶段也是分时完成的。为了连续完成 PLC 所承担的工作,系统必须周而复始地按一定的顺序完成这一系列的具体工作。这种工作方式称为循环扫描工作方式。PLC 执行一次扫描操作所需的时间称为扫描周期,其典型值为 1～100 ms。一般来说,在一个扫描过程中,执行指令占了绝大部分时间。

2）停止模式

在停止模式下,PLC 只进行内部处理和通信服务工作。在内部处理阶段,PLC 检查 CPU 模块内部的硬件是否正常,进行监控定时器复位等工作。在通信服务阶段,PLC 与其他的带 CPU 的智能装置通信。

2. I/O 滞后时间

由于 PLC 采用循环扫描工作方式,即对信息采用串行处理方式,这就必然会带来 I/O 滞后问题。

I/O 滞后时间又称为系统响应时间,是指从 PLC 外部输入信号发生变化的时刻起至由它控制的有关外部输出信号发生变化的时刻止所需的时间。它由输入电路的滤波时间、输出模块的滞后时间和因扫描工作方式产生的滞后时间三部分组成。

（1）输入模块的 RC 滤波电路用来滤除由输入端引入的干扰噪声,消除外接输入触点动作产生抖动引起的不良影响。滤波时间常数决定了输入滤波时间的长短,其典型值为 10 ms。

（2）输出模块的滞后时间与模块开关器件的类型有关。对于继电器型开关器件,输出模块的滞后时间约为 10 ms;对于晶体管型开关器件,输出模块的滞后时间一般小于 1 ms;对于双向晶闸管型开关器件,输出模块的滞后时间在负载通电时的滞后时间约为 1 ms;负载由通电到断电的最大滞后时间约为 10 ms。

（3）由扫描工作方式产生的最大滞后时间可超过两个扫描周期。

I/O 滞后时间对于一般工业设备是完全允许的,但对于某些需要输出对输入作出快速响应的工业现场,可以采用快速响应模块、高速计数模块以及中断处理等措施来尽量缩短响应时间。

6.1.4 PLC的主要功能和特点

1. PLC的功能

随着科学技术的不断发展,可编程控制技术日趋完善,其功能越来越强。PLC不仅可以代替继电器控制系统,使硬件软化,提高系统的可靠性和柔性,还具有运算、计数、计时、调节、联网等许多功能。PLC与计算机系统也不尽相同,它省去了一些函数运算功能,却大大增强了逻辑运算和控制功能,其中包括步进顺序控制、限时控制、条件控制、计数控制等等,而且逻辑电路简单,指令系统也大大简化了,程序编制方法容易掌握,程序结构简单直观。它还配有可靠的I/O接口电路,可直接用于控制对象及外围设备,使用极其方便,即使在很恶劣的工业环境中,仍能保持可靠运行。其主要功能如下。

1) 逻辑控制

PLC具有逻辑运算功能,它设置有"与""或""非"等逻辑指令,能够描述继电器触点的串联、并联、串并联、并串联等各种连接方式。因此,它可以代替继电器进行组合逻辑和顺序逻辑控制。

2) 定时控制

PLC具有定时控制功能。它能为用户提供若干个定时器并设置了定时指令。定时时间可由用户在编程时设定,并能在运行中被读出与修改,使用灵活,操作方便。

3) 计数控制

PLC具有计数控制功能。它能为用户提供若干个计数器并设置了计数指令。数值可由用户在编程时设定,并能在运行中被读出与修改,使用灵活,操作方便。

4) 模/数、数/模转换

大多数PLC还具有模/数(A/D)和数/模(D/A)转换功能,能完成对模拟量的检测与控制。

5) 定位控制

有些PLC具有步进电动机和伺服电动机控制功能,能组成开环系统或闭环系统,实现位置控制。

6) 通信与联网

有些PLC具有联网和通信功能,可以进行远程I/O控制,多台PLC之间可以进行同位连接,还可以与计算机进行上位连接。由一台计算机和多台PLC可以组成"集中管理、分散控制"的分布式控制网络,以完成较大规模的复杂控制。

7) 数据处理功能

大多数PLC都具有数据处理功能,能进行数据并行传送、比较运算;BCD码的加、减、乘、除等运算;还能进行字的按位"与""或""异或"及求反、逻辑移位、算术移位、数据检索、比较、数制转换等操作。

随着科学技术的不断发展,PLC的功能也会得到不断的拓宽和增强。

2. 编程控制器的特点

1) 抗干扰能力强、可靠性高、环境适应性好

PLC是专门为工业控制而设计的,在设计和制造中均采用了诸如屏蔽、滤波、隔离、无触点、精选元器件等多层次有效的抗干扰措施,因此可靠性很高。此外,可编程控制器具有很强的自诊断功能,可以迅速方便地判断出故障,减少故障排除时间,可在各种恶劣的环境中使用。

2）编程方法简单易学

PLC 的设计者在设计可编程控制器时,已充分考虑到使用者的习惯和技术水平以及用户的使用方便,采用了与继电器控制电路有许多相似之处的梯形图作为程序的主要表达方式,程序清晰直观,指令简单易学,编程步骤和方法容易理解和掌握。

3）应用灵活、通用性好

PLC 的用户程序可简单而方便地修改,以适应各种不同工艺流程变更的要求;PLC 品种多、可由各种组件灵活组成不同的控制系统,同一台 PLC,只要改变控制程序就可实现控制不同的对象或不同的控制要求;构成一个实际的 PLC 控制系统一般不需要很多配套的外围设备。

4）完善的监视和诊断功能

各类 PLC 都配有醒目的内部工作状态、通信状态、I/O 点状态和异常状态等显示,也可以通过局部通信网络由高分辨率彩色图形显示系统监视网内各台 PLC 的运行参数和报警状态等;具有完善的诊断功能,可诊断编程的语法错误、数据通信异常、内部电路运行异常、RAM 后备电池状态异常、I/O 模板配置变化等。

PLC 具有以上的功能和特点,在顺序控制中获得了越来越广泛的应用,而且还进一步向过程控制、监控和数据采集、统计过程控制、统计质量控制等领域渗透。

6.2 PLC 内部等效继电器电路

PLC 内部有许多具有不同功能的器件,实际上这些器件是由电子电路和存储器组成的。例如输入继电器 X 是由输入电路和映像输入接点的存储器组成的;输出继电器 Y 是由输出电路和映像输出接点的存储器组成的;定时器 T、计数器 C、辅助继电器 M、状态器 S、数据寄存器 D、变址寄存器 V/Z 等都是由存储器组成的。为了把它们与一般的硬器件区分开来,通常把上面的器件统称为软器件,也称为编程器件。

6.2.1 输入继电器 X

输入继电器地址采用八进制码表示,地址号最大范围为 X0～X267。输入接点通常连接一些按钮开关、切换开关、接近开关或各种传感器,将开关和传感器的开/关(ON/OFF)状态送到 PLC 内部。

图 6-5 所示是一种直流开关量的输入继电器电路,该电路由输入电路(光电耦合器电路)和映像输入接点的存储器(输入寄存器)组成。

该电路为一个 8 点输入接口电路,0～7 为 8 个输入接线端子,COM 为输入公共端,24 V 直流电源为 PLC 内部专供输入接口用电源,S0～S7 为现场检测开关。内部电路中,发光二极管 LED 为输入状态指示灯;R 为限流电阻,它为 LED 和光电耦合器提供合适的工作电流。

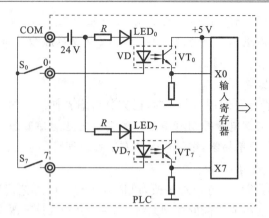

图 6-5　直流开关量的输入继电器电路

输入电路的工作原理如下(以 0 输入点为例):

当开关 S_0 合上时,24 V 电源经电阻 R、发光二极管 LED_0、二极管 VD_0、开关 S_0 形成回路,LED_0 发光,指示该路接通,同时光电耦合器的 VD_0 发光,感光元件 VT_0 受光照饱和导通,X0 端输出高电平。当开关 S_0 未合上时,电路不通,LED_0 不亮,光电耦合器不通,X0 端输出低电平。若 X0 端输出高电平时令 X0=1,则 X0 输出低电平时 X0=0,即 X0=1 表示 S_0 接通,X0=0 表示 S_0 断开。

在输入电路中,光电耦合器有三个主要作用:

(1) 实现现场与 CPU 的隔离,提高系统的抗干扰的能力;

(2) 将现场各种电平信号转换成 CPU 能处理的标准电平信号;

(3) 避免外部电路出现故障时,外部强电损坏主机。

输入继电器的状态必须由外部信号来控制,不能用程序来控制,但输入继电器的状态可由程序无限次读取。即 CPU 对输入继电器只能进行读操作,而不能进行写操作。

6.2.2　输出继电器 Y

输出继电器地址号采用八进制码表示,地址号最大范围为 Y0～Y267,连接外部的负载。PLC 执行演算后的结果通过输出接点来控制外部负载,例如电灯、电磁接触器、电磁阀、步进电动机,使用时应依照负载为交流或直流而选用适当的输出形式。必须注意:PLC 输出接点有其额定电流容量,遇到电流较大的负载,不可直接把负载连接在 PLC 的输出接点上,应配合电磁接触器使用,也就是将 PLC 输出接点与电磁接触器的激磁线圈相连接,电磁接触器的主触点再与负载相连接。

为适应不同的负载,输出接口一般有晶体管、双向晶闸管和继电器输出三种方式,其中:晶体管输出方式用于直流负载;双向晶闸管输出方式用于交流负载;继电器输出方式用于直流负载和交流负载。

图 6-6 所示电路是继电器输出接口电路,由输出电路(继电器)和映像输出接点的存储器(输出寄存器)组成。

当 CPU 通过输出继电器在输出点输出 0 电平时,继电器 KA 得电,其常开触点闭合,Y0 和 COM 导通,负载得电。

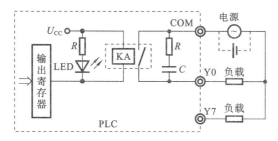

图 6-6　继电器输出接口电路

输出继电器的状态由程序控制,也可由程序无限次读取。即 CPU 可对输出继电器进行读/写操作。

6.2.3　辅助继电器 M

PLC 内部有很多辅助继电器,辅助继电器和 PLC 外部无任何直接联系,只能由 PLC 内部程序控制。其常开、常闭触点只能在 PLC 内部编程使用,且可以使用无限次,但是不能直接驱动外部负载。外部负载只能由输出继电器触点驱动。PLC 的辅助继电器分为通用辅助继电器、断电保持辅助继电器和特殊辅助继电器。

辅助继电器采用 M 和十进制编码共同组成编号。在 PLC 中,除了输入继电器和输出继电器采用八进制编码外,其他编程器件均采用十进制编码。

1)通用辅助继电器

其地址号范围为 M0～M499,共 500 个点。通用辅助继电器在 PLC 运行时,如果电源突然断电,则线圈均断开。当电源再次接通时,除了因外部输入信号而变为接通的线圈外,其余的线圈仍将保持断开状态,它们没有断电保护功能。通用辅助继电器常在逻辑运算中用于辅助运算、状态暂存、移位等。

地址号 M0～M499 可以通过编程软件的参数设定,改为断电保持辅助继电器。

2)断电保持辅助继电器

其地址号为 M500～M3071,共 2572 个点。它与普通辅助继电器不同的是具有断电保持功能,即能记忆电源中断瞬间的状态,并在重新通电后再现其状态。断电保持辅助继电器之所以能在电源断电时保持其原有的状态,是因为电源中断时它们用 PLC 中的锂电池保持自身映像寄存器中的内容。其中 M500～M1023 共 524 点可以通过编程软件的参数设定,改为通用辅助继电器。

3)特殊辅助继电器

M8000～M8255 共 256 个点为特殊辅助继电器。根据使用方式可分为触点型和线圈型两大类。

(1)触点型特殊辅助继电器　其线圈由 PLC 自行驱动,用户只能利用其触点。

例如:

M8000,运行监视器(在 PLC 运行时接通)。M8001 与 M8000 逻辑相反。

M8002,输出初始脉冲,只在 PLC 开始运行的第一个扫描周期接通。M8003 与 M8002 逻辑相反。

M8011,10 ms 时钟脉冲。

M8012,100 ms 时钟脉冲。

M8013,1 s 时钟脉冲。

M8014,1 min 时钟脉冲。

(2) 线圈型特殊辅助继电器　用户程序驱动线圈后由 PLC 执行特定的动作。

例如：

M8030,使 BATTLED(锂电池欠电压指示灯)熄灭。

M8033,PLC 停止时输出保持。

M8034,禁止全部输出。

M8039,定时扫描方式。

状态继电器常用于状态流程图和步进梯形图,如果是用于一般梯形图,其功能及用法和辅助继电器相同。

通常状态继电器软元件有下面五种类型:初始状态继电器,由 S0~S9 共 10 个点;回零状态继电器,由 S10~S19 共 10 个点;通用状态继电器,由 S20~S499 共 480 个点;停电保持状态器,由 S500~S899 共 400 个点;报警用状态继电器,由 S900~S999 共 100 个点。

6.2.4　定时器 T

定时器又称为时间继电器。它可以提供无限对常开/常闭延时触点。时间继电器由一个设定值寄存器、一个当前值寄存器以及一个用来存储其输出触点的映像寄存器组成。这三个量使用同一地址编号,定时器采用 T 与十进制数共同组成编号,如 T0、T98、T199 等。

定时器可分为通用定时器、积算定时器两种。它们是通过对一定周期的时钟脉冲计数实现定时的,时钟脉冲的周期有 1 ms、10 ms、100 ms 三种,当所计脉冲个数达到设定值时触点动作。设定值可用常数 K 或数据寄存器 D 来设置。项目中所用为通用定时器。

1) 100 ms 通用定时器

100 ms 通用定时器(T0~T199)共 200 个点,其中 T192~T199 为子程序和中断服务程序专用定时器。这类定时器用于对 100 ms 时钟累积计数,设定值为 1~32 767,其定时范围为 0.1~3 276.7 s。

2) 10 ms 通用定时器

10 ms 通用定时器(T200~T245)共 46 个点。这类定时器用于对 100 ms 时钟累积计数,设定值为 1~32 767,其定时范围为 0.01~327.67 s。

图 6-7 所示是通用定时器的内部结构示意图。通用定时器的特点是不具备断电保持功能,即当输入电路断开或停电时定时器复位。如图 6-8 所示,当输入继电器 X000 接通时,定时器 T0 从 0 开始对 100ms 时钟脉冲进行累积计数,当 T0 当前值与设定值 K1000 相等时,定时器 T0 的常开触点接通,Y000 接通,经过的时间为 1000×0.1 s＝100 s。当 X000 断开时,定时器 T0 复位,当前值变为 0,其常开触点断开,Y000 也随之断开。若外部电源断电或输入电路断开,定时器也将复位。

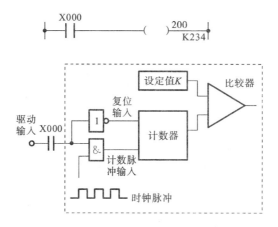

图 6-7　通用定时器的内部结构示意图

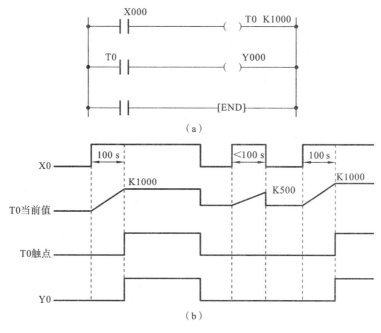

（a）

（b）

图 6-8　通用定时器举例

（a）梯形图；（b）时序图

6.2.5　计数器 C

PLC 提供了两类计数器。一类为内部计数器，它是 PLC 在执行扫描操作时对内部信号等进行计数的计数器，要求输入信号的接通或断开时间大于 PLC 的扫描周期；另一类是高速计数器，其响应速度快，因此对于频率较高的计数就必须采用高速计数器。在此仅介绍内部计数器。

内部信号计数器分为两种：16 位加计数器和 32 位加/减计数器。计数器采用字母 C 和十进制编码共同组成编号。

1. 16 位加计数器

其地址号为 C0～C199,共 200 个点是 16 位加计数器,其中 C0～C99 共 100 个点是通用型加计数器,C100～C199 共 100 个点是断电保持型加计数器。这类计数器为递加计数,应用前先对其设置某一设定值,当输入信号(上升沿)个数累加到设定值时,计数器动作,其常开触点闭合、常闭触点断开。16 位加计数器的设定值为 1～32767,设定值可以用常数 K 或者通过数据寄存器 D 来设定。

16 位加计数器的工作过程如图 6-9 所示。图中计数器输入继电器 X000 是计数器的工作条件,X000 每次驱动计数器 C0 的线圈时,计数器的当前值就加 1。"K5"为计数器的设定值。当第 5 次执行线圈指令时,计数器的当前值和设定值相等,输出触点就动作。Y000 为计数器 C0 的工作对象,在 C0 的常开触点接通时置 1。而后即使计数器输入继电器 X000 再动作,计数器的当前值也保持不变。由于计数器的工作条件 X000 本身就是断续工作的。外电源正常时,其当前值寄存器具有记忆功能,因而即使是非掉电保持型的计数器也需要复位指令才能复位。图 6-9 中的 X001 为复位条件。当复位输入继电器 X001 在上升沿接通时,执行 RST 指令,计数器的当前值复位为 0,输出触点也复位。

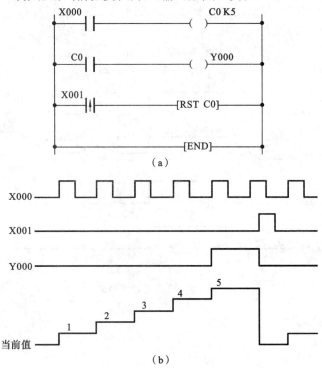

图 6-9　16 位加计数器的工作过程

(a) 梯形图;(b) 控制时序图

2. 32 位加/减计数器

C200～C234 共有 35 个点,其中 C200～C219 共 20 个点为通用型加/减计数器,C220～C234 共 15 个点为断电保持型加/减计数器。这类计数器与 16 位加计数器除位数不同外,区别还在于它能通过控制实现加/减双向计数。32 位加/减计数器的设定值为

－2147483648～＋2147483647。

C200～C234 是加计数还是减计数,分别由特殊辅助继电器 M8200～M8234 设定。对应的特殊辅助继电器被置 1 时为减计数,被置 0 时为加计数。计数器的设定值与 16 位计数器一样,可直接用常数 K 或间接用数据寄存器 D 的内容作为设定值。在间接设定时,要用编号紧连在一起的两个数据计数器。

6.2.6　数据寄存器 D

PLC 中设有许多数据寄存器,数据寄存器是存储器中的一个部分,此部分按字编址,由程序指令进行读/写操作,供模拟量控制、位置控制、数据 I/O 等相关存储参数及工作数据使用。

数据寄存器的位数一般为 16 位,可以用两个数据寄存器构成 32 位数据寄存器。数据寄存器有以下几种。

(1) 通用数据寄存器　用户程序可对通用数据寄存器进行读/写操作,已写入的数据不会发生变化,但当 PLC 的状态由运行变为停止时,全部数据均自动清零。

(2) 掉电保护数据寄存器　掉电保护数据寄存器与通用寄存器不同的是,不论电源接通与否和 PLC 运行与否,其内容均保持不变,除非程序改变。

(3) 特殊数据寄存器　特殊数据寄存器供系统软件和用户软件交换信息使用。

(4) 文件寄存器　文件寄存器是一类专用数据寄存器,用于存储大量重要数据,例如采集数据、统计计数数据、控制参数等。三菱 FX2N 的文件寄存器区域从 D1000 开始,以 500 个为一个子文件区域,最多可设置 14 个子文件。

此外,还有状态继电器 S 和变址寄存器(V/Z)。状态继电器常用于状态流程图和步进梯形图中,如果用于一般梯形图,其功能及用法和辅助继电器相同。通常状态继电器软元件有下面五种类型:初始状态继电器,由 S0～S9 共 10 个点;回零状态继电器,由 S10～S19 共 10 个点;通用状态继电器,由 S20～S499 共 480 个点;停电保持状态器,由 S500～S899 共 400 个点;报警用状态继电器,由 S900～S999 共 100 个点。

变址寄存器除了和普通的数据寄存器有相同的使用方法外,还常用于修改器件的地址编号。V、Z 都是 16 位的寄存器,可进行数据的读写。当进行 32 位操作时,将 V、Z 合并使用,指定 Z 为低位。

6.3　PLC 的编程指令

6.3.1　PLC 的编程语言

PLC 是按照程序进行工作的。程序就是用一定的语言描述出来的控制任务。1994 年 5 月国际电工委员会(IEC)在 PLC 标准中推荐的常用语言有梯形图、指令图、顺序功能图和功能块图等。

1. 梯形图

梯形图基本上沿用电气控制图的形式,采用的符号也大致相同。如图 6-10 所示,梯形图两侧的平行竖线为母线,其间为由许多触点和编程线圈组成的逻辑行。应用梯形图进行编程时,只要按梯形图逻辑行顺序输入计算机中,计算机就可自动将梯形图转换成 PLC 能接受的机器语言,存入并执行。

2. 指令程序

指令程序类似于计算机汇编语言的形式,用指令的助记符来进行编程。它通过编程器按照指令顺序逐条写入 PLC 并可直接运行。指令助记符比较直观易懂,编程也很简单,便于工程人员掌握,因此得到了广泛的应用。但要注意的是,不同厂家制造的 PLC,所使用的指令助记符有所不同,即对同一梯形图来说,用指令助记符写成的程序也不相同。图 6-10 所示梯形图对应的指令程序如下:

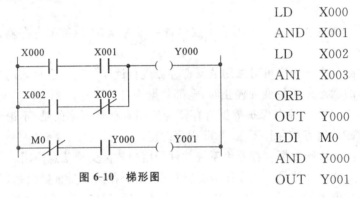

LD	X000
AND	X001
LD	X002
ANI	X003
ORB	
OUT	Y000
LDI	M0
AND	Y000
OUT	Y001

图 6-10 梯形图

3. 顺序功能图

顺序功能图应用于顺序控制类的程序设计,包括步、动作、转换条件、有向连线和转换五个基本要素。顺序功能图的编程方法是将复杂的控制过程分成多个工作步骤(简称步),每个步又对应着工艺动作,把这些步按照一定的顺序要求进行排列组合,就构成整体的控制程序。顺序功能图如图 6-11 所示。

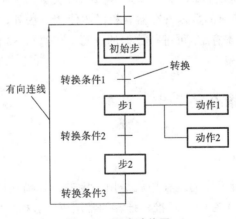

图 6-11 顺序功能图

4. 功能块图

功能块图是一种类似于数字逻辑电路的编程语言,熟悉数字电路的技术人员比较容易掌握。该编程语言用类似"与门""或门"的方框来表示逻辑运算关系,方框的左侧为逻辑运算的输入变量,右侧为输出变量,输入端、输出端的小圆圈表示"非"运算,信号自左向右流动。功能块如图 6-12 所示。

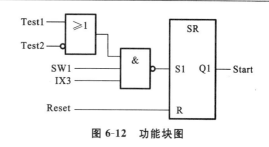

图 6-12　功能块图

6.3.2　基本指令

不同型号的可编程控制器,其编程语言不尽相同,但指令的基本功能大致相同,只要熟悉一种,掌握其他各种编程语言也就不困难了。下面用梯形图和指令两种程序表达方式对日本三菱 FX 系列的可编程控制器指令的功能等进行说明。

1. 输入、输出指令

LD:取指令,用于与母线连接的动合触点。

LDI:取反指令,用于与母线连接的动断触点。

OUT:输出指令,用于驱动输出继电器、辅助继电器、定时器、计数器等,但不能用于输入继电器。OUT 指令用语计数器、定时器时,后面必须紧跟常数 K,常数 K 值的设定也作为一个步序。

如图 6-13 所示为 LD、LDI、OUT 指令应用的实例。

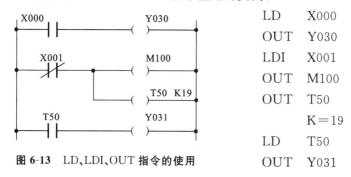

图 6-13　LD、LDI、OUT 指令的使用

```
LD    X000
OUT   Y030
LDI   X001
OUT   M100
OUT   T50
       K＝19
LD    T50
OUT   Y031
```

程序的执行结果如下:

Y030 与 X000 的状态完全相同。

当 X001 的状态由 1 变为 0 时,定时器 T50 开始延时,19 s 后,定时器的动合触点闭合,使输出继电器 Y031 由 0 变为 1。当 X001 的状态由 0 变为 1 时,输出继电器 Y031 立即由 1 变为 0。

2. 逻辑指令

1) 逻辑"与"指令

AND:"与"指令,即动合触点串联指令。

ANI:"与"非指令,即动断触点串联指令。

这两条指令只能用于一个触点与前面接点电路的串联。

如图 6-14 所示为 AND、ANI 两条指令的应用实例,其程序如下:

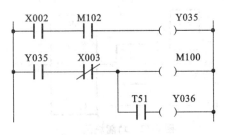

LD	X002	；取 X002 的状态
AND	M102	；动合触点串联
OUT	Y035	；驱动输出继电器 Y035
LD	Y035	；取 Y035 的状态
ANI	X003	；动断触点串联
OUT	M100	；驱动辅助继电器 M100
AND	T51	；动合触点串联

图 6-14 AND、ANI 指令的使用

2）逻辑"或"指令

OR："或"指令，用于动合触点的并联。

ORI："或非"指令，用于动断触点的并联。

图 6-15 所示是 OR、ORI 两条指令的应用实例，其程序如下：

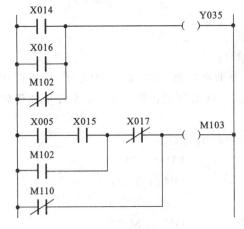

LD	X014	
OR	X016	；动合触点并联
ORI	M102	；动断触点并联
OUT	Y035	
LD	X005	
AND	X015	
OR	M102	；动合触点并联
ANI	X017	
ORI	M110	；动断触点并联
OUT	M103	

图 6-15 OR、ORI 指令的应用实例

3）支路并联指令

两个触点串联后组成的电路称为支路。

ORB：支路并联指令，用于两条以上支路的并联。

图 6-16 所示是 ORB 指令的应用实例。其程序如下：

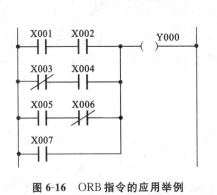

图 6-16 ORB 指令的应用举例

LD	X001	⎫支路 1
AND	X002	⎭
LDI	X003	⎫支路 2
AND	X004	⎭
ORB		；支路 1 与支路 2 并联
LD	X005	⎫支路 3
ANI	X006	⎭
ORB		；支路 3 与前面电路并联
OR	X007	
OUT	Y000	

4）电路块串联指令

两条以上支路并联后组成的电路称为电路块。

ANB：电路块串联指令，用于两个电路块的串联。

图 6-17 所示是 ANB 指令的应用实例。

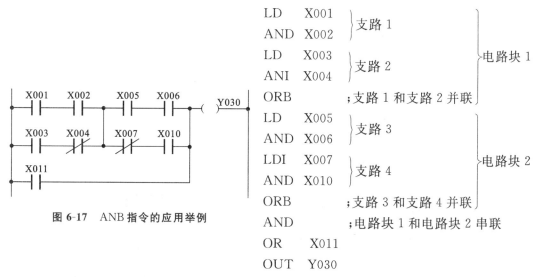

LD	X001
AND	X002	支路 1
LD	X003	支路 2
ANI	X004
ORB	;支路 1 和支路 2 并联
LD	X005	支路 3
AND	X006
LDI	X007	支路 4
AND	X010
ORB	;支路 3 和支路 4 并联
AND	;电路块 1 和电路块 2 串联
OR	X011
OUT	Y030

图 6-17　ANB 指令的应用举例

3. 复位与置位指令

RST：复位指令，用于计数器或移位寄存器的复位，即清除计数器的逻辑状态，并使计数器的当前计数值恢复到设定值，或清除移位寄存器的内容。

SET：置位指令，用于使位元件置"1"并保持。

图 6-18 所示是利用 RST 指令对计数器进行复位的应用实例。其指令程序如下：

LD	X000
SET	Y000
LD	X001
RST	Y000

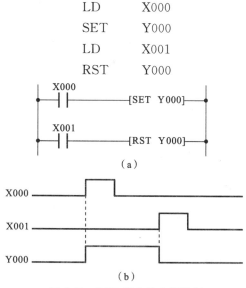

（a）

（b）

图 6-18　RST 指令的应用举例

（a）梯形图；（b）时序图

4. 移位寄存器和移位指令

移位寄存器由辅助继电器组成,可由 8 个(或 16 个)组成一个 8 位(或 16 位)的移位寄存器。组成移位寄存器的第一个辅助继电器的地址号就是移位寄存器的地址号。当辅助寄存器作为移位寄存器时就不能作他用。

SFT:移位指令,使移位寄存器的内容进行移位操作。

图 6-19 所示是 SFT 指令的应用举例。其指令程序如下:

LD	X002	
OUT	M110	;移位内容的输入
LD	X000	
SFT	M110	;移位
LD	X001	
RST	M110	;复位

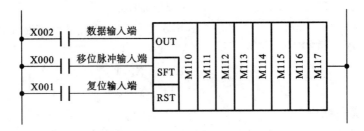

图 6-19　SFT 指令的应用举例

5. 主令控制指令

MC:主令控制起始指令,用于公共串联触点的连接。

MCR:主令控制结束指令,用于 MC 指令的复位。

图 6-20 所示是 MC、MCR 指令的应用举例。其指令程序如下:

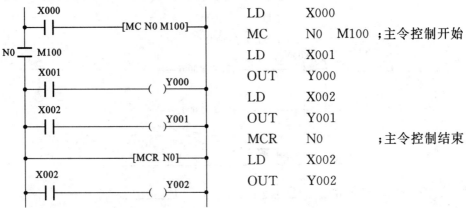

LD	X000	
MC	N0　M100	;主令控制开始
LD	X001	
OUT	Y000	
LD	X002	
OUT	Y001	
MCR	N0	;主令控制结束
LD	X002	
OUT	Y002	

图 6-20　MC、MCR 指令的应用举例

程序所表示的逻辑关系为:

当 X000=1 时,Y000=X001,Y001=X002;

当 X000＝0 时,Y000＝Y001＝0;

Y002＝X002,Y002 与 X000 的状态无关。

使用 MC 和 MCR 指令时,应注意:

(1) MC、MCR 必须成对使用;

(2) MC、MCR 可以嵌入使用,但最多只能使用 8 次;

(3) 特殊辅助继电器不能用作 MC 的操作元件。

6. 脉冲指令

脉冲指令 PLS 利用中间继电器将脉宽较宽的输入信号变为脉宽为 PLC 的一个扫描周期的脉冲信号,如图 6-21 所示。其指令程序为

$$\begin{array}{ll} \text{LD} & \text{X400} \\ \text{PLS} & \text{M101} \end{array}$$

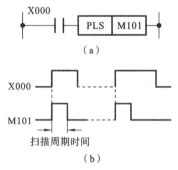

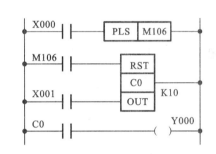

图 6-21　PLS 指令的应用举例

(a) 梯形图;(b) 时序图

图 6-22　PLS 指令用于计数器复位

例如,计数器复位端对复位信号的脉宽要求较高。如果直接采用 X000 为计数器提供 RST 触发信号,若 X000 的脉宽小于 PLC 的扫描周期,PLC 就采不到 X000 的脉冲信号,计数器不能复位;反之,若 X000 的脉宽太宽,计数器 RST 将一直处于有信号状态,而不能接收输入的计数脉冲。采用 PLS 指令后,只要 X000 的脉宽大于 PLC 的扫描周期,计数器的复位操作就能正常进行。图 6-22 所示为 PLS 指令用于计数器复位的示例。

7. 程序结束指令

在 PLC 中,程序结束指令 END 有两个作用。

(1) 当有效程序结束时,写一条 END 指令,可以缩短扫描周期。如:F-40MR 型 PLC 允许用户程序长度为 890 步,当用户程序不到 890 步时,在程序的结尾处加上一条 END 指令,程序扫描到 END 指令时便自动返回。如果程序的结尾出未加 END 指令,程序将在 000～890 步之间反复运行。

(2) 使调试程序方便。可用 END 指令将用户程序分块进行检验和调试。

6.3.3　常用编程技巧

1. 对一些常见电路的处理

为了简化程序、减少指令、有效减小用户程序空间,一般来说,对于复杂的串、并联电路,

有如下基本的编程技巧。

(1) 对于并联电路,串联触点多的支路最好排在梯形图的上面,如图 6-23 所示。

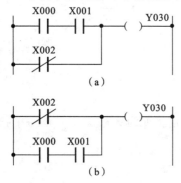

图 6-23(a)所示梯形图对应的程序如下:

    LD   X000
    AND   X001
    ORI   X002
    OUT   Y030

图 6-23(b)所示梯形图对应的程序如下:

    LDI   X002
    LD   X000
    AND   X001
    ORB
    OUT   Y030

图 6-23 串联触点多的支路排在梯形图的上面
(a) 合理的程序;(b) 不合理的程序

(2) 对于串联电路,并联触点多的电路块最好排在梯形图的左边,如图 6-24 所示。

图 6-24(a)所示的梯形图对应的程序如下:

    LD   X000
    ORI   X002
    AND   X001
    OUT   Y030

图 6-24(b)所示的梯形图对应的程序如下:

    LD   X001
    LD   X000
    ORI   X002
    AND
    OUT   Y030

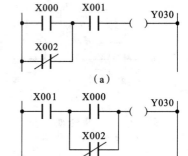

图 6-24 并联触点多的电路块排在左边
(a) 合理的程序;(b) 不合理的程序

2. 移位寄存器的使用

1) 移位寄存器的串联

移位寄存器以 8 位为一组,当 8 位不够用时,可以将两组或两组以上串联起来,组成 16 位或更多位的移位寄存器。图 6-25 所示是将 M100 和 M110 两组串联组成的 16 位移位寄存器。其对应的程序如下:

    LD   X007
    OUT   M110
    LD   X000
    SFT   M110

串联的规则是:

(1) 在梯形图中,基本移位寄存器放在下面,需要串联的往上加;

(2) 将第一组末位的输出信号接到第二组的输入触点上;

(3) 两组的移位和复位信号是相同的。

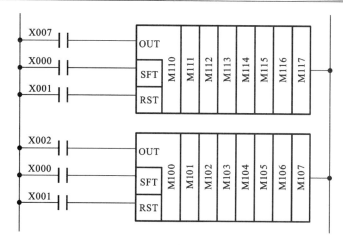

图 6-25 移位寄存器的串联

2）环形移位寄存器

将移位寄存器末位的输出信号作为本移位寄存器的输入信号,就构成了环形移位寄存器,如图 6-26 所示。其对应的程序如下:

$$
\begin{array}{ll}
\text{LD} & \text{X007} \\
\text{OR} & \text{X002} \\
\text{OUT} & \text{M110} \\
\text{LD} & \text{X000} \\
\text{SET} & \text{M110} \\
\text{LD} & \text{X001} \\
\text{RST} & \text{M110}
\end{array}
$$

环形移位寄存器的初值由 X000 设置。

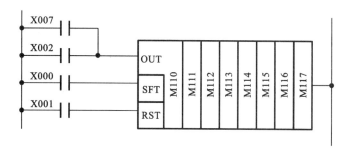

图 6-26 环形移位寄存器

3. 定时器的使用

PLC 中定时器的工作原理是完全相同的,但用户可根据实际要求,编制不同的用户程序,以实现不同的延时功能。

1）通电延时

通电延时即输入接通,延时一段时间后输出才接通,实现上述功能的程序梯形图如图 6-27 所示。

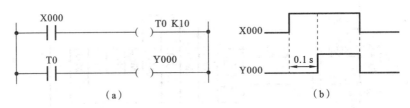

图 6-27 通电延时

(a) 梯形图;(b) 时序图

该梯形图表示,当输入继电器 X000 闭合时,定时器 T0 开始计时,当定时器的当前值等于设定时间时,输出继电器 Y000 接通,直到输入继电器 X000 断开为止。输入、输出之间的关系如图 6-27(b)所示。

2) 断电延时

断电延时即输入断开,延时一段时间后输出才断开,实现上述功能的程序梯形图如图 6-28(a)所示。

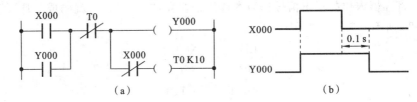

图 6-28 断电延时

(a) 梯形图;(b) 时序图

该梯形图表示,当输入继电器 X000 闭合时,输出继电器 Y000 接通,当输入继电器 X000 断开时,定时器 T0 开始计时,当定时器的当前值等于设定时间时,输出由接通变为断开。输入、输出之间的关系如图 6-28(b)所示。

3) 用定时器产生周期脉冲信号

在工业中常需要一些不同脉宽、不同频率的脉冲信号,如图 6-29(a)所示是用两个定时器形成的脉冲输出程序梯形图。

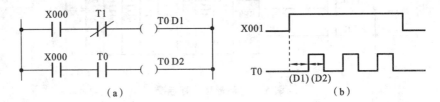

图 6-29 定时器产生周期脉冲信号

(a) 梯形图;(b) 时序图

该梯形图表示:当 X000 由"0"变"1"时,T0 输出一个脉冲信号,脉冲信号的脉宽由寄存器 D2 的值确定,周期则由寄存器 D1 和 D2 的值确定。改变寄存器 D1 和 D2 的值,就可改变脉冲信号的脉宽和频率。

6.4　PLC 的应用

PLC 已广泛地应用于各行各业,以实现工业生产过程的自动控制。随着 PLC 产品的发展,其应用范围越来越广,目前,PLC 主要应用于下列几个方面。

1. 用于开关量逻辑控制

开关量逻辑控制是 PLC 最早也是最基本的应用,PLC 可灵活地用于逻辑控制、顺序控制,利用 PLC 取代常规的继电器逻辑控制已是非常广泛的一种应用。如用于组合机床及自动化生产线等的控制,高炉的上下料、自动电梯升降、港口码头的货物存放与提取、采矿业的带式运输等的控制,既可实现单机控制,也可用于多机控制。

2. 用于闭环过程控制

大、中型 PLC 都具有 PID 控制功能。PLC 的比例-积分-微分(PID)控制已广泛地用于各种生产机械的闭环位置控制和速度控制以及锅炉、冷冻设备等中。

3. PLC 配合数字控制

PLC 和机械加工中的数字控制(NC)及计算机数控(CNC)系统组成一体,实现数值控制,有的已将 CNC 控制功能与可编程控制功能融为一体,实现 PLC 和 CNC 设备间的内部数据自由传送,通过窗口软件,用户可以独自编程,由 PLC 送至 CNC 使用。从发展趋势看,CNC 系统将变成以 PLC 为主体的控制和管理系统。

4. 用于工业机器人控制

随着工厂自动化网络的形成,机器人将愈来愈多地用于自动化生产线上。对机器人的控制,许多厂家已采用了 PLC。

5. 用于组成多级控制系统

近年来,随着计算机控制技术的发展,国外正兴起工厂自动化(FA)网络系统,相继开发了大型 PLC 组成全自动化系统,如柔性制造单元(FMC)、柔性制造系统(FMS)、计算机集成制造系统(CIMS)。同时,还出现了以计算机为中心的分层分布式控制系统,其基层由中、小型 PLC 和 CNC 等组成,中层由大型 PLC 进行单元控制的数据采集管理、调度和协调控制,上层由计算机进行总体管理,用于接收各种信息、进行数据处理、发送命令、完成全自动化作业控制。

下面仅着重介绍 PLC 在开关量逻辑控制方面的应用。

6.4.1　电动机常用控制线路

1. 三相异步电动机的连续运行线路

图 6-30 所示为三相异步电动机的连续运行电路。启动时,合上 QS,引入三相电源。按下按钮 SB_2,交流接触器 KM 线圈得电,主触点闭合,电动机接通电源直接启动。同时与 SB_2 并联的常开辅助触点闭合,使接触器线圈有两条线路通电。这样即使手松开 SB_2,接触器 KM 的线圈仍可通过自带的辅助继电器通电,保持电动机的连续运行。

1) 输入/输出分配表

三相异步电动机连续运行线路的 PLC 输入/输出分配情况如表 6-1 所示。

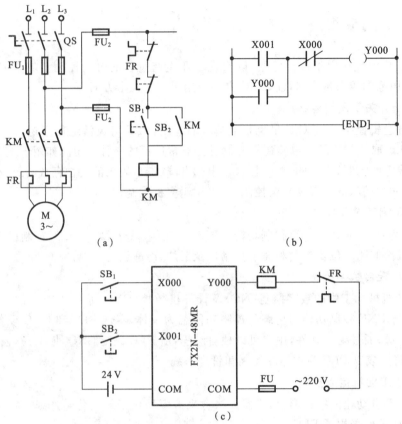

图 6-30 三相异步电动机的连续运行电路、PLC 外部接线及控制程序

(a) 主电路；(b) 梯形图；(c) PLC 的外部硬件接线图

表 6-1 三相异步电动机连续运行线路的 PLC 输入/输出分配情况

输　　入			输　　出		
输入继电器	输入元件	作用	输出继电器	输出元件	作用
X000	SB$_1$	停止按钮	Y000	KM	运行用交流接触器
X001	SB$_2$	启动按钮			

2) 编程

当按钮 SB$_2$ 被按下时，输入继电器 X001 接通，输出继电器 Y000 置 1，交流接触器 KM 线圈得电，这时电动机连续运行。此时即便按钮 SB$_2$ 被松开，输出继电器 Y000 仍保持接通状态，这就是"自锁"或"自保持功能"；当按下停止运行按钮 SB$_1$ 时，输入继电器 Y000 置 0，电动机停止运行。梯形图如图 6-30(b)所示。

3) 硬件接线

PLC 的外部硬件接线图如图 6-30(c)所示。

2. 三相异步电动机正反转控制

三相异步电动机正反转控制的主电路、PLC 控制程序梯形图如图 6-31 所示。

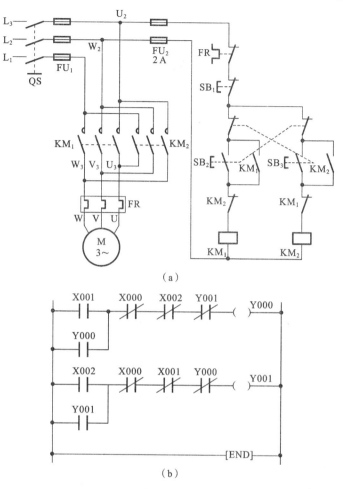

图 6-31　三相异步电动机正反转控制的主电路和 PLC 控制程序梯形图

（a）主电路；（b）梯形图

如图 6-31（a）所示，启动时，合上 QS，引入三相电源。按下正转控制按钮 SB$_2$，线圈 KM$_1$ 得电，其常开触点闭合，电动机正转并实现自锁。当电动机需要反转时，按下反转控制按钮 SB$_3$，线圈 KM$_1$ 断电，线圈 KM$_2$ 得电，KM$_2$ 的常开触点闭合，电动机反转并实现自锁。按钮 SB$_1$ 为总停止按钮。

1）输入/输出分配表

表 6-2 所示为三相异步电动机正反转控制的 PLC 输入/输出分配情况。

表 6-2　三相异步电动机正反转控制的 PLC 输入/输出分配情况

输　　入			输　　出		
输入继电器	输入元件	作用	输出继电器	输出元件	作用
X000	SB$_1$	停止按钮	Y000	KM$_1$	正转运行用交流接触器
X001	SB$_2$	正转启动按钮	Y001	KM$_2$	反转运行用交流接触器
X002	SB$_3$	反转启动按钮			

2）编程

当正转启动按钮 SB₂ 被按下时，输入继电器 X001 接通，输出继电器 Y000 置 1，交流接触器线圈 KM₁ 得电并自保，这时电动机正转连续运行；若按下停止按钮 SB₁，输入继电器 X000 接通，输出继电器 Y000 置 0，电动机停止运行。当按下反转启动按钮 SB₃ 时，输入继电器 X002 接通，输出继电器 Y001 置 1，交流接触器线圈 KM₂ 得电并自锁，这时电动机反转连续运行；若按下停止按钮 SB₁，输入继电器 X000 接通，输出继电器 Y001 置 0，电动机停止运行。由继电器控制电路可知，不但正反转按钮实行了互锁，而且正反转运行接触器之间也实行了互锁。梯形图如图 6-31(b)所示。

3）硬件接线

PLC 的外部硬件接线图如图 6-32 所示。

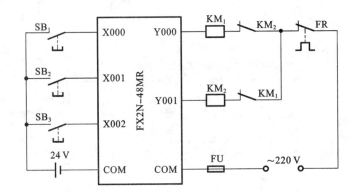

图 6-32　三相异步电动机正反转控制的 PLC 的外部硬件接线图

由图 6-32 可知，外部硬件输出电路中使用 KM₁、KM₂ 的常闭触点进行了互锁。这是因为 PLC 内部软继电器互锁只相差一个扫描周期，来不及响应。例如，Y000 虽然断开，但 KM₁ 的触点还未断开，在没有外部硬件互锁的情况下，KM₂ 的触点可能接通，引起主电路短路。因此不仅要在梯形图中加入软继电器的互锁触点，而且还要在外部硬件输出电路中进行互锁，这就是我们常说的"软、硬件双重互锁"。采用双重互锁，同时也避免因接触器 KM₁ 和 KM₂ 的主触点熔焊而引起电动机的主电路短路。

3. 三相异步电动机星形-三角形启动控制

图 6-33(a)所示为三相异步电动机星形-三角形减压启动的原理图。KM₁ 为电源接触器，KM₂ 为三角形连接接触器，KM₃ 为星形连接接触器，KT 为启动时间继电器。其工作原理是：启动时合上电源开关 QS，按启动按钮 SB₂，则 KM₁、KM₃ 和 KT 同时吸合并自锁，这时电动机采用星形连接启动。随着转速升高，电动机电流下降，KT 延时至达到整定值，其延时断开的常闭触点断开，其延时闭合的常开触点闭合，从而使 KM₃ 断电释放，KM₂ 通电吸合自锁，这时电动机采用三角形连接正常运行。停止时只要按下停止按钮 SB₁，KM₁ 和 KM₂ 相继断电释放，电动机停止。

1）输入/输出分配表

表 6-3 所示为三相异步电动机星形-三角形启动 PLC 控制输入/输出分配情况。

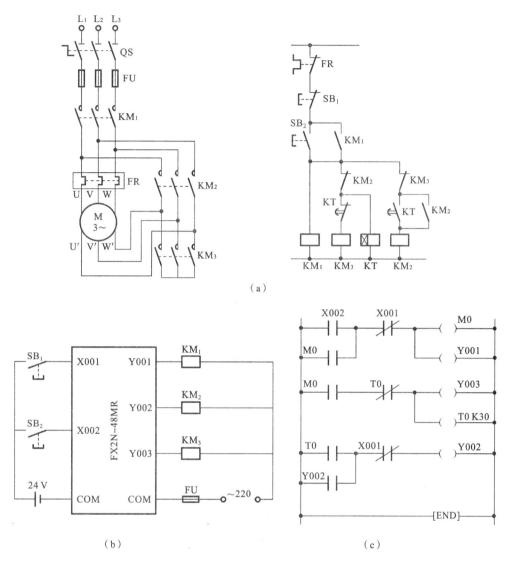

图 6-33　星形-三角形降压启动控制的主电路、PLC 外部接线和控制程序梯形图

(a) 原理图；(b) PLC 的外部硬件接线图；(c) 梯形图

表 6-3　三相异步电动机星形-三角形启动 PLC 控制输入/输出分配情况

输入			输出		
输入继电器	输入元件	作用	输出继电器	输出元件	作用
X001	SB₁	停止按钮	Y001	KM₁	电源接触器
X002	SB₂	启动按钮	Y002	KM₂	三角形连接接触器
			Y003	KM₃	星形连接接触器

2) 编程

三相异步电动机星形-三角形启动 PLC 控制程序梯形图如图 6-33(b)所示。

3）硬件接线

PLC 的外部硬件接线图如图 6-33(c)所示。

6.4.2 PLC 控制系统的开发步骤

实现对生产过程的自动控制的 PLC 控制系统可以采用图 6-34 所示的步骤进行设计。

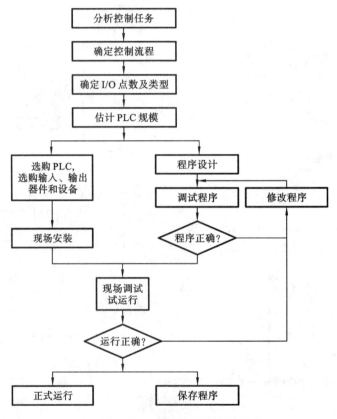

图 6-34 PLC 控制系统的设计步骤

从图 6-34 看出，PLC 控制系统的设计分为硬件和软件设计两部分。对于中小型 PLC，编程时通常采用梯形图和指令程序，具体地讲，一般可按下述步骤进行。

1. 画工艺流程图和动作顺序表

设计一个 PLC 控制系统时，首先，必须详细分析控制过程与要求，全面、清楚地掌握具体的控制任务，确定被控系统必须完成的动作及完成这些动作的顺序，画出工艺流程图和动作顺序表。

对 PLC 而言，必须了解哪些是输入量、用什么传感器等来反映和传送输入信号，哪些是输出量（被控量）、用什么执行元件或设备接收 PLC 送出的信号。常见的输入、输出类型如表 6-4 所示。

2. 选择 PLC

首先应估计需要的 PLC 规模，选择功能和容量满足要求的 PLC。

表 6-4　常见的输入、输出类型

输入/输出类型		信　　号
输入	开关量	操作开关、行程开关、光电开关、继电器触点、按钮信号
	模拟量	流量、压力、温度等传感器信号
	中断量	限位开关、事故信号、停电信号、紧急停止信号等
	脉冲量	串行信号、各种脉冲源
	字输入	计算机接口、键盘、其他数字设备信号
输出	开关量	继电器、指示类、接触器、电磁阀、制动器、离合器信号
	模拟量	晶闸管触发信号、流量、压力、温度等记录仪表信号、比例调节阀信号
	字输出	数字显示管、计算机接口、CRT 接口、打印机接口信号

1) PLC 规模的估算

所需要的 PLC 的规模,主要取决于设备对输入、输出点的需求量和控制过程的难易程度。估算 PLC 需要的各种类型的输入、输出点数,并据此估算出用户的存储容量,是系统设计中的重要环节。

(1) 输入、输出点的估算　为了准确地统计出被控设备对输入、输出点的总需求量,可以把被设备的信号源一一列出,并认真分析输入、输出点的信号类型。

在一般情况下,PLC 对开关量的处理要比对模拟量的处理简单、方便得多,也更为可靠。因此,在工艺允许的情况下,常常把相应的模拟量与一个或多个门槛值进行比较,使模拟量变为一个或多个开关量,再进行处理、控制。例如,温度的高低是一个连续的变化量,而在实际工作中,常常把它变成几个开关量进行控制。假设一个空调机,其控温范围是20~25 ℃,可以在 20 ℃时设置一个开关 S_1,在 25 ℃时设置一个开关 S_2。当室温低到 20 ℃时,S_1 接通、S_2 断开,启动加热设备,使室温升高。当室温达到 25 ℃时,S_2 接通、S_1 断开,停止升温。这样,对 PLC 来说,只需提供两个开关量输入点就够了,不必再用模拟量输入。

除大量的开关量输入、输出点外,其他类型输入、输出点也要分别进行统计,PLC 与计算机、打字机、CRT 显示器等设备连接,需要用专用接口,也应一起列出来。

考虑到在实际安装、调试和应用中,还可能会发现一些估算中未预见到的因素,要根据实际情况增加一些输入、输出信号。因此,要按估算数再增加 15%~20% 的输入、输出点数,以备将来调整、扩充使用。

(2) 存储容量的估算　小型 PLC 的用户存储器是固定的,不能随意扩充选择。因此,选购 PLC 时,要注意它的用户存储器容量是否够用。

用户程序占用内存的多少与多种因素有关。例如,输入、输出点的数量和类型,输入、输出量之间关系的复杂程度,需要进行运算的次数,处理量的多少,程序结构的优劣等,都与内存容量有关。因此,在用户程序编写、调试好以前,很难估算出 PLC 所应配置的存储容量。一般只能根据输入、输出的点数及其类型,控制的繁简程度加以估算。一般粗略的估计方法是:(输入点数+输出点数)×(10~12)=指令语句数。

在按上述数据估算后,通常再增加 15%~20% 的备用量,作为选择 PLC 内存容量的依据。

2) PLC 的选择

PLC 产品的种类、型号很多,它们的功能、价格、使用条件各不相同。选用时,除输入输出点数外,一般应考虑以下几方面的问题。

(1) PLC 的功能 PLC 的功能要与所完成的控制任务相适应,这是最基本的。如果选用的 PLC 功能不恰当或功能太强,很多功能用不着,就会造成不必要的浪费。如果所选用 PLC 的功能不强,满足不了控制任务的要求,又无法顺利地组成合适的控制系统。

一般机械设备的单机自动控制,多属简单的顺序控制,只要选用具有逻辑运算、定时器、计数器等基本功能的小型 PLC 就可以了。

如果控制任务复杂,包含了数值计算、模拟信号处理等内容,就必须选用具有数值计算功能、模数和数模转换功能的中型 PLC。

对过程控制来说,还必须考虑 PLC 的速度。PLC 采用顺序扫描方式工作,它不可能可靠地接收持续时间小于扫描周期的信号。

例如,要检测传送带上产品的数量,若产品的有效检测宽度为 2.5 cm,传送速度为 50 m/min,则产品通过检测点的时间间隔为

$$T = \frac{0.025}{50/60}\text{s} = 0.03 \text{ s} = 30 \text{ ms}$$

为了确保不漏检传送带上的产品,PLC 的扫描周期必须小于 30 ms。这样的速度不是所有的 PLC 都能达到的。在某些要求高速响应的场合,可以考虑扩充高速计数模块和中断处理模块等。

(2) 输入接口模块 PLC 的输入接口直接与被控设备的一些输出接口相连。因此,除按前述估算结果考虑输入点数外,还要选好传感器等。考虑输入的参数,主要是它们的工作电压和工作电流。

输入点的工作电压、工作电流的范围应与被控设备的输出值(包括传感器等的输出)相适应,最好是不经过转换就能直接相连。

如果 PLC 的安装位置距被控设备较远,现场的电磁干扰又较强,就应尽量选择工作电压较高,上、下门槛值相差较大的输入接口模块,以减少长线传输的影响,提高抗干扰能力。

(3) 输出接口模块 输出接口模块的任务,是将 PLC 的内部输出信号变换成可以驱动执行机构的控制信号。除考虑输出点数外,在选择时通常还要注意下面两个问题。

① 输出接口模块允许的工作电压、电流应大于负载的额定工作电压、电流值。对于灯丝负载、电容性负载、电动机负载等,要注意启动冲击电流的影响,留有较大的余量。

② 对于电感性负载则应注意,在断开瞬间可能产生很高的反向感应电动势,为避免这种感应电势击穿元器件或干扰 PLC 主机的正常工作,应采取必要的抑制措施。

另外,还要考虑其可靠性、价格、可扩充性、软件开发的难易程度、是否便于维修等方面问题。

3. 编制输入/输出分配对照表

一般在工业现场,各输入接点和输出设备都有各自的代号,PLC 内的输入/输出继电器也有编号。为使程序设计、现场调试和查找故障方便,要编制一个已确定下来的现场输入/输出信号的代号和分配到 PLC 内与其相连的输入/输出继电器号或器件号的对照表,简称输入/输出分配表。此外,还要确定需要的定时器和计数器等的数量。这些都是硬件设计和绘制梯形图的主要依据。

在上述两步完成之后,软、硬件设计工作就完全可平行进行。因为 PLC 所配备的硬件是标准化和系列化的,它不需要根据控制要求重新进行结构设计,在选购好 PLC 和输入/输出接口模块等硬件后,要熟悉和掌握它们的性能和使用方法,然后就可直接进行系统安装。硬件系统安装后,还要用试验程序检查其功能,以备调试软件。

4. 画出 PLC 与现场器件的实际连线图(安装图)

画出接线图是必要的,因为不同的输入信号经输入接口连接到 PLC 的输入端,这时输入等效继电器的通断状态是不一样的。知道输入信号与继电器通断状态的关系对设计梯形图而言是至关重要的,否则有可能把逻辑关系搞反,导致控制系统出错,这时需借助于安装接线图,以理清关系。另外,对照接线图来设计梯形图时,思路会更清晰,不仅可加快设计速度,而且不易出错。

5. 画出梯形图

根据工艺流程,结合输入、输出编号对照表和安装图,画出梯形图,此时,除应遵守编程规则和方法外,应注意两点。

(1)设计梯形图与设计继电器-接触器控制线路图的方法相类似。若控制系统比较复杂,则可以采用"化整为零"方法,待一个个控制功能的梯形图设计出来后,再"积零为整",完善相互关系。

(2) PLC 的运行是以扫描的方式进行的,它与继电器-接触器控制线路的工作不同,一定要遵照自上而下的顺序原则来编制梯形图,否则就会出错,因程序顺序不同,其结果也是不一样的。

6. 按照梯形图编写指令程序

依据所选用的 PLC 所规定的指令系统,将梯形图的图形符号编定成可用编程器送入 PLC 的代码。通常采用指令语句表形式编写。

7. 将指令程序通过编程器送入 PLC

通过编程器将用户程序的指令表语句逐句写入 PLC 的 RAM 中。注意:不同型号的 PLC 要选用与其相对应的专用编程器。

8. 进行系统模拟调试和完善程序

在现场调试之前,先进行模拟调试,以检查程序设计和程序输入是否正确。模拟调试就是用开关组成的模拟输入器模拟现场输入信号进行调试,通过输出指示灯来观察程序的执行情况和相应的输出动作是否正确,如有问题可及时进行修改,然后再进行调试,修改程序,直至完全正确为止。

9. 进行硬件系统的安装

在模拟调试的同时,进行硬件系统的安装连线。

10. 对整个系统进行现场调试和试运行

若在现场调试又发现程序有问题,则还要返回到第 8 步,对程序进行修改,直至完全满足控制要求。

11. 正式投入使用

硬件和软件系统均满足后,即可正式投入使用。

12. 保存程序

将调试通过的用户的程序保存起来。通常将程序内容通过打印机打出,作为技术文件使用或存档备用。如果此用户程序是反复使用的,则将调试过的程序写入 EPROM 或者 EEPROM 组件中存放。

6.4.3 设计举例

1. 搬运机械手 PLC 控制系统的设计

1) 工艺流程图与动作顺序表

有一进行搬运工作的机械手,其操作是将工件从左工作台搬到右工作台,其工艺流程如图 6-35 所示。

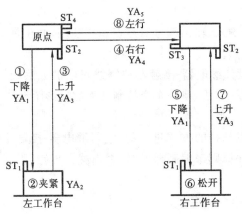

图 6-35 进行搬运工作的机械手工艺流程示意图

机械手通常位于原点。不同的位置分别装有行程开关:

ST_1——下限位开关;

ST_2——上限位开关;

ST_3——右限位开关;

ST_4——左限位开关。

机械的上下、左右移动以及工件的夹紧均由电磁阀驱动气缸来实现:

YA_1 得电——机械手下降;

YA_2 得电——夹紧工件;

YA_3 得电——机械手上升;

YA_4 得电——机械手右移;

YA_5 得电——机械手左移。

机械手的工作过程如下:

一个循环开始时,机械手必须在原点位置。

按下启动按钮 SB_1,YA_1 得电,机械手先由原点下降,碰到下限位开关 ST_1 后,停止下降;夹紧电磁阀 YA_2 动作,将工件夹紧,为保证工件可靠夹紧,机械手在该位置等待 3 s;待夹紧后,机械手开始上升,碰到上限位开关 ST_2 后,停止上升,改向右移动,移到右限位开关

ST_3 位置时,停止右移,改为下降;碰到下限位开关 ST_1 时,机械手将工件松开,放在右工作台上,为确保可靠松开,机械手在该位置停留 2 s,然后上升;碰到上限位开关 ST_2 后改为左移,回到原点,压在左限位开关 ST_4 和上限位开关 ST_2 上,各电磁阀均失电,机械手停在原点位置。再按下启动按钮时,又重复上述过程。

　　上述整个流程共分 8 步,都是按顺序进行的,完成了上一步,才能执行下一步。可以用一组移位寄存器来进行控制,每移一位,控制机械手完成一步操作,移位寄存器每位的输出,作为下一步操作的条件。于是根据现场各限位开关的状态,以及移位寄存器的状态,可列出机械手动作顺序表,如表 6-5 所示。

表 6-5　机械手动作顺序表

步　序	输入条件	输 出 状 态					
		YA_1 下降	YA_2 夹紧	YA_3 上升	YA_4 右移	YA_5 左移	HL 灯
原点	$ST_2 \cdot ST_4$	−	−	−	−	−	+
下降	SB_1	+	−	−	−	−	−
夹紧	ST_1	−	+	−	−	−	−
上升	KT_1	−	+	+	−	−	−
右移	ST_2	−	+	−	+	−	−
下降	ST_3	+	+	−	−	−	−
松开	ST_1	−	−	−	−	−	−
上升	KT_2	−	−	+	−	−	−
左移	ST_2	−	−	−	−	+	−
原点	$ST_2 \cdot ST_4$	−	−	−	−	−	+

注　表中,SB_1 为启动按钮,HL 为原点指示灯。

2) 现场器件与 PLC 内部等效继电器地址编号的对照表

　　根据表 6-5 选定各开关、电磁阀等现场器件相对应的 PLC 内部等效继电器的地址编号,其对照表如表 6-6 所示(不同的设计者会有不同的对应表)。

表 6-6　现场器件与 PLC 内部继电器对照表

现 场 器 件		内部继电器地址	说　明
输入	SB_1	X000	启动按钮
	ST_1	X001	下限位开关
	ST_2	X002	上限位开关
	ST_3	X003	右限位开关
	ST_4	X004	左限位开关
	SB_2	X006	复位按钮
输出	YA_1	Y001	下降电磁阀
	YA_2	Y002	夹紧电磁阀
	YA_3	Y003	上升电磁阀
	YA_4	Y004	右移电磁阀
	YA_5	Y005	左移电磁阀
	HL	Y000	原位指示灯

3）PLC 与现场器件的实际连接图（安装图）

根据对照表画出 PLC 与现场器件的实际连接图，如图 6-36 所示。

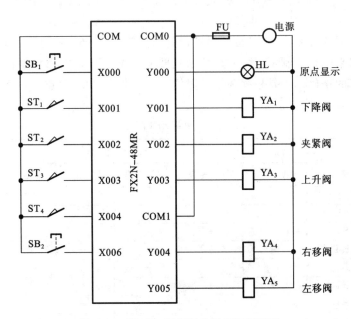

图 6-36　PLC 与现场器件的实际连接图

4）梯形图

满足图 6-36 所示硬件电路的程序梯形图如图 6-37 所示。

5）指令程序

根据梯形图编写的指令程序如表 6-7 所示。

2. 十字路口交通灯的控制系统设计

十字路口交通灯的控制系统状态图如图 6-38 所示。信号灯受一个启动按钮控制，当启动按钮 SB_0 接通时，信号灯系统开始工作，且先南北红灯亮，东西绿灯亮。当按下停止按钮 SB_1 时，所有信号灯都熄灭。南北红灯亮维持 30 s，在南北红灯亮的同时，东西绿灯也亮，并维持 25 s。到 25 s 时，东西绿灯闪烁，闪烁 3 s 后熄灭。在东西绿灯熄灭时，东西黄灯亮，并维持 2 s。到 2 s 时，东西黄灯熄灭，东西红灯亮，同时，南北红灯熄灭，绿灯亮。东西红灯亮维持 25 s。南北绿灯亮维持 20 s，然后闪烁 3 s 后熄灭。同时南北黄灯亮，维持 2 s 后熄灭，这时南北红灯亮，东西绿灯亮。如此周而复始。

1）控制流程图

根据设计要求的需求，可作出图 6-39 所示的控制流程图。

2）对照表

现场器件与 PLC 内部等效继电器地址编号对照表如表 6-8 所示。

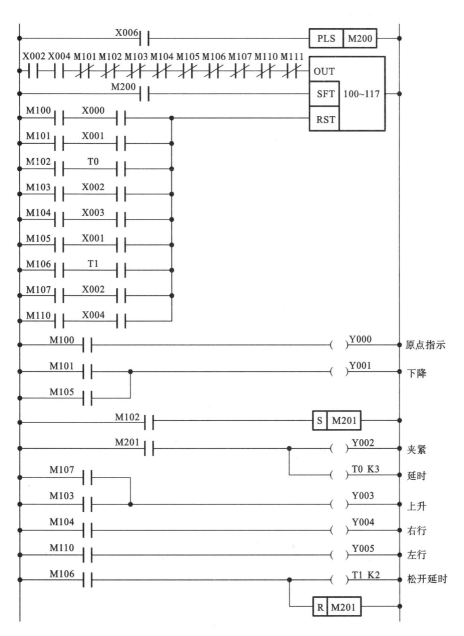

图 6-37 梯形图

表 6-7 指令语句表

步序	指　令	说　明	步序	指　令	说　明
1	LD　X006		34	SFT　M100	移位
2	PLS　M200	产生复位脉冲	35	LD　M106	
3	LD　X002		36	AND　T1	工件松开延时
4	AND　X004	复位	37	SFT　M100	移位
5	ANI　M101		38	LD　M107	
6	ANI　M102	机械手原点检测	39	AND　X002	上限检测
7	ANI　M103		40	SFT　M100	移位
8	ANI　M104		41	LD　M110	
9	ANI　M105		42	AND　X004	左限检测
10	ANI　M106	移位寄存器	43	SFT　M100	移位
11	ANI　M107	输入的控制条件	44	LD　M100	
12	ANI　M110		45	OUT　Y000	原点显示
13	ANI　M111		46	LD　M101	
14	OUT　M100		47	OR　M105	
15	LD　M200		48	OUT　Y001	下降阀控制
16	RST　M100	移位寄存器输入	49	LD　M102	
17	LD　M100		50	S　M201	
18	AND　X000	机械手启动	51	LD　M201	
19	SFT　M100	移位寄存器移位	52	OUT　Y002	夹紧控制
20	LD　M101		53	OUT　T0　K3	夹紧延时
21	AND　X001	下限检测	54	LD　M107	
22	SFT　M100	移位	55	OR　M103	
23	LD　M102		56	OUT　Y003	上升控制
24	AND　T0	夹紧延时	57	LD　M104	
25	SFT　M100	移位	58	OUT　Y004	右行控制
26	LD　M103		59	LD　M110	
27	AND　X002	上限检测	60	OUT　Y005	左行控制
28	SFT　M100	移位	61	LD　M106	
29	LD　M104		62	OUT　T1　K2	松开延时
30	AND　X003	右限检测	63	R　M201	松开
31	SFT　M100	移位			
32	LD　M105				
33	AND　X001	下限检测			

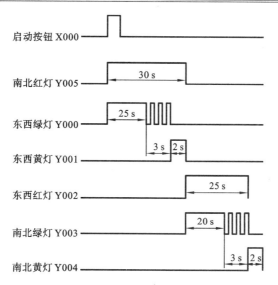

图 6-38　交通灯控制状态图

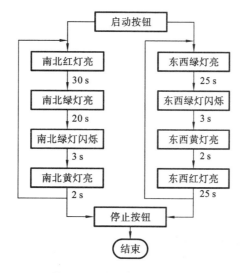

图 6-39　交通灯控制流程图

表 6-8　现场器件与 PLC 内部等效继电器地址编号对照表

现场器件		内部继电器地址	说　明
输	SB₀	X000	启动按钮
入	SB₁	X001	停止按钮
输	HL₁	Y000	东西绿灯
	HL₂	Y001	东西黄灯
	HL₃	Y002	东西红灯
出	HL₄	Y003	南北绿灯
	HL₅	Y004	南北黄灯
	HL₆	Y005	南北红灯

3）梯形图

程序梯形图如图 6-40 所示。

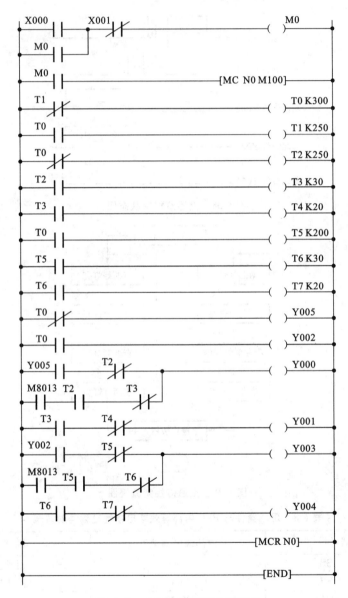

图 6-40　交通灯控制程序梯形图

4）指令程序

根据梯形图编写的指令程序如表 6-9 所示。

表 6-9 指令语句表

步序	指 令	说 明	步序	指 令	说 明
1	LD X000	启动按钮	26	OUT Y002	东西红灯
2	OR M0		27	LD Y005	
3	ANI X001	停止按钮	28	ANI T2	
4	OUT M0		29	LD M8013	
5	LD M0		30	AND T2	
6	MC N0 M100		31	ANI T3	
7	LDI T1		32	ORB	
8	OUT T0 K300		33	OUT Y000	东西绿灯
9	LD T0		34	LD T3	
10	OUT T1 K250		35	ANI T4	
11	LDI T0		36	OUT Y001	东西黄灯
12	OUT T2 K250		37	LD Y002	
13	LD T2		38	ANI T5	
14	OUT T3 K30		39	LD M8013	
15	LD T3		40	AND T5	
16	OUT T4 K20		41	ANI T6	
17	LD T0		42	ORB	
18	OUT T5 K200		43	OUT Y003	南北绿灯
19	LD T5		44	LD T6	
20	OUT T6 K30		45	ANI T7	
21	LD T6		46	OUT Y004	南北黄灯
22	OUT T7 K20		47	MCR N0	
23	LDI T0		48	END	
24	OUT Y005	南北红灯			
25	LD T0				

习　题

6-1　PLC 由哪几个主要部分组成？各部分的作用是什么？

6-2　何谓 PLC 的扫描周期？试简述 PLC 的工作过程。

6-3　PLC 有哪些主要特点？

6-4　设计控制 6 个灯亮的 PLC 控制系统,具体控制要求如下：

(1) 实现一个亮灯的循环;

(2) 实现各个连续亮灯且两个同时变化的循环;

(3) 实现两个连续亮灯且一个亮、一个灭的循环。

　　6-5　有三台电动机,要求启动时每隔 10 min 启动一台,每台运转 30 min 后自动停止,运行时可以用停止按钮使三台电动机同时停机。试编写 PLC 控制程序。

　　6-6　某带式运输机由 M_1、M_2、M_3、M_4 四台电动机带动,要求启动时,按 $M_4 \rightarrow M_3 \rightarrow M_2 \rightarrow M_1$ 的顺序启动,停止时按 $M_4 \rightarrow M_3 \rightarrow M_2 \rightarrow M_1$ 的顺序停止,延时为 3 s,试编写 PLC 控制程序。

　　6-7　设计用 PLC 控制汽车拐弯时闪灯的梯形图。具体要求是：汽车驾驶台上有一开关,有三个位置分别控制左闪灯亮、右闪灯亮和关灯。当开关扳到 S_1 位置时,左闪灯亮(要求亮、灭时间各 1 s);当开关扳到 S_2 位置时,右闪灯亮(要求亮、灭时间各 1 s);当开关扳到 S_0 位置时,关断左、右闪灯;当司机开灯后忘了关灯,则过 1.5 min 后自动停止闪灯。

6-8 如习题 6-8 图所示,控制要求:按一次按钮,门铃响 2 s,停止 3 s,响 5 次后停止。试:

(1) 完成 I/O 分配设计;

(2) 绘出 PLC 外部电路接线图;

(3) 画出梯形图。

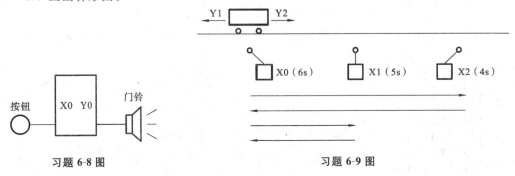

习题 6-8 图   习题 6-9 图

6-9 小车在初始位置时($X0=1$),行程开关受压。按下启动按钮 X0,小车按习题 6-9 图所示顺序运动,每到一个停止位置需停留时间分别为 4 s、6 s、5 s,试设计对应的 PLC 控制梯形图。要求完成 PLC 的 I/O 分配表,I/O 接线图和控制梯形图。

6-10 有一条生产线,用光电感应开关 X1 检测传送带上通过的产品,有产品通过时 X1 接通,如果在连续的 20 s 内没有产品通过,则灯光报警的同时发出声音报警信号,用 X0 输入端的开关解除报警信号。请画出其梯形图,并写出其指令表程序。

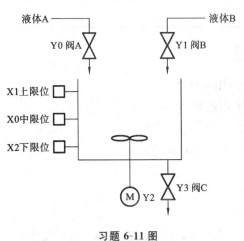

习题 6-11 图

6-11 液体混合装置如习题 6-11 图所示,上限位、下限位和中限位传感器被液体淹没时为接通状态,阀 A、阀 B 和阀 C 为电磁阀,线圈通电时打开,线圈断电时关闭。开始时窗口是空的,各阀门均关断。按下启动按钮后,打开阀 A,液体 A 流入容器,中限位开关接通时,关闭阀 A,打开阀 B,液体 B 流入容器。当液体到达上限位开关时,关闭阀 B,电动机 M 开始运行,搅动液体,60 s 后停止搅动,打开阀 C,放出混合液,当液体降至下限位开关之后再过 5 s,容器放空,关闭阀 C,打开阀 A,又开始下一周期的工作。按下停止按钮,在当前工作周期的工作结束后,才停止工作(停在初始状态)。画出 PLC 的外部接线图和控制系统的 PLC 梯形图。

第7章 电力电子技术

电力电子技术的应用已深入到机电传动过程中。电力电子技术是应用于电力领域的电子技术,是采用电力电子器件对电能进行变换和控制的技术。电力电子技术包括功率半导体器件与 IC 技术、功率变换技术及控制技术等几个方面,其中电力电子器件是电力电子技术的重要基础。电力电子器件是指可直接用于处理电能的主电路,实现对电压、电流、频率和波形等方面的变换或控制的器件。要实现对电能的高效变换和控制,往往需要应用电子电路,因此本章内容主要包括电力电子器件、能量变换主电路和控制电路三个部分。

学习本章,要求学生从应用的角度熟悉典型电力电子器件的基本工作原理和特性,熟悉和掌握电力电子技术的基本理论、基础知识,了解常见电力半导体器件的驱动电路及其特点;了解利用电力电子技术进行调压和变频的基本原理;了解电力电子技术在工程技术领域中的应用。

7.1 电力半导体器件

电力电子器件在实际应用中,一般由控制电路、驱动电路和以电力电子器件为核心的主电路组成一个系统,如果需要检测主电路或者应用现场的信号,还需要有检测线路。

常用电力半导体器件按控制方式分为不可控型器件、半控型器件和全控型器件。

(1) 不可控型器件 本身没有导通、关断控制功能,而是根据电路条件决定导通、关断状态的器件,如二极管、快速恢复二极管(FRD)和肖特基二极管(SBD)等都是不可控型器件。

(2) 半控型器件 在控制信号作用下能够从关断状态转换成导通状态,而由导通到关断的变换由电路条件来决定的器件为半控型电力半导体器件,如晶闸管就是典型的半控型电力半导体器件。

(3) 全控型器件 通过控制信号,能够从关断状态转换成导通状态,并能进行反转换的器件为全控型电力半导体器件,如电力晶体管(GTR)、门极可关断晶闸管(GTO)、电力场效应晶体管(MOSFET)、绝缘栅双极晶体管(IGBT)等。

7.1.1 晶闸管

晶闸管(thyristor)又名可控硅整流器(silicon controlled rectifier,SCR),是硅晶体闸流管的简称,是一种大功率半可控元件。晶闸管起到了弱电控制与强电输出之间的桥梁作用。由于它的功率变换能力的突破,实现了弱电对以晶闸管为核心强电变换电路的控制。用晶闸管来控制电动机,具有效率高、控制特性好、反应快、寿命长、可靠性高、维护容易等优点。

1. 晶闸管的外形、结构和图形符号

晶闸管的外形大致有三种:塑封形、螺栓形和平板形。塑封形晶闸管额定电流多在

10 A以下,螺栓形晶闸管的额定电流一般为 10~200 A,平板形晶闸管的额定电流在 200 A以上。晶闸管工作时,由于器件损耗而产生热量,需要通过散热器降低管芯温度,器件外形是为了便于安装散热器而设计的。晶闸管与二极管相比,它的单向导电能力还受到控制极(门极)的信号控制。

晶闸管是三端(阳极 A、阴极 K、门极 G)四层半导体开关器件,它由单晶硅薄片 P_1、N_1、P_2、N_2 四层半导体材料叠成,形成三个 PN 结。其外形、内部结构和图形符号如图 7-1所示。

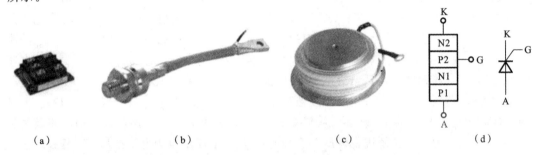

(a)   (b)   (c)   (d)

图 7-1 晶闸管外形、内部结构及图形符号

(a) 塑封型;(b) 螺栓型;(c) 平板型;(d) 内部结构和图形符号

K—阴极;G—门极;A—阳极

2. 晶闸管的工作原理

为了能够直观地认识晶闸管的工作特性,可进行晶闸管的导通与关断实验,如图 7-2 所示。晶闸管 VTH 与小灯泡 EL 串联起来,通过开关 S 接在直流电源上。注意阳极 A 接电源的正极,阴极 K 接电源的负极,门极(控制极)G 通过按钮开关 SB 接在 3 V 直流电源的正极。晶闸管与电源的这种连接方式称为正向连接,也就是说,晶闸管阳极 A 和门极 G 所加的都是正向电压。

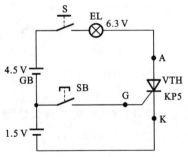

图 7-2 晶闸管的导通与关断实验电路

合上电源开关 S,小灯泡不亮,说明晶闸管没有导通;再按一下按钮开关 SB,给门极 G 输入一个触发电压,小灯泡亮了,说明晶闸管导通了。通过这个实验可以得到以下结论:

要使晶闸管导通,一是需在它的阳极 A 与阴极 K 之间加正向电压,二是需在它的控制极 G 与阴极 K 之间输入一个正向触发电压。晶闸管导通后,松开按钮开关,去掉触发电压,仍然维持导通状态。

晶闸管的特点是"一触即发"。但是,如果阳极或控制极外加的是反向电压,晶闸管就不能导通。控制极的作用是通过外加正向触发脉冲使晶闸管导通,却不能使它关断。要使导通的晶闸管关断,可以断开阳极电源(如图 7-2 中的开关 S)或使阳极电流小于维持导通的最小值(称为维持电流)。如果晶闸管阳极和阴极之间外加的是交流电压或脉动直流电压,那么,在电压过零时,晶闸管会自行关断。

总结晶闸管工作特性如下。

(1) 晶闸管导通的条件有两个:一是在晶闸管的阳极和阴极间加正向电压,二是门极有触发电流。这两个条件必须同时满足,晶闸管才能导通。

（2）晶闸管一旦导通,门极即失去控制作用,因此门极所加的触发电压一般为脉冲电压。晶闸管从阻断变为导通的过程称为触发导通。

（3）晶闸管的关断条件是流过晶闸管的阳极电流小于维持电流 I_H,维持电流 I_H 是保持晶闸管导通的最小电流。

四层结构的晶闸管又可以等效为两个互补连接的三极管,其中,N1 和 P2 区既是一个三极管的集电极,又是另一个三极管的基极,如图 7-3 所示。

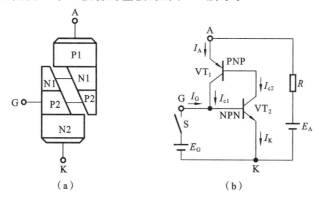

图 7-3　晶闸管工作模型

(a) 结构;(b) 电路

当晶闸管阳极加正向电压,门极也加上足够的门极电压时,则有电流 I_G 从门极流入 NPN 管的基极,即 I_{B2},经 NPN 管放大后,集电极电流 I_{c2} 流入 PNP 管的基极,再经 PNP 管的放大,其集电极电流 I_{c1},又流入 NPN 管的基极,如此循环,产生强烈的增强式正反馈过程,使两个三极管很快饱和导通,从而使晶闸管由阻断状态迅速地变为导通状态。流过晶闸管的电流将取决于外加电源电压和主回路的阻抗大小。晶闸管一旦导通,即使 $I_G = 0$,因 I_{c1} 的电流在内部直接流入 NPN 管的基极,晶闸管仍将继续保持导通状态。若要晶闸管关断,只有降低阳极电压到零或对晶闸管加上反向阳极电压,使 I_{c1} 的电流减少至使 NPN 管接近截止状态,即流过晶闸管的阳极电流小于维持电流,晶闸管才可恢复阻断状态。如果撤掉外电路注入门极的电流 I_G,晶闸管由于内部已形成了强烈的正反馈,会仍然维持导通状态,这说明,晶闸管一旦导通,其门极就失去控制作用,这就是晶闸管的半控性。

3. 晶闸管的伏安特性

晶闸管的阳极与阴极间的电压和阳极电流之间的关系称为阳极伏安特性,伏安特性曲线如图 7-4 所示。

图中第一象限曲线为正向特性曲线,当 $I_G = 0$ 时,如果在晶闸管两端所加正向电压 U_A 未增加到正向转折电压 U_{B0},器件处于正向阻断状态,只有很小的正向漏电流。当 U_A 增加到 U_{B0} 时,漏电流急剧增大,器件导通,正向电压降低,其特性和二极管的正向伏安特性相似。当晶闸管的控制极上加上适当大小的触发电压 U_G（触发电流 I_G）时,晶闸管的正向转折电压会大大降低,如图 7-4 中 I_{G1}、I_{G2} 所示。触发信号电流越大,晶闸管导通的正向转折电压就降得越低。例如:某晶闸管在 $I_G = 0$ 时,正向转折电压为 800 V,但是当 $I_G = 5$ mA 时,

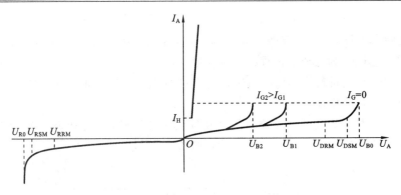

图 7-4　晶闸管的阳极伏安特性曲线

导通需要的正向转折电压就下降到 200 V，当 $I_G = 15$ mA 时，导通需要的正向转折电压就只有 5 V。

通常不允许采用将正向电压增加至转折电压使晶闸管导通，因为这样的多次导通会造成晶闸管损坏。一般采用对晶闸管的门极加足够大的触发电流使其导通，门极触发电流越大，正向转折电压 U_{B0} 越低。

晶闸管的反向伏安特性曲线如图 7-4 中第三象限的曲线所示，它与整流二极管的反向伏安特性相似。处于反向阻断状态时，只有很小的反向漏电流，当反向电压超过反向击穿电压 U_{R0} 后，反向漏电流急剧增大，使晶闸管被反向击穿而损坏。

4. 晶闸管的主要参数

晶闸管在反向稳态时，必定是关断状态，而在正向工作时可能处于导通状态，也有可能处于关断状态。晶闸管的参数针对正向工作而言，主要有以下几项。

（1）额定正向平均电流 I_T　在规定的散热条件和环境温度及全导通的条件下，晶闸管可以连续通过的工频正弦半波电流在一个周期内的平均值，称为额定正向平均电流 I_T，例如 50 A 晶闸管就是指 I_T 值为 50 A 的晶闸管。如果正弦半波电流的最大值为 I_m，则

$$I_T = \frac{1}{2\pi} \int_0^{\pi} I_m \sin\omega t \, \mathrm{d}(\omega t) = \frac{I_m}{\pi} \tag{7-1}$$

然而，这个电流值并不是一成不变的，晶闸管允许通过的最大工作电流还受冷却条件、环境温度、元件导通角、元件每个周期的导电次数等因素的影响。工作中，阳极电流不能超过额定值，以免 PN 结的温度过高，使晶闸管烧坏。

（2）维持电流 I_H　在规定的环境温度和控制极断开情况下，维持晶闸管导通状态的最小电流称为维持电流 I_H。在产品中，即使同一型号的晶闸管，维持电流也各不相同，通常由实测决定。当正向工作电流小于 I_H 时，晶闸管自动关断。

（3）正向重复峰值电压 U_{DRM}　在控制极断路和晶闸管正向阻断的条件下，可以重复加在晶闸管两端的正向峰值电压，称为正向重复峰值电压，用 U_{DRM} 表示。按规定此电压为正向转折电压 U_{B0} 的 80%，为正向最大瞬态电压 U_{DSM} 的 90%。

（4）反向重复峰值电压 U_{RRM}　在额定结温和控制极断开时，可以重复加在晶闸管两端的反向峰值电压，用 U_{RRM} 表示。按规定，此电压为反向最大瞬态电压 U_{RSM} 的 90%。

（5）控制极触发电压 U_G 和电流 I_G　控制极触发电压 U_G 和电流 I_G 分别指在晶闸管的

阳极和阴极之间加 6 V 直流正向电压后,能使晶闸管完全导通所必需的最小控制极电压和控制极电流。

(6) 浪涌电流 I_{TSM}　在规定时间内,晶闸管中允许通过的最大正向过载电流称为浪涌电流,用 I_{TSM} 表示。此电流应不致使晶闸管的结温过高而损坏。在元件的寿命期内,浪涌的次数有一定的限制。

7.1.2　其他电力半导体器件

1. 双向晶闸管

双向晶闸管(TRIAC)的外形与普通晶闸管类似,可直接工作于交流电源下,其控制极对电源的两个半周均有触发控制作用,即正、反方向均可由控制极触发导通,它可以认为是两只普通的晶闸管反向并联而成的集成件,故称为双向晶闸管或交流晶闸管。

双向晶闸管的开关性能具有下列特点:

(1) 控制极 G 无触发信号,双向晶闸管不导通。

(2) 只要同时存在触发信号和主电极间的电压,双向晶闸管便导通,即主电极间的电压可正可负,且控制极的电压也是可正可负,都可以使双向晶闸管导通。这种特性可使双向晶闸管的触发电路结构比较灵活和简单。

图 7-5 所示为双向晶闸管的图形符号与等效电路。图中引线分别为阳极 1(T_1)、控制极(G)、阳极 2(T_2)。通常是以 T_1 作为电压测量的基准点。当控制极无信号输入时,它与晶闸管相同,T_2 与 T_1 端子间不导电。若 T_2 所施加的电压高于 T_1,而控制极加正极性或负极性信号,即可使晶闸管导通,电流自 T_2 流向 T_1;若 T_1 所施加的电压高于 T_2,而控制极加正极性或负极性信号,也可使晶闸管导通,电流自 T_1 流向 T_2。双向晶闸管与一对反向并联晶闸管相比更经济实用。由于双向晶闸管控制电路比较简单,所以在交流调压电路、固态继电器和交流电动机调速等领域有广泛应用。

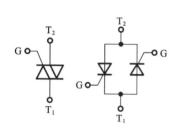

图 7-5　双向晶闸管图形符号与等效电路

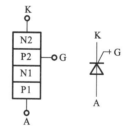

图 7-6　门极可关断晶闸管的结构与图形符号

2. 门极可关断晶闸管

门极可关断晶闸管(GTO)是一种全控型器件,其基本结构及图形符号如图 7-6 所示。门极可关断晶闸管工作原理和晶闸管相同,但是可以通过在门极施加负的脉冲电流使其关断,因此 GTO 工作时需要具有特殊的门极关断功能的门极驱动电路。GTO 与 SCR 相比有以下特点:

(1) GTO 的控制极可以控制元件的导通和关断。只要在 GTO 的控制极加不同极性的脉冲触发信号就可以控制其导通与断开,但 GTO 所需的控制电流远比 SCR 大。

(2) GTO 的动态特性较 SCR 好。一般来说,两者导通时间相差不多,但断开时间 GTO 只需 1 μs 左右,而 SCR 需要 5~30 μs。

由于结构原因,GTO 与普通 SCR 相比承受电压上升率能力较差,GTO 主要应用于直流调压和直流开关电路中,因其不需要关断电路,故电路简单,工作频率也可提高。目前,GTO 虽然在低于 2000 V 电压的某些领域内已被 GTR 和 IGRT 等所替代,但它在大功率电力牵引中有明显优势,在高压领域也占有一席之地。

3. 电力晶体管

电力晶体管(GTR)是一种双极性大功率高反压晶体管,是一种耐高电压、能通过大电流的双极结型晶体管,也称为功率晶体管或巨型晶体管。GTR 大多采用 NPN 型。电力晶体管在应用中多数作为功率开关使用,主要要求其有足够的容量(高电压、大电流)、适当的增益、较高的工作速度和较低的功率损耗等。当 GTR 饱和导通时,其正向压降为 0.3~0.8 V,而晶闸管一般为 1 V 左右。目前,GTR 在交直流调速、不间断电源、中频电源等电力变流装置中被广泛应用。在中小功率应用方面是取代晶闸管的自关断器件之一。GTR 的缺点是驱动电流较大、耐浪涌电流能力差、易受二次击穿而损坏。在开关电源和不间断电源领域,GTR 正逐步被功率场效应管和 IGBT 所代替。

4. 电力场效应晶体管

电力场效应晶体管(MOSFET)有三个电极,即栅极 G、漏极 D 和源极 S。由栅极控制漏极和源极之间的等效电阻,使场效应管处于截止或导通状态。电力 MOSFET 可分为结型场效应管和绝缘栅型场效应管两大类。电力 MOSFET 的基本结构、图形符号及外接电路如图 7-7 所示。

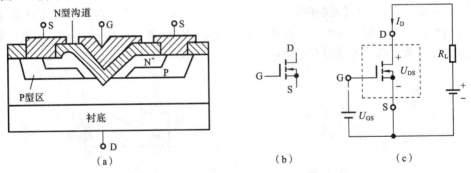

图 7-7 电力 MOSFET 基本结构、图形符号及外接电路

(a) 结构;(b) 图形符号;(c) N 型沟道

电力 MOSFET 特点如下:

(1) 电力 MOSFET 是用栅极电压来控制漏极电流的,所以驱动电路简单,所需的驱动功率小。

(2) 电力 MOSFET 具有正的电阻温度系数,在电流加大时,温度上升,电阻也增大,可对电流起自限流作用,热稳定性好。

(3) 电力 MOSFET 的开关时间可为 10~100 ns,作为开关元件,这是明显的优点,即开关速度快,工作频率高。

（4）电力 MOSFET 的主要缺点是通态电阻比较大，一般只能用于电压较低、电流较小的小功率高频率的电力电子装置。

5. 双极型晶体管

双极型晶体管（IGBT）可看成是双极型大功率晶体管与功率场效应晶体管的复合体。IGBT 从结构上可以看做一种复合三端器件，图形符号和内部结构等效电路如图 7-8 所示，具有栅极 G、集电极 C 和发射极 E。其输入控制部分为 MOSFET，输出级为双极结型三极晶体管，因此兼有 MOSFET 和 GTR 的优点。

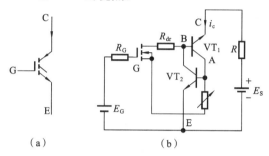

图 7-8　IGBT 图形符号及等效电路

（a）图形符号；（b）等效电路

通过施加正向门极电压形成沟道、提供晶体管基极电流使 IGBT 导通；如果提供反向门极电压，则可消除沟道，使 IGBT 因流过反向门极电流而关断。IGBT 开关速度高、损耗小，在电压 1 000 V 以上时，IGBT 的开关损耗是 GRT 的 1/10，与电力 MOSFET 相当。IGBT 具有耐脉冲电流冲击的能力，如果额定电压和电流相同，IGBT 的安全工作区比 GTR 大。总之，与电力 MOSFET 和 GTR 相比，IGBT 的耐压和通流能力好，同时还具有开关频率高的特点。

7.2　电力半导体器件的驱动电路

驱动电路的任务，就是按照控制目标的要求，将信息电子电路传出的信号转换成为可以使其开通或关断的信号，加在电力电子器件控制端和公共端之间。电力电子器件的驱动电路是主电路与控制电路之间的接口，是电力电子装置的重要环节。驱动电路对半控型器件只需提供开通控制信号，对全控型器件则既要提供开通控制信号，又要提供关断控制信号。采用性能良好的驱动电路，可使电力电子器件工作在较理想的开关状态，缩短开关时间，减小开关损耗。整个装置的运行效率、可靠性和安全性，直接与驱动电路相关。

7.2.1　半控型电力半导体器件的驱动电路

控制晶闸管导通的驱动电路称为触发电路，对于触发电路的要求如下：

（1）为了使器件可靠地被触发导通，触发脉冲的数值必须大于门极触发电压 U_{CT} 和门极触发电流 I_{CT}，即具有足够的触发功率。但其数值又必须小于门极正向峰值电压 U_{CM} 和门极正向峰值电流 I_{CM}，以防止晶闸管门极的损坏。

（2）为保证控制的规律性,各晶闸管的触发电压与其主电压之间具有较严格的相位关系,即保持同步。

（3）要使变流电路输出的电压连续可调,触发脉冲应能在一定的范围进行移相。例如,单相全控桥电阻负载要求触发脉冲移相范围为180°,而三相全控桥电感性负载（不接续流管时）要求触发脉冲的移相范围是90°。

（4）多数晶闸管电路还要求触发脉冲的前沿要陡,以实现精确的触发导通控制。当负载为电感性负载时,晶闸管的触发脉冲必须具有一定的宽度,以保证晶闸管的电流上升到擎住电流以上,使器件可靠导通。常见的触发脉冲有正弦波脉冲、尖脉冲、方波脉冲、强触发脉冲、序列脉冲等。

晶闸管的导通控制信号由触发电路提供,触发电路的类型按组成器件分为单结晶体管触发电路、晶体管触发电路、集成触发电路和计算机数字触发电路等。由单结晶体管组成的触发电路,具有线路简单、可靠、前沿陡峭、抗干扰能力强、能量损耗小、温度补偿性能好等优点,广泛应用于中小容量晶闸管的触发控制。

1. 单结晶体管的结构和特性

单结晶体管又称为双基极二极管,其结构、等效电路及图形符号如图7-9所示。

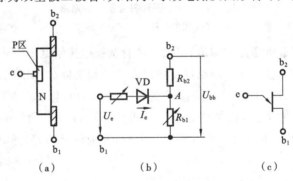

（a）　　　　　　　（b）　　　　　　　（c）

图 7-9　单结晶体管

（a）结构；（b）等效电路；（c）图形符号

在 N 型硅半导体基片的一侧引出两个基极,b_1 为第一基极,b_2 为第二基极,在硅片的另一侧用合金或扩散法渗入 P 型杂质,引出发射极 e。因为发射极 e 与 b_1 和 b_2 之间是一个 PN 结,所以相当于一只二极管。两个基极之间是硅片本身的电阻,呈纯电阻性。等效电路中的 R_{b1} 为第一基极与发射极之间的电阻；R_{b2} 为第二基极与发射极之间的电阻。

如果两个基极间加入一定电压 U_{bb}（b_1 接负极、b_2 接正极）,则 A 点电压为

$$U_A = \frac{R_{b1}}{R_{b1}+R_{b2}}U_{bb} = \eta U_{bb} \tag{7-2}$$

式中　η——单结晶体管的分压系数（或分压比）,$\eta = R_{b1}/(R_{b1}+R_{b2})$。它是一个很重要的参数,其大小与管子的结构有关,一般在 0.3～0.9 之间。

当发射极 e 上外加正向电压 U_e 小于 U_A 时,由于 PN 结承受反向电压,故发射极只有极小的反向电流,这时,R_{b2} 呈现很大的阻值；当 $U_e = U_A$ 时,$I_e = 0$,随着 U_e 的继续增加,I_e 开始大于零,这时,PN 结虽然处于正向偏压状态,但由于硅二极管本身有一定的正向压降 U_D

（一般为 0.7 V），因此，在 $U_e - U_A < U_D$ 时，I_e 不会有显著的增加，这时单结晶体管处于截止状态，这一区域称为截止区，如图 7-10 所示。

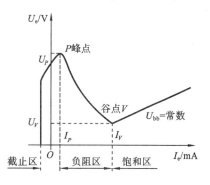

图 7-10　单结晶体管的特性曲线

当 $U_e = U_A + U_D$ 时，由于 PN 结承受正向电压，发射极 e 对 b_1 开始导通，随着发射极电流 I_e 的增加，PN 结沿电场方向朝 N 型硅片注入大量空穴型载流子到第一基极 b_1 与电子复合，于是 R_{b1} 迅速减小。R_{b1} 的减小促使 U_A 降低，导致 I_e 进一步增大，而 I_e 的增大又使 R_{b1} 进一步减小，促使 U_A 急剧下降，因此，随着 I_e 的增加，U_e 不断下降，呈现出负阻特性，开始出现负阻特性的点 P 称为峰点，该点对应的电压和电流称为峰点电压 U_P 和峰点电流 I_P。随着 I_e 的不断增加，当 U_e 下降到某一点 V 时，R_{b1} 便不再有显著变化，U_e 也不再继续下降，而是随着 I_e 按线性关系增加。点 V 称为谷点，该点对应的电压和电流称为谷点电压 U_V 和谷点电流 I_V。对应于由峰点 P 至谷点 V 的负阻特性段称为负阻区，谷点后面的线段称为饱和区。当 $U_e < U_V$ 时，发射极与第一基极间便恢复截止。

2. 单结晶体管的自振荡电路

图 7-11（a）所示为利用单结晶体管组成的自振荡电路。假设在接通电源前，电容 C 上的电压为零，当合上电源开关 S 时，电源 E 一方面通过 R_1、R_2 加于单结晶体管的 b_1 和 b_2 上，同时又通过充电电阻 R 向电容 C 充电，电压 U_e 便按指数曲线逐渐升高。在 U_e 较小时，发射极电流极小，单结晶体管的发射极 e 和第一基极 b_1 之间处于截止状态；当电容两端的电压 U_c 充电到单结晶体管的峰点电压 U_P 时，发射极 e 和第一基极 b_1 间由截止变为导通，电容 C 通过发射极 e 与第一基极 b_1 迅速向电阻 R_1 放电。由于 R_1 阻值较小（一般只有 50～100 Ω），导通后 e 与 b_1 之间的电阻更小，因此，电容 C 的放电速度很快，于是在 R_1 上得到一个尖峰脉冲输出电压 U_0。由于 R 的阻值较大，当电容上的电压降到谷点电压时，经 R 供给的电流便小于谷点电流，不能满足导通的要求，于是发射极 e 与第一基极 b_1 之间的电阻 R_{b1} 迅速增大，单结晶体管便恢复截止。此后电源 E 又对电容 C 充电，这样电容 C 反复进行充电、放电，在电容 C 上形成锯齿波电压，在 R_1 上形成脉冲电压，如图 7-11（b）所示。

3. 单结晶体管触发电路

如图 7-11 所示的单结晶体管自振荡电路是不能直接用来作为晶闸管的触发电路的。这是因为晶闸管的主电路是接在交流电源上的，两者不能保证同步。实际应用的晶闸管触发电路必须使触发脉冲与主电路电压同步，要求在晶闸管承受正向电压的半周内，控制极获得第一个正向触发脉冲的时刻都相同。图 7-12 所示为单结晶体管触发电路，这种电路在中小型可控整流装置中用得十分普遍。向触发电路供电的变压器 T（称为同步变压器）与主电路共一电源，由 T 次级提供的电压，经桥式整流后成为直流脉动电压，再经稳压管削波，在稳压管两端获得梯形波电压 u_s。这一电压在电源电压过零点时也降到零，将此电压供给单结晶体管触发电路，则每当电源电压过零时，b_1 与 b_2 之间的电压也降到零。e 与 b_1 之间导通，电容 C 上的电压通过 e、b_1 及 R_1 回路很快地放掉，使电容每次均能从零开始充电，从而获得与主电路的同步。移相控制时只要改变 R，就可以改变电容电压 u_c 的上升时间，亦即改变电容开始放电产生脉冲使晶闸管触发导通的时刻,从而达到移相的目的。

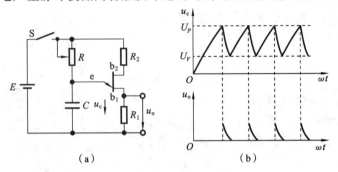

图 7-11　单结晶体管的自振荡电路

(a) 电路;(b) 波形

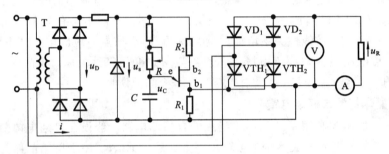

图 7-12　单相半控桥式整流电路的触发电路

7.2.2　全控型电力半导体器件的驱动电路

按照驱动电路加在电力电子器件控制端和公共端之间信号的性质,一般可将电力电子器件(电力二极管除外)分为电流驱动和电压驱动型两类。常用的电流型驱动的开关器件有SCR、GTO 和 GTR,常用的电压型驱动的开关有电力 MOSFET 和 IGBT。

这里针对典型的全控型器件 GTO、GTR、电力 MOSFET 和 IGBT,按电流驱动型和电压驱动型分别讨论。应该说明的是,驱动电路的具体形式可以是分立器件构成的驱动电路,但目前的趋势是采用专用的集成驱动电路,而且为达到参数最佳配合,应优先选择使用电力电子器件的生产厂家专门为其器件开发的集成驱动电路。

1. 电流驱动型器件的驱动电路

GTO 及 GTR 属电流型驱动器件,本节以 GTO 为例进行说明。GTO 的门极控制电路包括导通电路、关断电路和反偏电路,如图 7-13 所示。GTO 的触发导通过程与普通晶闸管相似,而关断则不同,门极控制技术关键在于关断。影响关断的因素主要有:被关断的阳极电流、负载阻抗的性质、工作频率、缓冲电路、关断控制信号波形及温度等。

1) 导通控制

导通控制要求门极电流脉冲的前沿陡峭、幅度高、宽度大及后沿缓。这是因为组成整体器件的 GTO 具有分散性,如果门极正向电流上升沿不陡峭,就会引起先导通的 GTO 的电流

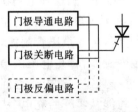

图 7-13　门极驱动示意图

密度过大。门极电流脉冲上升沿陡峭,可以使所有的 GTO 几乎同时导通,电流分布趋于均匀。如果门极正向电压脉冲的幅度和宽度不足,可能会使得在部分 GTO 尚未达到擎住电流时,门极脉冲已经结束,使部分导通的 GTO 承担全部的阳极电流而过热损坏。由于下降沿过于陡峭会产生振荡,因此下降沿应该尽量平缓。

2) 关断控制

GTO 的关断控制是靠门极驱动电路从门极抽出 P_2 基区的存储电荷,门极负电压越大,关断得越快。门极负电压一般要达到或接近门极与阴极间雪崩击穿电压值,并要求保持较长时间,以保证 GTO 可靠关断。有时甚至在 GTO 下一次导通之前,门极负电压都不衰减到零,以防止 GTO 误导通。门极关断电流脉冲的幅度取 $1/3 \sim 1/5$ 阳极电流值,关断脉冲电流的陡度需达到 $50\ \text{A}/\mu\text{s}$,门极关断负脉冲宽度约为 $100\ \mu\text{s}$,且强负脉冲宽度应有 $30\ \mu\text{s}$,以保证使 GTO 可靠关断。

3) 门极驱动电路

门极驱动电路按输出是否通过脉冲变压器或光耦合器件,分为直接驱动和间接驱动两种类型。

直接驱动指门极驱动电路直接和 GTO 门极相连。其优点是输出电流脉冲的前沿陡度好,易于消除寄生振荡;缺点是驱动电路中的半导体开关器件必须直接承担 GTO 的门极电流,故开关器件的电流较大、功耗大、效率低。此外,直接驱动电路与 GTO 主电路具有同样的电位,对控制系统来说不太安全。

间接驱动是驱动电路通过脉冲变压器与 GTO 门极相连。其优点是 GTO 主电路与门极控制电路之间有脉冲变压器或光耦合器件,以实现电气隔离,控制系统较为安全;脉冲变压器变换阻抗的作用,可使驱动电路的脉冲功率放大器件的电流大幅度减小;缺点是输出变压器的漏感使输出电流脉冲前沿陡度受到限制,输出变压器的寄生电感和电容易导致寄生振荡,影响 GTO 的正确开通和关断。此外,隔离器件本身的响应速度将影响驱动信号的快速性。

图 7-14 所示为一个典型的直接耦合式 GTO 驱动电路,该电路的电源由高频电源经二极管整流后提供,二极管 VD_1 和电容 C_1 提供 $+5\ \text{V}$ 电压,VD_2、VD_3 和 C_2、C_3 构成倍压整流电路,提供 $+15\ \text{V}$ 电压,VD_4 和电容 C_4 提供 $-15\ \text{V}$ 电压。场效应晶体管 VTF_1 导通时,输出正脉冲;VTF_2 导通时输出正脉冲平顶部分;VTF_2 关断而 VTF_3 导通时输出负脉冲;

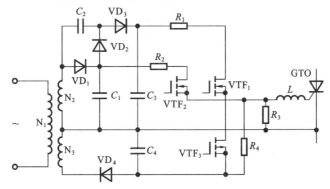

图 7-14　典型的直接耦合式 GTO 驱动电路

VTF$_3$ 关断后电阻 R_3 和 R_4 提供门极负偏压。

2. 电压驱动型器件的驱动电路

电力 MOSET 和 IGBT 是电压驱动型器件。

1）对电压驱动型器件的驱动电路的要求

驱动脉冲要有足够快的上升和下降速度，即脉冲的前、后沿要求陡峭。开通时以低电阻对栅极电容充电，关断时为栅极电荷提供低电阻放电回路，以提高开关速度。电力 MOSET 的栅、源极之间和 IGBT 的栅、射极之间都有数千皮法的极间电容，为快速建立驱动电压，要求驱动电路具有较小的输出电阻。

为了器件可靠导通，开通脉冲电压的幅度应高于管子的开启电压；为了防止误导通，在管子截止时提供负的栅-源或栅、射电压。一般使电力 MOSET 开通的栅、源极间驱动电压取 10～15V，使 IGBT 开通的栅-射极间驱动电压取 15～20 V。关断时的负驱动电压取 -5～-15 V。电力 MOSET 和 IGBT 开关时所需驱动电流为栅极电容的充放电电流，极间电容越大，所需的驱动电流也越大。

2）驱动电路

图 7-15 所示为电力 MOSET 的一种驱动电路。当无输入信号时，高速放大器 A 输出负电平，VT$_3$ 导通输出负驱动电压。当有输入信号时，放大器 A 输出正电平，VT$_2$ 导通，输出正驱动电压。

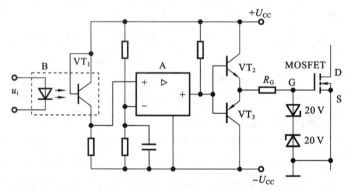

图 7-15　电力 MOSFET 的一种驱动电路

常见的专为驱动电力 MOSET 设计的混合集成电路有三菱公司的 M57918L，其输入信号电流幅值为 18 mA，输出最大脉冲电流为$+2$ A 和-3 A，输出驱动电压为$+15$ V 和-10 V。

IGBT 的驱动多采用专用的混合集成驱动器。常用的有三菱公司的 M579 系列（如 M57962L 和 M57959L）和富士公司的 EXB 系列（如 EXB840、EXB841、EXB850 和 EXB851）驱动器。同系列、不同型号的驱动器其引脚和接线基本相同，只是适用的被驱动器件的容量和开关频率及输入电流幅值等参数不同而已。

7.3　晶闸管可控整流电路

由晶闸管组成的可控整流电路可以很方便地把交流电变成大小可调的直流电，具有体积和质量小、效率高及控制灵活等优点,应用非常广泛。可控整流电路依照所用交流电源的相数和电路的结构,可分为单相半波、单相桥式、三相半波、三相桥式等形式的。

7.3.1 单相半波可控整流电路

1. 带电阻性负载的单相半波可控整流电路

图 7-16 所示为单相半波可控整流电路带电阻性负载时的电路图,以及电压、电流波形图。阳极电压由负变正的过零点称为自然换向点,过该点时二极管自然导通。触发脉冲发出的时刻与自然换向点之间的夹角定义为控制角。图 7-16 中,α 为控制角,θ 为导通角。控制角 α 总是滞后于自然换向点,因此又称为滞后角。导通角 θ 是晶闸管在一个周期时间内导通的电角度。对单相半波可控整流而言,α 的移相范围是 $0 \sim \pi$,而对应的 θ 的变化范围为 $\pi \sim 0$。由图 7-16 可见,$\alpha + \theta = \pi$。

当不加触发脉冲信号时晶闸管不导通,电源电压全部加于晶闸管上面,负载上电压为零(忽略漏电流)。这时,晶闸管承受的最高正、反向电压为整流变压器二次侧交流电压的最大值 $\sqrt{2}U_2$。当 $\omega t = \alpha (0 < \alpha < \pi)$ 时,晶闸管上的电压为正,当控制极加上触发脉冲信号时,晶闸管触发导通,电源电压将全部加于负载上(忽略晶闸管的管压降)。当 $\omega t = \pi$ 时,电源电压从正变为零,晶闸管内流过的电流小于维持电流而关断,之后,晶闸管就承受电源的反向电压,直至下个周期触发脉冲再次加到控制极上为止,此时晶闸管重新导通。改变 α 的大小就可以改变负载电压波形,从而改变负载电压的大小。

输出电压平均值的大小为

$$U_d = \frac{1}{2\pi} \int_\alpha^\pi \sqrt{2}U_2 \sin\omega t\, \mathrm{d}(\omega t) = 0.45 U_2 \frac{1 + \cos\alpha}{2} \tag{7-3}$$

负载电流平均值的大小由欧姆定律决定,其值为

$$I_d = \frac{U_d}{R} \tag{7-4}$$

2. 带电感性负载的单相半波可控整流电路

感抗 ωL 和电阻 R 的大小相比不可忽略的负载称为电感性负载,这类负载有各种电动机的励磁线圈的负载、整流输出接电抗器的负载等。可控整流电路带电感性负载时的工作情况与电阻性负载有很大不同,为了便于分析,把电感与电阻分开,如图 7-17 所示。

由于电感具有阻碍电流变化的作用,当电流上升时,电感两端的自感电动势 e_L 阻碍电流的上升,所以,晶闸管触发导通时,电流要从零逐渐上升。随着电流的上升,自感电动势逐渐减小,这时在电感中便储存了磁场能量。当电源电压下降以及过零变负时,在电感中,电流在变小的过程中由于自感效应,在电感中又产生方向与上述相反的自感电动势 e_L 来阻碍电流减小,只要 e_L 大于电源的负电压,负载上电流就将继续流通,晶闸管继续导通。这时,电感中储存的能量释放出来,一部分消耗在电阻上,一部分回馈到电源去,因此,负载上电压瞬时值出现负值。到某一时刻,当流过晶闸管的电流小于维持电流时,晶闸管关断,并且立即承受反向电压。所以,晶闸管在 $\omega t = \alpha$ 时触发,导通后在 $\alpha + \theta$ 时关断。

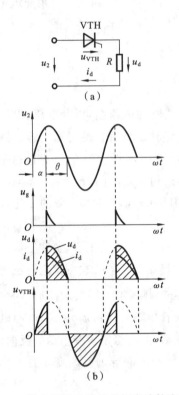

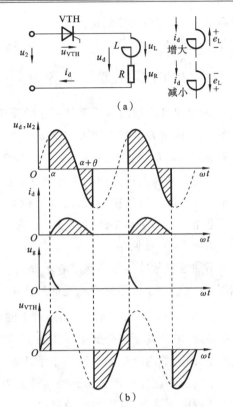

图 7-16　带电阻性负载的单相半波整流电路
　　　　及电压、电流波形
（a）电路；（b）波形

图 7-17　带电感性负载的单相半波整流电路
　　　　及电压、电流波形
（a）电路；（b）电压、电流波形

由此可见，在单相半波可控整流电路中，当负载为电感性的时，晶闸管的导通角 θ 将大于 $\pi-\alpha$，也就是说，在电源电压为负时仍然可能继续导通。负载电感越大，导通角 θ 越大，每个周期中负载上的负电压所占的比重就越大，输出电压和输出电流的平均值也就越小。所以，单相半波可控整流电路用于大电感性负载时，如果不采取措施，负载上就得不到所需要的电压和电流。

3. 续流二极管的作用

为了提高大电感性负载下的单相半波可控整流电路整流输出平均电压，可以采取措施使电源的负电压不加于负载上，如可在负载两端并联一只二极管 VD，如图 7-18 所示。当晶闸管导通时，若电源电压为正，二极管 VD 不导通，负载上电压波形与不加二极管 VD 时相同；当电源电压变负时，VD 导通，负载上由电感维持的电流流经二极管，此二极管称为续流二极管。续流二极管导通时，晶闸管承受反压自行关断，没有电流流回电源，负载两端电压仅为续流二极管压降，接近于零，此时，由电感释放出的能量消耗在电阻上。有了续流二极管，输出电压 u_d 与 α 的关系也与式(7-3)一样，但负载电流的波形与电阻性负载下的电流波形有很大不同，如图 7-18 所示。负载电流 i_d 在晶闸管导通期间由电源提供，而当晶闸管关断时，则由电感通过续流二极管来提供。当 $\omega L \geqslant R$ 时，电流的脉动很小，所以，这时电流波形可以近似地看成是一条平行于横轴的直线。

若负载电流的平均值为 I_d,则流过晶闸管的电流平均值与流过续流二极管的电流平均值分别为

$$I_{dVTH} = \frac{\theta}{2\pi} I_d \tag{7-5}$$

$$I_{dVD} = \frac{2\pi - \theta}{2\pi} I_d \tag{7-6}$$

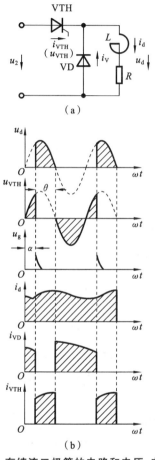

图 7-18 有续流二极管的电路和电压、电流波形

(a) 电路;(b) 电压、电流波形

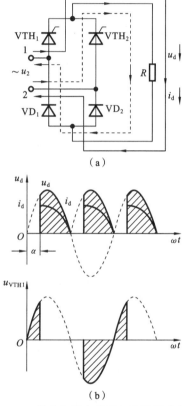

图 7-19 带电阻性负载单相半控桥式电路和电压波形

(a) 电路;(b) 电压波形

7.3.2 单相桥式可控整流电路

1. 单相半控桥式整流电路

在单相不可控桥式整流电路中,把其中两只二极管换成晶闸管就组成了半控桥式整流电路,如图 7-19(a)所示。这种电路在中小电流容量场合应用很广,它的工作原理如下:当电源 1 端为正的某一时刻,触发晶闸管 VTH_1,电流流向如图中实线箭头所示。这时 VTH_2 及 VD_1 均承受反向电压而截止;同样在电源 2 端为正的下半周期,触发晶闸管 VTH_2,电流流向如图中虚线箭头所示,这时 VTH_1 及 VD_2 处于反压截止状态。下面分三种不同负载情

况来讨论。

1）电阻性负载

带电阻性负载时，整流输出的电流、电压波形及晶闸管上电压的波形如图 7-19（b）所示，电流波形与电压波形相似。晶闸管在 $\omega t = \alpha$ 时触发导通，当电源电压过零变负时，电流降到零，晶闸管关断。输出电压平均值 U_d 与控制角 α 的关系为

$$U_d = \frac{1}{\pi}\int_{\alpha}^{\pi}\sqrt{2}U_2\sin\omega t\,\mathrm{d}(\omega t) = 0.9U_2\frac{1+\cos\alpha}{2} \tag{7-7}$$

在桥式整流电路中，元器件承受的最大反向电压是电源电压的峰值。

2）电感性负载

如图 7-20 所示的带电感性负载单相半控桥式整流电路也采用加续流二极管的措施。有了续流二极管，当电源电压降到零时，负载电流流经续流二极管，晶闸管将因电流为零而关断，不会出现失控现象。

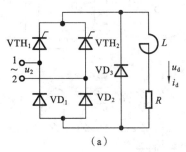

若晶闸管的导通角为 θ，流过每只晶闸管的平均电流为 $\frac{\theta}{2\pi}I_d$，流过续流二极管的平均电流为 $\frac{\pi-\theta}{\pi}I_d$（导通角 θ 的单位为 rad）。

3）反电动势负载

如果整流电路输出接有反电动势负载（见图 7-21（a）），只有当电源电压的瞬时值大于反电动势，同时又有触发脉冲时，晶闸管才能导通，整流电路才有电流输出。在晶闸管关断的时间内，负载上保留原有的反电动势。桥式整流电路接反电动势负载时，输出电压、电流波形如图 7-21（b）所示。此时负载两端的电压平均值比带电阻性负载时负载两端的电压平均值高。例如，直接由电网 220 V 电压经桥式整流输出，带电阻性负载时，可以获得最大为 0.9×220 V＝198 V 的平均电压，但接反电动势负载时的电压平均值可以增大到 250 V 以上。

当整流输出直接加于反电动势负载时，输出平均电流为 $I_d = (U_d - E)/R$。其中，$U_d - E$ 即图 7-21 中斜线阴影部分的面积对一周期取平均值。因为导通角小，导电时间短，回路电阻小，所以，电流的幅值与平均值的比值相当大，晶闸管器件工作条件差，晶闸管必须降低电流定额使用。另外，对直流电动机来说，换向器换向电流大，易产生火花，对于电源则因电流有效值大，要求的容量也大，因此，对于大容量电动机或蓄电池负载，常常串联电抗器，用于平滑电流的脉动，如图 7-22 所示。

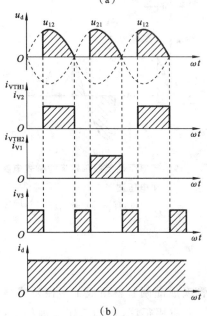

图 7-20 带电感性负载单相半控桥式整流电路

（a）电路；（b）电压、电流波形

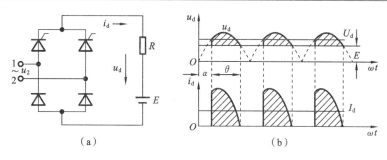

图 7-21　带反电动势负载单相半控桥式电路

(a) 电路；(b) 电压、电流波形

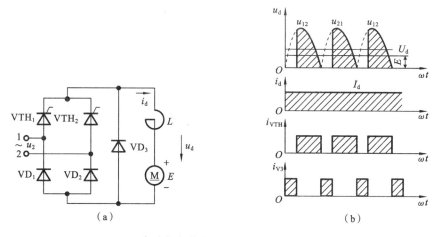

图 7-22　反电动势负载串联电抗器并续流二极管时的电路

(a) 电路；(b) 电压、电流波形

2. 单相全控桥式整流电路

把半控桥中的两只二极管用两只晶闸管代替，即构成全控桥。单相全控桥式整流电路如图 7-23 所示。带电阻性负载时，电路的工作情况与半控桥式整流电路的没有什么区别，晶闸管的控制角移相范围也是 $0 \sim \pi$，输出平均电压、电流的计算公式也与半控桥式整流电

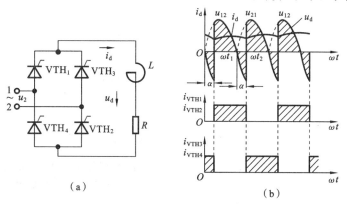

图 7-23　带电感性负载单相全控桥式整流电路的主电路和电压、电流波形

(a) 电路；(b) 电压、电流波形

路的相同,所不同的仅是全控桥每半个周期要求触发两只晶闸管。在带电感性负载且没有续流二极管的情况下,输出电压的瞬时值会出现负值,其波形如图 7-23 所示。这时输出电压平均值为

$$U_d = 0.9U_2\cos\alpha \quad (0 \leqslant \alpha \leqslant \pi/2) \tag{7-8}$$

在全控桥中元件承受的最大正、反向电压是交流电压 u_2 的峰值。

在一般带电阻性负载的情况下,由于本线路不比半控桥整流优越,但比半控桥线路复杂,所以,一般采用半控桥线路。全控桥电路主要用于电动机需要正反转的逆变电路中。

例 7-1 一台小型电阻炉,需要可调的直流电源供电,调节范围:电压 $U_o = 0 \sim 180$ V,电流 $I_o = 0 \sim 10$ A。现采用单相半控桥式整流电路,求最大电压和电流的有效值,并选择整流元件。

解 在本例中可以不用整流变压器,将电阻炉直接接到 220 V 的交流电源上。

负载电阻为 $\qquad R_L = U_o/I_o = 180/10\ \Omega = 18\ \Omega$

交流电流有效值为 $\qquad I = U/R_L = 220/18\ A = 12.2\ A$

交流电压峰值为 $\qquad U_m = 1.414U_o = 1.414 \times 220\ V = 311\ V$

额定电压取 $\qquad U_N > 2U_m = 622\ V$

流过晶闸管和整流二极管的平均电流

$$I_{VTH} = I_{VD} = I_o/2 = 10/2\ A = 5\ A$$

额定电流取 $\qquad I_N = 2I_{VD} = 2 \times 5\ A = 10\ A$

晶闸管选择 KP-10/700,二极管选择 2CZ-10/400。

7.3.3 三相可控整流电路

1. 三相半波可控整流电路

1) 电阻性负载

带电阻性负载三相半波可控整流电路如图 7-24 所示。整流变压器一次侧连接成三角形,给三次和三次倍数的谐波提供通路;二次侧连接成星形,有个公共零点"0",所以也称为三相零式电路。晶闸管向负载电阻 R 供给直流电流,改变触发脉冲的相位即可以获得大小可调的直流电压。

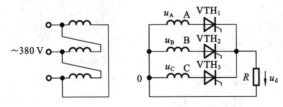

图 7-24 带电阻性负载三相半波可控整流电路

三相电源电压的波形如图 7-25 所示,在这里是以相电压来分析。交流电压在正半波的三个交点 1、2、3 分别为三个晶闸管的自然换相点。可以看出,对于 VTH$_1$、VTH$_2$、VTH$_3$,只有在 1、2、3 点之后对应于该元器件承受正向电压期间来触发脉冲,该晶闸管才能触发导通,对三相可控整流而言,控制角 α 就是从自然换相点算起的。当晶闸管没有触发信号时,

晶闸管可能承受的最大反向电压为线电压的峰值,即$\sqrt{6}U_2$。现按不同控制角α分下列三种情况进行讨论。

(1) 当$\alpha=0$时　此时触发脉冲在自然换相点加入,其波形如图 7-25 所示。在$t_1\sim t_2$时刻,A 相电压比 B、C 相都高,如果在t_1时刻触发晶闸管 VTH_1,负载上得到 A 相电压,电流经 VTH_1 和负载回到中性点 0。在t_2时刻触发 VTH_2,VTH_1 因承受反向电压而关断,负载上得到 B 相电压,依此类推。负载上得到的脉动电压u_d波形与不可控三相半波整流一样,在一个周期内每只晶闸管的导通角为$2\pi/3$,要求触发脉冲间隔也为$2\pi/3$。从这里可以看出,当三只晶闸管共阴极连接时,哪一相电压最高,触发脉冲来到时,就与那一相相连接的晶闸管导通,这只管子导通后将使其他管子承受反压而处于阻断状态。带电阻性负载时,电流波形与电压波形相似。

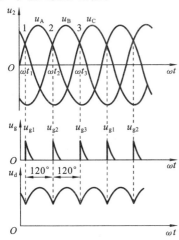

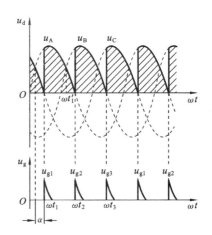

图 7-25　三相半波整流电路电压波形($\alpha=0$)　　**图 7-26　三相半波可控整流电路波形($\alpha=\pi/6$)**

(2) 当$0<\alpha\leqslant\pi/6$时　图 7-26 所示为$\alpha=\pi/6$时的输出电压波形图。u_A 使 VTH_1 上的电压为正,若在t_1时刻对 VTH_1 控制极加触发脉冲,VTH_1 就立即导通,而且u_A 为正时维持导通。直到t_2时刻,对 VTH_2 控制极加触发脉冲,VTH_2 在u_B正向阳极电压作用下导通,迫使 VTH_1 承受反向电压而关断。同理,到t_3时刻由于 VTH_3 导通而迫使 VTH_2 关断,依此类推。在一个周期内三相轮流导通,负载上得到脉动直流电压u_d,其波形是连续的。电流波形与电压波形相似,这时,每只晶闸管导通角为120°,负载上电压平均值与α的关系为(U_2为二次侧相电压有效值)

$$U_d = \frac{1}{2\pi/3}\int_{(\pi/6)+\alpha}^{(5\pi/6)+\alpha} \sqrt{2}U_2\sin\omega t\,\mathrm{d}(\omega t) = 1.17U_2\cos\alpha \tag{7-9}$$

(3) 当$\alpha>\pi/6$时　此时三相仍轮流导通,但是,负载上电压的波形是断续的。所以,三相半波可控整流电路,其α的移相范围为$0\sim 5\pi/6$。

总之,对于三相半波可控整流电路,在带电阻性负载情况下,当α在$0\sim 5\pi/6$内移相时,输出平均电压由最大值$1.17U_2$下降到零,输出电流的平均值为$I_d=U_d/R$,流过每只晶闸管器件的电流平均值为$I_d/3$。

2) 电感性负载

带电感性负载的情况如图 7-27 所示。在 VTH_1 导通时,电源电压u_A加到负载上,当 t

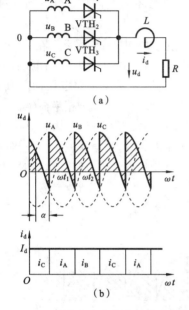

**图 7-27 带电感性负载三相半波
可控整流电路**

（a）电路；（b）电压、电流波形

$=t_1$ 时，$u_A = 0$，由于自感电动势的作用，电流的变化将落后于电压的变化，所以 $t = t_1$ 时负载电流 i_d 并不为零，若电感 L 足够大，VTH_1 要一直导通至 t_2 时刻，当 VTH_2 控制极来触发脉冲，使 VTH_2 导通，电源电压 u_B 加于负载时，VTH_1 才因承受反向电压而关断。这时，由于电感大、电流脉动小，可以近似地把电流波形看成是一条水平线。这时每只晶闸管导通角为 $2\pi/3$，输出电压的平均值同式（7-7）。

2. 三相桥式可控整流电路

图 7-24 所示的三相半波可控整流电路中，三只晶闸管的阴极是接在一起的，这种整流电路称为共阴极组整流电路；如果把三只晶闸管的阳极接在一起，则称为三相共阳极组整流电路。把这两组可控整流电路串联起来，这时，负载上的输出电压等于共阴极组和共阳极组的输出电压之和。若将变压器的两组二次绕组共用一个绕组，就得到三相桥式全控整流电路，如图 7-28 所示。其中，晶闸管 VTH_1、VTH_3、VTH_5 组成共阴极组，晶闸管 VTH_2、VTH_4、VTH_6 组成共阳极组。晶闸管器件的编号是按导电顺序进行编制的。

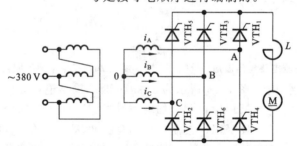

图 7-28 三相桥式可控整流电路

在工业应用中，三相桥式全控整流电路一般带反电动势负载，如直流电动机的电枢。在与电动机连接时总是串联一定的电感，以减小电流的脉动和保证电流连续，这时负载的性质可以看成电感性的。在电感性负载下，如果对共阴极组及共阳极组晶闸管同时进行控制，控制角为 α，那么，由于三相全控桥式整流电路就是两组三相半波可控整流电路的串联，因此，整流电压 U_d 应比由式（7-9）所得值大 1 倍，即 $U_d = 2.34U_2\cos\alpha$（$0 \leqslant \alpha < \pi/3$，电流连续时）。

图 7-29 是图 7-28 所示电路的电压、电流波形以及触发脉冲波形图。图中，对应于 $\alpha = 0$ 的工作状况，触发脉冲在自然换相点发出。对共阴极组的晶闸管而言，某一相电压较其他两相为正，同时又有触发脉冲，该相的晶闸管就触发导通。对共阳极组的晶闸管而言，某一相负电压较其他两相为大，同时又有触发脉冲，该相的晶闸管就触发导通。因此，在 t_1 时刻，A 相电压为正，B 相电压为负，如果向 VTH_1、VTH_6 发出触发脉冲，则 VTH_1、VTH_6 导通，电流从 A 相经 VTH_1、负载和 VTH_6 回到 B 相，A 相电流为正，B 相电流为负（电流为负

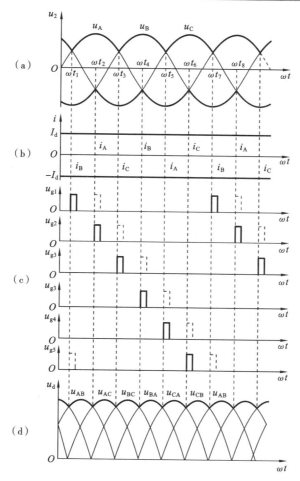

图 7-29　三相桥式全控整流电路电压、电流、触发脉冲波形（α＝0°时）
（a）输入电压波形；（b）各相电流波形；（c）触发脉冲顺序图；（d）输出电压波形

表示电流的真实方向与图上所标正方向相反）。在 t_2 时刻，A 相电压还是为正，B、C 相电压为负，但 C 相电压开始比 B 相电压大，如果在 t_2 时刻给 VTH_1、VTH_2 触发脉冲，则 VTH_1 将维持导通，且 VTH_2 导通。VTH_2 导通使 VTH_6 因承受反向电压而关断，电流从 A 相经 VTH_1、负载和 VTH_2 回到 C 相，A 相电流为正，C 相电流为负。在 t_3 时刻，C 相电压仍为较大的负值，B 相电压开始为比 A 相电压大的正值，如在 t_3 时刻给 VTH_2、VTH_3 触发脉冲，则 VTH_2 维持导通，且 VTH_3 导通，VTH_3 导通使 VTH_1 因承受反向电压而关断，电流从 B 相经 VTH_3、负载、VTH_2 回到 C 相，B 相电流为正，C 相电流为负。依次类推，在 $t_4 \sim$ t_5 这段时间内 VTH_3、VTH_4 导通，$t_5 \sim t_6$ 这段时间内 VTH_4、VTH_5 导通，$t_6 \sim t_7$ 这段时间内 VTH_5、VTH_6 导通，$t_7 \sim t_8$ 这段时间内又是 VTH_1 和 VTH_6 导通。各相电流如图 7-29(b) 所示。这时整流输出电压最高，对共阴极组而言，其输出电压波形是电压波形正半周的包络线，对共阳极组而言，其输出电压波形是电压波形负半周的包络线，三相桥式全控整流电路输出电压数值上等于共阴极组与共阳极组输出电压之和。图 7-29(d) 所示为这时的输出电压波形。当控制角 α 移相控制时，输出电压的波形和平均值将随之发生变化。

三相桥式可控整流电路各项指标都好,在要求一定输出电压的情况下,元器件承受的峰值电压最低,最适合于大功率高压电路。

7.4 晶闸管调压电路

晶闸管调压电路可分为直流斩波电路和交流调压电路。这两种电路的共同点是:利用晶闸管及其他电力半导体器件作为无触点开关,接在电源与负载之间,使其输出波形是电源波形的一部分,从而得到可调的负载电压。其中晶闸管器件接在直流电源与负载之间,用以改变加在负载上直流平均电压的,称为直流斩波电路,它是一种直流-直流变换电路,采用该电路的器件称为直流斩波器。而晶闸管器件接在交流电源与负载之间,用以改变负载所得交流电压有效值的,通常称为交流调压电路,采用该电路的器件称为交流调压器。

7.4.1 直流斩波电路

1. 直流斩波电路的工作原理

采用晶闸管做无触点开关的直流斩波电路如图 7-30(a)所示。图中 U_d 是固定的直流电压;L 是包括电动机电枢绕组在内的电抗器电感;直流电动机 D 是负载;VD 是续流二极管。图 7-30(b)所示为斩波后输出电压的波形。

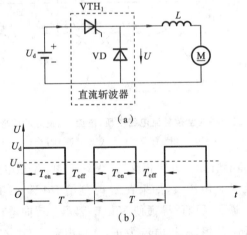

(a)

(b)

图 7-30 晶闸管直流斩波器

(a)原理电路;(b)输出电压的波形

设在 T_{on} 内晶闸管斩波器工作,则直流电压 U_d 与负载接通(见图 7-30(b)),在 T_{off} 内,斩波器关断,负载电流经过续流二极管 VD 对负载续流,则负载端就被短接,这样在负载端产生经过斩波的直流电压 U,其输出电压的平均值为

$$U_{av}=U_d \frac{T_{on}}{T_{on}+T_{off}}=k_z U_d \tag{7-10}$$

式中　T_{on}——晶闸管 VTH_1 的导通时间;

　　　T_{off}——晶闸管 VTH_1 的关断时间;

　　　T——斩波周期,$T=T_{on}+T_{off}$;

k_z——斩波电路的工作率或占空比。

由式(7-10)可见,负载电压受斩波电路的占空比影响。改变斩波电路的占空比可以采用改变晶闸管的导通时间 T_{on}(脉冲宽度调制)、改变斩波周期 T(频率调制),或者同时改变导通时间 T_{on} 和斩波周期 T 三种方法。

在这三种调制方法中,除在输出电压调节范围要求较宽时采用混合调制外,一般都是采用频率调制或脉冲宽度调制,原因是它们的控制电路比较简单。当输出电压的调节范围要求较大时,如果采用频率调制,则势必要求频率在一个较宽的范围内变化,这就使得滤波器的设计比较困难,如果负载是直流电动机,在输出电压较低的情况下,较长的关断时间会使流过电动机的电流断续,使直流电动机的运转性能变差。所以在斩波电路中,比较常用的还是采用脉冲宽度调制。

2. 简单斩波电路

图 7-31(a)所示为简单的斩波电路,一般可用直流回路中的晶闸管直流开关。图中,R_{fz} 为负载电阻,VTH_2 为辅助晶闸管。当 VTH_1 导通时,负载上有电流流过。R、C、VTH_2 构成了 VTH_1 的关断电路。当 VTH_1 未导通时,VTH_1 承受正向电压 E。任意时刻触发 VTH_1,都可获得负载电压。VTH_1 导通后,电容充上电压,极性为左负右正,使 VTH_1 承受正向电压。在 VTH_1 导通后的任意时刻触发 VTH_2,VTH_2 立即导通、电容 C 上电压突加在 VTH_1 两端,使其承受负向电压而关断。当连续加上控制时,在负载上可得到周期或非周期、脉宽可任意调节的方波脉冲,如图 7-31(b)所示。

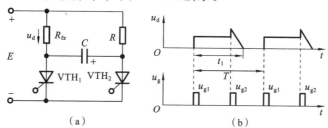

图 7-31 斩波电路

(a)原理电路;(b)电压波形

这种斩波电路结构简单,但工作时在换流电阻 R 上有损耗,减小损耗的办法是提高阻值,但这会使电容 C 的充电常数增大。当 VTH_1 触发导通后,立即触发 VTH_2,则会由于 C 上电压还没来得及充到足够大,使 VTH_2 承受的正向电压不够大而不能可靠导通,即不能可靠关断 VTH_1,故这种电路只适用于输出电压脉宽较宽的小功率电路。

7.4.2 交流调压电路

采用相位控制方式的交流电力控制电路称为交流调压电路,通常是将两个晶闸管反向并联后串接在每相交流电源与负载之间,在电源的每个半周期内触发一次晶闸管,使之导通。通过控制晶闸管开通时所对应的相位,可以方便地调节交流输出电压的有效值,从而达到交流调压的目的。

1. 单相交流调压电路

单相交流调压电路的几种基本形式如图 7-32 所示。

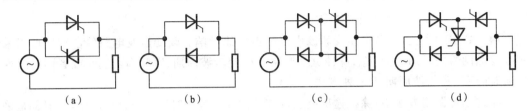

图 7-32　单相交流调压电路的基本形式

(a) 形式一；(b) 形式二；(c) 形式三；(d) 形式四

在这几种电路形式中，应用最广的是如图 7-32(a)所示的反并联交流调压电路。反并联交流调压电路线路简单、成本低，在灯光控制、小容量感应电动机调速等场合得到广泛应用。交流调压电路的工作状态和负载性质有很大关系，因此本节将以单相反并联交流调压电路为代表，分别讨论其在不同性质负载下的工作情况。

1) 电阻性负载

带电阻性负载单相交流调压电路及其工作波形如图 7-33 所示。在交流输入电源 u_i 的正半周，向正向晶闸管 VTH_1 发出触发脉冲，VTH_1 导通，此时输出电压等于输入电源电压。由于是电阻性负载，在电压下降到过零点时输出电流也为零，VTH_1 自然关断。当 u_i 在负半周时，向反向晶闸管 VTH_2 发出脉冲，得到反向的输出电压及电流。同理，VTH_2 也在电压过零点时自然关断。由图 7-33(b)可以看出，在电阻性负载下输出电压波形是电源电压波形的一部分，负载电流和负载电压的波形相同，图中 u_T 为晶闸管两端电压波形。

在交流调压电路的控制中，正、负触发脉冲分别距其正、负半周电压过零点的角度为 α，称为触发角或控制角。晶闸管在一个周期内导通的电角度 θ，称为导通角。正、负半周角 α 的起始时刻($\alpha=0$)均为电压过零点。在稳态情况下，为使输出波形对称，应使正、负半周角 α 角相等。

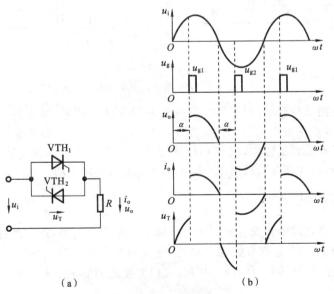

图 7-33　电阻性负载原理电路

(a) 原理电路；(b) 电压、电流波形

根据图 7-33(b)所示波形可以得出,负载电阻 R 上的交流输出电压的有效值

$$U_o = \sqrt{\frac{1}{\pi}\int_a^\pi (\sqrt{2}U_i \sin\omega t)^2 \mathrm{d}(\omega t)} = U_i\sqrt{\frac{2(\pi-\alpha)+\sin 2\alpha}{2\pi}} \tag{7-11}$$

式中　U_i——输入电压有效值。

在此电路中,α 的移相范围为 $0\sim\pi$,当 $\alpha=0$ 时,$U_o=U_i$ 为最大值;当 $\alpha=\pi$ 时,$U_o=0$。在 α 由 0 增大到 π 的过程中,U_o 逐渐减小。由此可以看出,在交流调压电路中,通过调节控制角 α 的大小,可以达到调节输出电压的目的。

负载电流有效值为

$$I_o = \frac{U_o}{R} = \frac{U_i}{R}\sqrt{\frac{2(\pi-\alpha)+\sin 2\alpha}{2\pi}} \tag{7-12}$$

任何一个晶闸管在一个周期中的电流平均值为

$$I_{dT} = \frac{1}{R}\left[\frac{1}{2\pi}\int_a^\pi \sqrt{2}U_i\sin\omega t\,\mathrm{d}(\omega t)\right] = \frac{\sqrt{2}U_i}{2\pi R}(1+\cos\alpha) \tag{7-13}$$

晶闸管电流有效值为

$$I_T = \sqrt{\frac{1}{2\pi}\left(\frac{\sqrt{2}U_i}{R}\sin\omega t\right)^2 \mathrm{d}(\omega t)} = \frac{U_i}{R}\sqrt{\frac{2(\pi-\alpha)+\sin 2\alpha}{4\pi}} = \frac{1}{\sqrt{2}}I_o \tag{7-14}$$

由式(7-14)可知,当 $\alpha=0$ 时,晶闸管电流有效值最大为 $I_{Tmax}=0.707U_i/R$,因此在选择晶闸管的额定电流时,通过最大有效值确定晶闸管的通态平均电流:

$$I_{TA} = \frac{I_{Tmax}}{1.57} = 0.45\frac{U_i}{R} \tag{7-15}$$

根据定义,可以得出输入电源侧的功率因数:

$$\eta = \frac{U_o I_o}{U_i I_o} = \sqrt{\frac{2(\pi-\alpha)+\sin 2\alpha}{2\pi}} \tag{7-16}$$

式(7-16)中没有考虑电路产生的损耗,因此输入有功功率等于负载上的有功功率。相位控制产生的基波电流滞后及高次谐波的影响,使得交流调压电路的功率因数较低,尤其是当 α 角增加、输出电压减小时,功率因数也随之逐渐降低。

2）电感性负载

交流调压电路可以带电阻性负载,也可以带电感性负载,如感应电动机或其他电阻电感混合负载等。图 7-34 所示为单向晶闸管反向并联电感性负载的单相交流调压电路。

当电源电压由正半波过零反向时,由于电感性负载中产生感应电动势,要阻止电流变化,电压过零时电流还未到零,晶闸管关不断,故还要继续导通到负半周。晶闸管导通角 θ 的大小,不但与触发控制角 α 有关,且与负载阻抗角 ϕ 有关。其中,负载阻抗角 $\phi=\arctan(\omega L/R)$,相当于在电阻电感负载(简称阻感负载)上加上纯正弦交流电压时,其电流滞后于电压的角度为 ϕ。触发控制角 α 越小则导通角 θ 越大。负载阻抗角 ϕ 越大,表明负载感抗越大,自感电动势使电流过零的时间越长,因而使导通角 θ 越大。

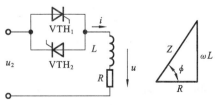

图 7-34　电感性负载原理电路

为了更好地分析单相交流调压电路在电感性负载下的工作情况,此处分 $\alpha > \phi$、$\alpha = \phi$、$\alpha < \phi$ 三种工况分别进行讨论。

(1) $\alpha > \phi$ 此时电流、电压的波形如图 7-35(a)所示,$\alpha > \phi$,$\theta < 180°$,正、负半波电流断续。α 越大,θ 越小,即 α 的移相在 $\phi \sim 180°$ 范围内,可以得到连续可调的交流电压。

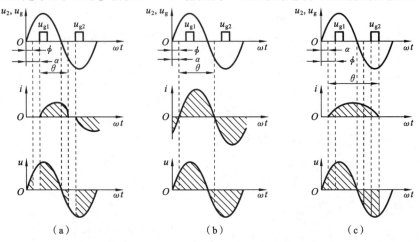

图 7-35 电感性负载波形

(2) $\alpha = \phi$ 正、负半周电流临界连续,相当于晶闸管失去控制,如图 7-35(b)所示。

(3) $\alpha < \phi$ 在这种情况下,VTH_1 先被触发导通,而且 $\theta > 180°$。如果采用窄脉冲触发,当 u_{g2} 出现时,VTH_1 的电流还未到零,VTH_1 关不断,VTH_2 不能导通。等到 VTH_1 中流过电流为零并关断时,u_{g2} 脉冲已经消失,此时 VTH_2 虽受正压,但也无法导通。到第三个半波时,u_{g1} 又触发 VTH_1 导通。这样负载电流只有正半波部分,出现很大的直流分量,电路不能正常工作。因而当负载为电感性负载时,晶闸管不能用窄脉冲触发。可采用宽脉冲或脉冲列触发。这样即使 $\alpha < \phi$,在刚开始触发晶闸管的几个周期内,两管的电流波形是不对称的,但经过几个周期后,负载电流即成为对称连续的正弦波,电流滞后于电压 ϕ 角。

由此可见,单相交流调压有以下特点:

(1) 在电阻性负载下,负载电流波形与单相桥式可控整流交流侧电流一致。改变触发控制角 α 可以连续改变负载电压的有效值,达到交流调压的目的;

(2) 在电感性负载下,不能用窄脉冲触发,否则,当 $\alpha < \phi$ 时,会有一个晶闸管无法导通,并产生很大直流分量电流,烧毁熔断器或晶闸管;

(3) 在电感性负载下,最小触发控制角 $\alpha = \phi$,所以 α 的移相范围为 $\phi \sim 180°$,在电阻性负载下移相范围为 $0 \sim 180°$。

2. 三相交流调压电路

当相位控制的交流调压电路所带负载为感应电动机或其他三相负载时,需要采用三相交流调压电路。图 7-36 所示为三相交流调压电路几种常用的基本形式。

(1) 对于无零线的星形和三角形负载电路,至少有一相正向晶闸管与另一相反向晶闸管同时导通,才能构成相应的电流回路。

(2) 在三相交流调压电路的电流通路中有两个晶闸管,为了保证电路起始工作时两个

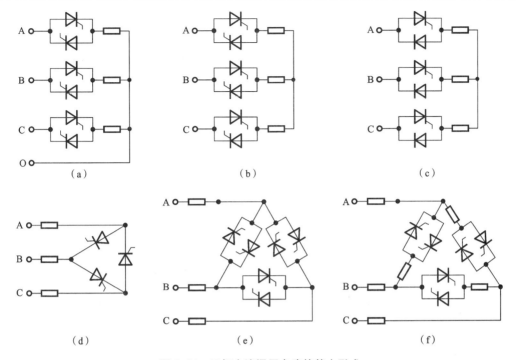

图 7-36　三相交流调压电路的基本形式

(a) 形式一；(b) 形式二；(c) 形式三；(d) 形式四；(e) 形式五；(f) 形式六

晶闸管能同时导通,应采用宽脉冲或者双窄脉冲的触发形式,且宽脉冲的宽度应大于60°。

(3) 在三相交流调压电路中,晶闸管的触发脉冲顺序应与相应的交流电源电压相序一致,并且与电源同步。

(4) 在一般情况下,晶闸管控制角 α 的起始点应为各相晶闸管开关的自然换相点。

(5) 当三相中均有晶闸管导通时,电路处于平衡工作状态,负载上的相电压波形等于电源相电压,在电阻负载的情况下各相晶闸管在该相相电压过零点时关断。当三相中只有两相晶闸管导通时,则导通相的负载相电压等于两相之间电源线电压的一半,未导通相的负载电压为0,在线电压过零时原来导通的晶闸管关断。

7.5　逆变电路

逆变是整流的逆过程。整流是把交流电变换成直流电供给负载;其逆过程,也就是将直流电转换成交流电,称为逆变。生产实践中常要求把工频交流电能或直流电能变换成频率和电压都可调节的交流电能供给负载,这就需要采用逆变电路。在许多场合,同一套晶闸管或其他可控电力电子变流电路既可用作整流电路又可用作逆变电路。根据逆变输出交流电能去向的不同,又可将逆变电路分为有源逆变电路和无源逆变电路。有源逆变电路是以电网为负载,将逆变输出的交流电能回送到电网的逆变电路。无源逆变电路是以用电设备为负载,输出端交流电能直接输向用电设备的逆变电路。交流电动机、电炉等前端的变流器,就是无源逆变器。

7.5.1 有源逆变电路

用单相桥式可控整流电路给直流电动机供电,为使电流连续而平稳,在回路中串接平波电抗器 L_d。为便于分析,忽略变压器漏抗与晶闸管正向压降等的影响,这样,就形成了一个由单相可控整流电路供电的晶闸管-直流电动机系统。在正常情况下,系统有两种工作状态,其电压波形分别如图 7-37 和图 7-38 所示。

1. 整流状态 $(0<\alpha<\pi/2)$

在图 7-37 中,设变流器工作于整流状态。分析可知,大电感性负载在整流状态时 $U_d=0.9U_2\cos\alpha$,控制角 α 的移相范围为 $0\sim90°$,U_d 为正值,输出端点 P 电位高于点 N 电位,并且 U_d 应大于电动机的反电势 E,才能使变流器输出电能供给电动机运行。此时电能由交流电网向直流电源(即直流电动机的反电势 E)馈电,回路电流 $I_d=(U_d-E)/R$,在整流状态下,晶闸管大部分时间工作于电源电压的正半周,承受的阻断电压主要为反向阻断电压,且其正向阻断时间对应着晶闸管的控制角 α。

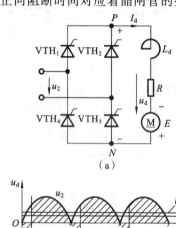
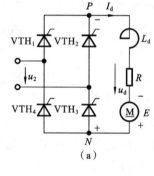
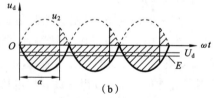

图 7-37 整流工作状态

(a) 电路;(b) 电压波形

图 7-38 逆变工作状态

(a) 电路;(b) 电压波形

2. 逆变状态 $(\pi/2<\alpha<\pi)$

在图 7-38 中,设直流电动机做发电机运行(或回馈制动),由于晶闸管元件的单向导电性,回路中电流不能反向,欲改变电能的传送方向,只有改变电动机电流的流动方向,即改变电动机端电压的极性。在图 7-38 中,反电动势 E 的极性已反过来,使电动机将机械能转变为电能作回馈制动运行,而此时在变流器中必须有能吸收电能反馈回电网的吸收装置。也就是说,变流器直流侧输出电压平均值 U_d 的极性也必须反过来,即点 N 的电位高于点 P 的电位,且直流电动机的反电动势 E 应大于 U_d,此时回路电流 $I_d=(E-U_d)/R$,电路内电能的流向与整流时相反,电动机输出电功率,电网则作为负载吸引电功率,实现有源逆变。为了防止过电流,应满足 E 的数值不比 U_d 大太多的条件。在恒定励磁下,E 取决于电动机的转速,而 U_d 则由调节控制角 α 来实现。调节控制角 α 不但可以调节 U_d 的大小,而且可以改变 U_d 的极性。当 $\pi/2<\alpha<\pi$ 时,U_d 为负值,正适合于逆变工作的范围。在逆变工作状态下,晶闸管大部分时间都工作于交流电源的负半周,承受的阻断电压主要为正向阻断电压,且其反向阻断时间对应着晶闸管的逆变角 $\beta(\beta=\pi-\alpha)$。

由上述有源逆变工作状态的原理分析可知,实现有源逆变必须同时满足两个基本条件:第一是外部条件,即要有一个能提供逆变能量的直流电源,如上述的电动机电动势 E,这个直流电动势使电能从变流器直流侧逆向回到交流电网,直流电动势的极性及大小应能实现电能从直流侧输出回到变流器;第二是内部条件,即变流器在控制角 $\alpha>\pi/2$ 的范围内工作,使变流器输出的平均电压 U_d 的极性与整流状态相反,大小应和直流电动势配合,完成反馈直流电能回到交流电网的功能。

7.5.2 无源逆变电路

实现无源逆变的装置称为无源逆变器(简称逆变器、变流器),因无源逆变经常与变频概念联系在一起,所以又称变频器。

1. 逆变器的工作原理

图 7-39(a)所示为单相桥式逆变电路,四个桥臂由开关构成,输入直流电压 E,逆变器负载是电阻 R。当将开关 S_1、S_4 闭合,S_2、S_3 断开时,电阻上得到左正右负的电压;间隔一段时间后将开关 S_1、S_4 打开,S_2、S_3 闭合,电阻上得到右正左负的电压。若以频率 $1/T$ 交替切换 S_1、S_4 和 S_2、S_3,在电阻上就可以得到图 7-39(b)所示的电压波形。显然这是一种交变的电压,随着电压的变化,电流也从一个臂转移到另外一个臂,通常将这一过程称为换相。对逆变器来说,关键的问题就是换相。

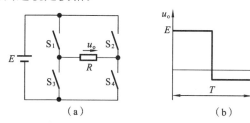

图 7-39 单相桥式逆变电路原理
(a)原理电路;(b)电压波形

换相方式主要有以下几种。

(1)器件换相 如图 7-39(a)所示电路中的开关实际是各种半导体开关器件的一种理想模型。使用全控器件,可以用控制极信号使其关断,换相控制就会更加简单。

(2)电网换相 可控整流电路和三相交流调压电路无论工作在整流状态还是有源逆变状态,都是借助于电网电压实现换相的,都属于电网换相。在换相时,只要把负的电网电压施加在欲断的晶闸管上即可使其关断。

(3)负载换相 凡是负载电流的相位超前于负载电压的场合,都可以实现负载换相。当负载为电容性负载时,即可实现负载换相;当负载为同步电动机时,由于可以控制励磁电流使负载呈电容性,因而也可以实现负载换相;将负载与其他换相元器件接成并联或串联谐振电路,使负载电流的相位超前于负载电压的相位,且超前时间大于管子关断时间,就能保证管子完全恢复阻断,实现可靠换相。

图 7-40 所示为基本的负载换相逆变电路,4 个桥臂均由晶闸管组成。其负载是将电阻、电感串联后再和电容并联而构成的,整个负载工作在接近并联谐振状态而略呈电容性。在实际电路中,电容往往是为改善负载功率因数,使电路略呈电容性而接入的。在直流侧串接了一个很大的电感 L_d,因而在工作过程中可以认为 i_d 基本上没有脉动。

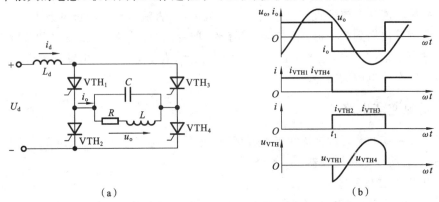

(a)　　　　　　　　　　(b)

图 7-40　负载换相逆变电路
(a) 原理电路;(b) 电压、电流波形

(4) 强迫换相　设置附加的换相电路,给欲关断的晶闸管强迫施加反向电压或反向电流的换相方式称为强迫换相。如图 7-41(a)所示的电路,称为直接耦合式强迫换相电路,又称电压换相电路。该方式中,由换相电路内的电容直接提供换相电压。在晶闸管 VTH 处于通态时,预先给电容 C 按图 7-41(a)中所示极性充电。如果合上开关 S,就可以使晶闸管被施加反向电压而关断。通过换相电路内的电容和电感的耦合来提供换相电压或换相电流,则称为电感耦合式强迫换相,又称电流换相。图 7-41(b)、(c)所示为电感耦合式强迫换相电路。

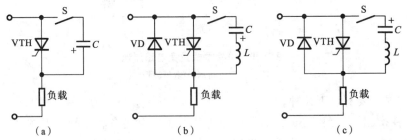

(a)　　　　　　　　　(b)　　　　　　　　　(c)

图 7-41　强迫换相电路
(a) 直接耦合式;(b)、(c) 电感耦合式

2. 基本逆变器电路

1) 半桥逆变电路

图 7-42(a)所示为半桥逆变电路,直流电压 U_d 加在两个串联的足够大的电容两端,并使得两个电容的连接点为直流电源的中点,即每个电容上的电压为 $U_d/2$。

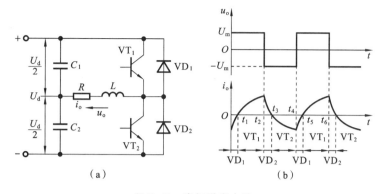

图 7-42　半桥逆变电路

(a) 原理电路；(b) 电压、电流波形

电路工作时，两只三极管 VT_1、VT_2 基极信号交替正偏和反偏，两者互补导通与截止。若电路负载为电感性的，其工作波形如图 7-42(b) 所示，输出电压为矩形波，幅值为 $U_m = U_d/2$。负载电流 i_o 波形与负载阻抗角有关。设 t_2 时刻之前 VT_1 导通，电容 C_1 两端的电压通过导通的 VT_1 加在负载上，极性为右正左负，负载电流 i_o 由右向左。t_2 时刻向 VT_1 发送关断信号，向 VT_2 发送导通信号，则 VT_1 关断，但电感性负载中的电流 i_o 方向不能突变，于是 VD_2 导通续流，电容 C_2 两端电压通过导通的 VT_2 加在负载两端，极性为左正右负。当 t_3 时刻 i_o 降至零时，VD_2 截止，VT_2 导通，i_o 开始反向。同样在 t_4 时刻向 VT_2 发送关断信号，向 VT_1 发送导通信号后，VT_2 关断，i_o 方向不能突变，由 VD_1 导通续流。t_5 时刻 i_o 降至零时，VD_1 截止，VT_1 导通，i_o 反向。

由上述分析可见，当 VT_1 或 VT_2 导通时，负载电流与电压同方向，直流侧向负载提供能量；而当 VD_1 或 VD_2 导通时，负载电流与电压方向相反，负载中电感的能量向直流侧反馈，反馈回的能量暂时储存在直流侧电容器中，电容器起缓冲作用。由于二极管 VD_1、VD_2 是负载向直流侧反馈能量的通道，故称反馈二极管；同时 VD_1、VD_2 也起着使负载电流连续的作用，因此又称续流二极管。

2) 全桥逆变电路

全桥逆变电路如图 7-43(a) 所示，它采用了 4 个 IGBT 做全控开关器件。直流电压 U_d 接有大电容 C，使电源电压稳定。电路中的 4 个桥臂，桥臂 VT_1、VT_4 和桥臂 VT_2、VT_3 组成两对。两对桥臂交替各导通 $180°$，其输出电压波形如图 7-43(b) 所示，与半桥电路电压波形相同，也是矩形波，但其幅值高出一倍，$U_m = U_d$。在直流电压和负载都相同的情况下，其输出电流 i_o 的波形当然也和图 7-42(b) 中的电流波形相同，但幅值增加一倍。

前面分析的都是 u_o 的正、负电压各为 $180°$ 矩形脉冲时的情况。在这种情况下，要改变输出交流电压的有效值，只能通过改变直流电压 U_d 来实现。

在带阻感负载时，还可以采用移相的方式来调节逆变电路的输出电压，这种方式称为移相调压。移相调压实际上就是调节输出电压脉冲的宽度。在图 7-43(a) 所示的单相全桥逆变电路中，各双极型晶体管的栅极信号仍为 $180°$ 正偏、$180°$ 反偏，并且 VT_1 和 VT_2 的栅极信号互补，VT_3 和 VT_4 的栅极信号互补，但 VT_3 的基极信号不是比 VT_1 落后 $180°$，而是只落后 $\theta(0° < \theta < 180°)$。也就是说，$VT_3$、$VT_4$ 的栅极信号不是分别和 VT_2、VT_1 的栅极信号

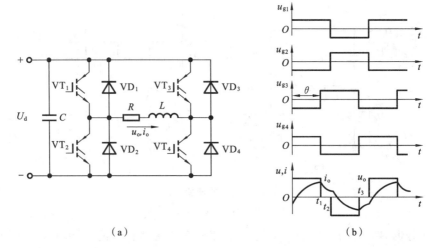

图 7-43   全桥逆变电路及波形

(a) 原理电路；(b) 电压、电流波形

同相位，而是前移了 $180°-\theta$。这样，输出电压 u_o 就不再是正、负脉冲宽度各为 $180°$ 的脉冲，而是正、负脉冲宽度各为 θ 的脉冲，各双极型晶体管的栅极信号 $u_{g1} \sim u_{g4}$ 及输出电压 u_o、输出电流 i_o 的波形如图 7-43(b) 所示。

设 t_1 时刻前 VT_1 和 VT_4 导通，输出电压 u_o 为 U_d，t_1 时刻 VT_3 和 VT_4 栅极信号反向，VT_4 截止，因负载电感中的电流 i_o 不能突变，VT_3 不能立刻导通，VD_3 导通续流。因为 VT_1 和 VD_3 同时导通，所以输出电压为零。到 t_2 时刻 VT_1 和 VT_2 栅极信号反向，VT_1 截止，而 VT_2 不能立刻导通，VD_2 导通续流，和 VD_3 构成电流通道，输出电压为 $-U_d$。到负载电流过零并开始反向时，VD_2 和 VD_3 截止，而 VT_4 不能立刻导通，VD_4 导通续流，u_o 再次为零。以后的过程和前面类似。这样，输出电压 u_o 的正、负脉冲宽度就各为 θ。改变 θ，就可以调节输出电压。

在纯电阻负载时，采用上述移相方法也可以得到相同的结果，只是 VD_1、VD_2 不再导通，不起续流作用。在 u_o 为零期间，4 个桥臂均不导通，负载上没有电流。

7.6   脉冲宽度调制控制

脉冲宽度调制(pulse width modulation，PWM)是指通过对一系列脉冲的宽度进行调制，在形状和幅值方面，根据应用面积等效原理，获得所需要波形的控制技术。前面介绍过的直流斩波电路，当输入和输出电压都是直流电压时，可以把直流电压分解成一系列脉冲，通过改变脉冲的占空比来获得所需的输出电压。在这种情况下调制后的脉冲列是等幅的，也是等宽的，仅仅是对脉冲的占空比进行控制，这是 PWM 控制中最为简单的一种情况。正弦波脉宽调制(sinusoidal PWM，SPWM)是一种比较成熟的、目前使用较广泛的脉冲宽度调制方法。其原理是使脉冲宽度按正弦规律变化，而和正弦波等效的 PWM 波形即 SPWM 波形控制逆变电路中开关器件的通断，使其输出的脉冲电压的面积与所希望输出的正弦波在相应区间内的面积相等。本节将重点介绍正弦波脉宽调制(SPWM)在逆变器中的应用。

7.6.1 SPWM 控制的基本原理

图 7-44 所示为正弦波在正半周期内的波形,将其划分为 N 等份,将每一等份的正弦曲线与横轴所包围的面积用一个与此面积相等的等高矩形脉冲代替,就得到如图 7-44 所示的脉冲序列。由 N 个等幅而不等宽的矩形脉冲所组成的波形与正弦波的正半周等效,正弦波的负半周也可用相同的方法来等效。完整的正弦波形用等效的 PWM 波形表示称为正弦波脉宽调制 SPWM 波形。

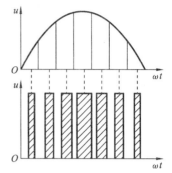

图 7-44 用 PWM 波代替正弦半波

图 7-45 所示为单相桥式 SPWM 逆变电路,采用电感性负载,IGBT 管为开关器件,对 IGBT 管的控制方法为:在正半周期,让 VT_2、VT_3 一直处于截止状态,而让 VT_1 一直保持导通,管 VT_4 交替通断。当 VT_1 和 VT_4 都导通时,负载上所加的电压为直流电源电压 U_d。当 VT_4 导通而使 VT_1 关断时,由于电感性负载中的电流不能突变,负载电流将通过二极管 VD_3 续流,忽略 IGBT 管和二极管的导通压降,负载上所加电压为零。如负载电流较大,那么直到使 VT_4 再一次导通之前,VD_3 一直持续导通。如负载电流较快地衰减到零,在 VT_4 再次导通之前,负载电压也一直为零。这样输出到负载上的电压就只有零和 U_d 两种电平。同样在负半周期,让管 VT_1、VT_4 一直处于截止状态,而让 VT_2 保持导通,VT_3 交替通断。当 VT_2、VT_3 都导通时,负载上加有 $-U_d$,当 VT_3 关断时,VD_4 续流,负载电压为零。因此在负载上可得到 $\pm U_d$ 和零三种电平。

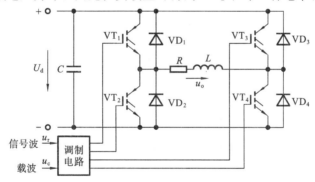

图 7-45 单相桥式 SPWM 逆变电路

控制 VT_1 或 VT_3 通断的方法如图 7-46 所示。

载波 U_c 在调制信号波 U_r 正半周为正极性的三角波,在负半周为负极性的三角波。调制信号 U_r 为正弦波。在 U_r 和 U_c 的交点时刻控制 IGBT 管 VT_4 或 VT_3 的通断。在 U_r 的正半周,VT_1 保持导通,当 $U_r > U_c$ 时使 VT_4 导通,负载电压 $U_o = U_d$,当 $U_r < U_c$ 时使 VT_4 关断,$U_o = 0$;在 U_r 的负半周,VT_1 关断,VT_2 保持导通,当 $U_r < U_c$ 时使 VT_3 导通,$U_o = -U_d$,当 $U_r > U_c$ 时使 VT_3 关断,$U_o = 0$。这样,就得到 SPWM 波形 U_o。图中虚线表示 u_o 中的基波分量。这种在 U_r 的半个周期内三角波载波只在一个方向变化,所得到输出电压的 PWM 波形也只在一个方向变化的控制方式称为单极性 PWM 控制方式。

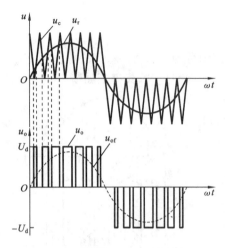

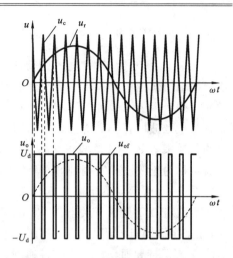

图 7-46　单极性 SPWM 控制波形　　　　图 7-47　双极性 SPWM 控制波形

与单极性 PWM 控制方式不同的是双极性 PWM 控制方式。如图 7-45 所示的单相桥式逆变电路在采用双极性控制方式后的波形如图 7-47 所示。采用双极性 PWM 控制方式时,在 U_r 的半个周期内,三角波载波在正、负两个方向上变化,所得到的 PWM 波形也在两个方向上变化。在 U_c 的一个周期内,输出的 PWM 波形只有 $\pm U_d$ 两种电平,仍然在调制信号 U_r 和载波信号 U_c 的交点时刻控制各开关器件的通断。

7.6.2　三相桥式 SPWM 逆变电路

图 7-48 所示为三相桥式 SPWM 型逆变电路,其控制采用双极性方式。

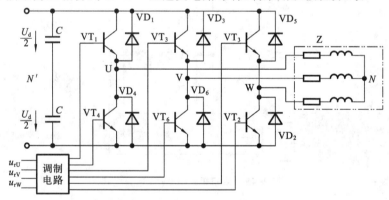

图 7-48　三相桥式 SPWM 逆变电路

U、V 和 W 三相的 PWM 控制共用一个三角波载波 U_c,三相调制信号 u_{rU}、u_{rV}、u_{rW} 的相位依次相差 120°,U、V 和 W 各相电力开关器件的控制规律相同。现以 U 相为例说明如下:当 $u_{rU} > u_c$ 时,向三极管 VT_1 发送导通信号,向 VT_4 发送关断信号,则 U 相相对于直流电源假想中点 N' 的输出电压 $u_{UN'} = u_d/2$。当 $u_{rU} < u_c$ 时,向 VT_4 发送导通信号,向 VT_1 发送关断信号,则 $u_{UN'} = -u_d/2$。VT_1 和 VT_4 的驱动信号始终是互补的。由于电感性负载电流的方向和大小的影响,在控制过程中,当向 VT_1 发送导通信号时,可能是 VT_1 导通,也可能是二极管 VD_1 续流导通。V 相、W 相和 U 相类似,$u_{UN'}$、$u_{VN'}$ 和 $u_{WN'}$ 的波形如图 7-49 所示。

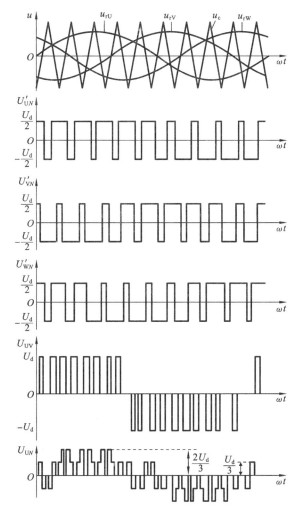

图 7-49 异步调制时三相 SPWM 逆变电路波形

在双极性 PWM 控制方式中,同一相上、下两个臂的驱动信号都是互补的。但实际上为了防止上、下两个臂直通而造成短路,在给一个臂施加关断信号后,再延迟 Δt 时间,才给另一个臂施加导通信号。延迟时间的长短取决于开关器件的关断时间。但这个延迟时间对输出的 PWM 波形将带来不良影响,使其与正弦波产生偏离。

7.6.3 PWM 逆变电路的控制方式

在 PWM 逆变电路中,载波频率 f_c 与调制信号频率 f_r 之比 $m(f_c/f_r)$ 称为载波比。根据载波和信号波是否同步及载波比的变化情况,PWM 逆变电路可以有异步调制和同步调制两种控制方式。

1. 异步调制

载波信号和调制信号不保持同步关系的调制方式称为异步调制。如图 7-49 所示的波形就是异步调制时的三相 SPWM 波形。在异步调制方式下,调制信号频率 f_r 变化时,通常

保持载波频率 f_c 固定不变,因而载波比 m 是变化的。这样,在调制信号的半个周期内,输出脉冲的个数不固定,脉冲相位也不固定,正、负半周期的脉冲不对称,同时,半周期内前、后 1/4 周期的脉冲也不对称。

当调制信号频率增高时,载波比 m 就减小,半周期内的脉冲数减少。输出脉冲的不对称性影响就变大,还会出现脉冲跳动。同时,输出波形和正弦波之间的差异也变大,电路输出特性变坏。对三相 PWM 型逆变电路来说,三相输出的对称性也变差。因此,在采用异步调制方式时,要求尽量提高载波频率,使得调制信号频率较高时仍能保持较大的载波比,改善输出特性。

2. 同步调制

载波比 m 等于常数,并在变频时使载波信号和调制信号保持同步的调制方式称为同步调制。在三相 PWM 逆变电路中,通常共用一个三角波载波信号,且取载波比 m 为 3 的整数倍,以使三相输出波形严格对称。同时,为了使一相的波形在正、负半周期对称,m 应取为奇数。

当逆变电路输出频率很低时,因为在半周期内输出脉冲的数目是固定的,所以由 PWM 调制而产生的谐波频率也相应降低。这种频率较低的谐波通常不易滤除,如果负载为电动机,就会产生较大的转矩脉动和噪声,给电动机的正常工作带来不利影响。

为了克服上述缺点,通常都采用分段同步调制的方法,即把逆变电路的输出频率范围划分成若干个频段,每个频段内都保持载波比恒定,不同频段的载波比不同。在输出频率的高频段采用较低的载波比,以使载波频率不致过高。在输出频率的低频段采用较高的载波比,以使载波频率不致过低,从而避免对负载产生不利影响。

采用计算机可方便地计算出 PWM 波形的各个脉冲宽度,并输出 PWM 波形。只是计算机产生 PWM 或 SPWM 波形,其效果受指令功能、运算速度、存储容量和兼顾系统控制算法的限制,使实时控制效果受到影响。实际应用中常采用 PWM 或 SPWM 控制信号的专用集成芯片。这类专用集成芯片用一块集成电路芯片,加上少量外围器件就可生成 PWM 或 SPWM 波形,不需复杂的软件编程,可大大简化电路和设计成本。如 SA4828 是由英国 MITEL 公司推出的一种三相脉宽调制波发生器,它采用不对称规则采样 SPWM 算法,通过存储在片内 ROM 中的调制波与片内产生的三角形载波比较,生成 SPWM 输出脉冲。利用这些芯片可以很方便地控制 SPWM 主电路,从而达到产生 SPWM 变压变频波形的目的。再利用计算机进行系统控制,可以在中、小功率异步电动机的变频调速中得到满意的效果。

很多单片机本身就带有生成 SPWM 波形的端口,如 ATmega8、IntelSXC196MC、In-tel8098 等等。只要具有 PWM 模块和定时器模块,单片机就可以完成生成 SPWM 波形的任务。数字化三相 SPWM 发生器频率范围宽、精度高,可与微处理器进行接口,同时能够完成外围控制功能,因而可实现智能化。

习　题

7-1　晶闸管导通的条件是什么?导通时,其中电流的大小由什么决定?晶闸管阻断时,承受电压的大小由什么决定?

7-2 晶闸管控制极上几十毫安的小电流可以控制阳极上几十甚至几百安的大电流，它与晶体管中用较小的基极电流控制较大的集电极电流有什么不同？

7-3 晶闸管的主要参数有哪些？

7-4 晶闸管的控制角有何含义？

7-5 为什么晶闸管的触发脉冲必须与主电路电压同步？

7-6 单结晶体管自振荡电路的振荡频率是由什么决定的？

7-7 试画出单相半波可控整流电路带电阻性负载时,负载和晶闸管上的电压波形。

7-8 续流二极管有何作用？为什么？

7-9 试画出单相交流调压电路带电阻性负载时,晶闸管上的电流波形与电压波形。

7-10 无源逆变电路和有源逆变电路有什么不同？

7-11 实现有源逆变的条件有哪些？

7-12 说明正弦脉宽调制（SPWM）的基本原理。

第8章 直流调速控制系统

直流电动机具有极好的运动性能和控制特性,尽管它不如交流电动机那样结构简单、价格便宜、制造方便、维护容易,但是长期以来,直流调速系统一直占据垄断地位。虽然近年来,随着计算机技术、电力电子技术和控制技术的发展,交流调速系统发展很快,在许多场合正逐渐取代直流调速系统,但是就目前来看,直流调速系统仍然是自动调速系统的主要形式。在我国许多工业部门,如轧钢、矿山采掘、海洋钻探、金属加工、纺织、造纸以及高层建筑建造等需要高性能可控电力传动技术的领域,仍然广泛采用直流调速系统。而且,直流调速系统在理论上和实践上都比较成熟,从控制技术的角度来看,它又是交流调速系统的基础。

学习本章,要求在了解机电传动自动调速系统的组成、生产机械对调速系统提出的调速技术指标要求以及调速系统的调速性质与生产机械的负载特性合理匹配的重要性的基础上,重点掌握直流调速系统中各个基本环节、各种反馈环节的作用及特点,掌握各种常用的直流调速系统的调速原理、特点及适用场所,以便根据生产机械的特点和要求来正确选择和使用机电传动控制系统。

8.1 直流调速系统性能指标

8.1.1 直流调速用可控直流电源

改变电枢电压调速是直流调速系统采用的主要方法,调节电枢供电电压或者改变励磁磁通,都需要有专门的可控直流电源,常用的可控直流电源有以下三种:

(1) 旋转变流机组 用交流电动机和直流发电机组成机组,以获得可调的直流电压。

(2) 静止可控整流器 用静止的可控整流器,如水银整流器和晶闸管整流装置,产生可调的直流电压。

(3) 直流斩波器或脉宽调制变换器 用恒定直流电源或不可控整流电源供电,利用直流斩波或脉宽调制的方法产生可调的直流平均电压。

下面分别对各种可控直流电源以及由它供电的直流调速系统作概括性介绍。

1. 旋转变流机组

以旋转变流机组作为可调电源的直流电动机调速系统的原理如图 8-1 所示。由交流电动机(称为原动机,通常采用三相交流异步电动机)拖动直流发电机 G 实现变流,由直流发电机 G 给需要调速的直流电动机 M 电枢供电。调节发电机的励磁电流的大小,就能够方便地改变其输出电压 U,从而调节电动机的转速 n。这种调速系统称为发电机-电动机系统,即 G-M 系统,国际上通称 Ward-Leonard 系统。为了供给直流发电机 G 和电动机 M 励磁,还需专门设置一台并励的直流励磁发电机 GE,可装在变流机组同轴上由原动机拖动,也可另外单用一台交流电动机带动。

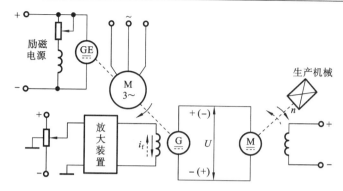

图 8-1　旋转变流机组供电的直流调速系统(G-M 系统)

对系统的调速性能要求不高时,可直接由励磁电源供电,要求较高的闭环直流调速系统一般都通过放大装置(G-M 系统的放大装置多采用交磁放大机或磁放大器)进行控制。如果改变电流的方向,则 U 的极性和 n 的转向都跟着改变,因此实现 G-M 系统的可逆运行是很容易的。

G-M 系统具有很好的调速性能,在 20 世纪 50 年代曾广泛使用,至今在尚未进行设备更新的地方仍然使用这种系统。但是这种由机组供电的直流调速系统需要旋转变流机组,至少包含两台与调速直流电动机容量相当的旋转电机(原动机和直流发电机)和一台容量小一些的励磁发电机,因而设备多、体积大、效率低,而且安装时需打地基、运行有噪声、维护不方便。为了克服这些缺点,在 20 世纪 50 年代开始采用静止变流装置来代替旋转变流机组,直流调速系统进入由静止变流装置供电的时代。

2. 静止可控整流器

20 世纪 50 年代,开始采用水银整流器来代替旋转变流机组,形成所谓的离子拖动系统。离子拖动系统克服了旋转变流机组的许多缺点,而且缩短了响应时间。但是由于水银整流器造价较高,体积仍然很大,维护麻烦,尤其是水银如果泄漏,会污染环境,严重危害身体健康,因此到了 20 世纪 60 年代又用更为经济可靠的晶闸管整流器取代了水银整流器。

晶闸管于 1957 年问世,20 世纪 60 年代起就已生产出成套的晶闸管整流装置。晶闸管的出现,使变流技术发生了根本性的变革。目前,采用晶闸管整流供电的直流电动机调速系统(即晶闸管-电动机调速系统,简称 V-M 系统,又称静止 Ward-Leonard 系统)已经成为主要的直流调速系统。图 8-2 所示是 V-M 系统的原理,图中 VTH 是晶闸管可控整流器,它可以是任意一种整流电路。通过调节触发装置 GT 的控制电压来移动触发脉冲的相位,从而改变整流输出电压平均值,实现电动机的平滑调速。与旋转变流机组及离子传动系统相比,晶闸管整流器不仅在经济性和可靠性上都有很大提高,而且在技术性能上显示出很强的优越性。晶闸管可控整流器的功率放大倍数在 10^4 以上,控制功率小,有利于将微电子技术引入到强电领域;在控制作用的快速性上也大大提高,有利于改善系统的动态性能。但是,晶闸管整流器也有它的缺点,主要表现在以下方面:

(1)晶闸管一般是单向导电元件,晶闸管整流器的电流是不允许反向的,这将给电动机实现可逆运行造成困难,必须实现四象限可逆运行时,只好采用开关切换或采用正、反两组全控型整流电路,构成 V-M 可逆调速系统,后者所用变流设备要增多一倍。

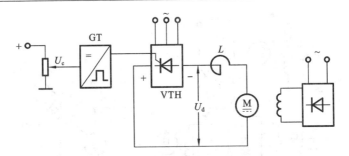

图 8-2　晶闸管-电动机调速系统（V-M 系统）原理

（2）晶闸管元件对于过电压、过电流以及过高的 du/dt 和 di/dt 十分敏感，其中任一指标在很短时间内超过允许值都可能造成元件损坏，因此必须有可靠的保护装置和符合要求的散热条件，而且在选择元件时还应保留足够的余量，以保证晶闸管装置的可靠运行。

（3）晶闸管的控制原理决定了只能滞后触发，因此，晶闸管可控制整流器对交流电源来说相当于一个电感性负载，吸取滞后的无功电流，因此功率因数低，特别是在深调速状态，即系统在较低速运行时，晶闸管的导通角很小，使得系统的功率因数很低，并产生较大的高次谐波电流，引起电网电压波形畸变，殃及附近的用电设备。如果采用晶闸管整流装置的调速系统在电网中所占容量比例较大，将造成所谓的"电力公害"。为此，应采取相应的无功补偿、滤波和高次谐波的抑制措施。

（4）晶闸管整流装置的输出电压是脉动的，而且脉波数总是有限的。如果主电路电感不是非常大，则输出电流总存在连续和断续两种情况，因而机械特性也有连续和断续两段，连续段特性比较硬，基本上还是直线，断续段特性则很软，而且呈现出显著的非线性。

3. 直流斩波器与脉宽调制变换器

直流斩波器又称直流调压器，是利用开关器件来实现通断控制，将直流电源电压断续加到负载上，通过通、断时间的变化来改变负载上的直流电压平均值，将固定电压的直流电源变成平均值可调的直流电源，亦称直流-直流变换器。它具有效率高、体积和质量小、成本低等优点，现广泛应用于地铁、电力机车、城市无轨电车以及电瓶搬运车等电力牵引设备的变速拖动中。

图 8-3 所示为直流斩波器的原理电路和输出电压波形，图中 VT 代表开关器件。当 VT 接通时，电源电压 U_s 加到电动机上；当 VT 断开时，直流电源与电动机断开，电动机电枢端电压为零。如此反复，得电枢端电压波形如图 8-3(b)所示。

直流斩波器的输出电压平均值可以通过改变占空比，即通过改变开关器件导通或关断时间来调节，常用的改变输出平均电压的调制方法有以下三种。

（1）脉冲宽度调制　开关器件的通断周期 T 保持不变，只改变器件每次导通的时间，也就是脉冲周期不变，只改变脉冲的宽度，即定频调宽。

（2）脉冲频率调制（pulse frequency modulation，PFW）　开关器件每次导通的时间不变，只改变通断周期 T 或开关频率，也就是只改变开关的关断时间，即定宽调频，称为调频。

（3）两点式控制　开关器件的通断周期 T 和导通时间 t_m 均可变，即调宽调频，亦可称为混合调制。当负载电流或电压低于某一最小值时，使开关器件导通；当电流或电压高于某

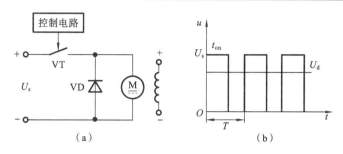

图 8-3　直流斩波器原理电路及输出电压波型

(a) 原理图；(b) 电压波形图

一最大值时，使开关器件关断。导通和关断的时间以及通断周期都是不确定的。

构成直流斩波器的开关器件过去用得较多的是普通晶闸管和逆导晶闸管，它们本身没有自关断的能力，必须有附加的关断电路，这将增加装置的体积和复杂性，并会增加损耗，而且由它们组成的斩波器开关频率低，输出电流脉动较大，调速范围有限。自 20 世纪 70 年代以来，电力电子器件迅速发展，出现了多种既能控制其导通又能控制其关断的全控型器件，如 GTO、GTR、电力 MOSFET、IGBT 等，这些全控型器件性能优良，由它们构成的脉宽调制直流调速系统(简称 PWM 调速系统)近年来在中小功率直流传动中得到了迅猛的发展。与 V-M 调速相比，PWM 调速系统有以下优点：

(1) 采用全控型器件的 PWM 调速系统，其脉宽调制电路的开关频率高，一般为几千赫兹，因此系统的频带宽，响应速度快，动态抗扰能力强。

(2) 由于开关频率高，仅靠电动机电枢电感的滤波作用就可以获得脉动很小的直流电流，电枢电流容易连续，系统的低速性能好，稳速精度高，调速范围宽，同时电动机的损耗和发热都较小。

(3) PWM 系统中，主回路的电力电子器件工作在开关状态，损耗小，装置效率高，而且对交流电网的影响小，没有晶闸管整流器对电网的"污染"，功率因数高，效率高。

(4) 主电路所需的功率元件少，线路简单，控制方便。

目前，受到器件容量的限制，PWM 直流调速系统只用于中、小功率的系统。

8.1.2　直流调速系统性能指标

任何一台需要转速控制的设备，其生产工艺对控制性能都有一定的要求。例如：精密机床要求加工精度达到几十微米至几微米；重型机床的进给机构需要在很宽的范围内调速，最高和最低相差近 300 倍；容量几千千瓦的初轧机轧辊电动机在不到 1 s 的时间内就得完成从正转到反转的过程；高速造纸机的抄纸速度达到 1000 m/min，要求稳速误差小于0.01％。所有这些要求，都可以转化成运动控制系统的稳态和动态指标，作为设计系统时的依据。

1. 转速控制要求

各种生产机械对调速系统提出了不同的转速控制要求，归纳起来有以下三个方面的要求。

(1) 调速　在一定的最高转速和最低转速范围内，分挡(有级)或者平滑(无级)地调节转速。

（2）稳速　以一定的精度在所需转速上稳定地运行,不因各种可能的外来干扰（如负载变化、电网电压波动等）而产生过大的转速波动,以确保产品质量。

（3）加、减速控制　对频繁启、制动的设备要求尽快地加、减速,缩短启、制动时间,以提高生产率;对不宜经受剧烈速度变化的生产机械,则要求启、制动尽量平稳。

对以上三个方面有时都要求,有时只要求其中一个或两个,其中有些要求之间可能还是相互矛盾的。为了定量地分析问题,一般规定几种性能指标,以便衡量一个调速系统的性能。

衡量一个调速系统的性能高低、质量好坏,必须从调速的稳定指标和动态指标两个方面进行考虑,即从调速系统的稳态指标和动态指标来分解调速系统的性能。

2. 稳态指标

调速系统的稳态指标,是指系统处于稳定运行时的性能指标,主要有静差度 s、调速范围 D、调速系统与负载配合能力等。

1）静差度 s

静差度 s 反映了当负载变化时电动机转速的变化程度,表示在电动机的某一条机械特性曲线上,由理想空载增加到额定负载时的转速降落（简称速降）Δn_N（又称静态速降）与理想空载转速 n_0 之比,即 $s = \dfrac{n_0 - n_N}{n_0} = \dfrac{\Delta n_N}{n_0}$,生产机械对静差度的要求是针对最低转速而言的。显然,静差度表示调速系统在负载变化下转速的稳定程度,它和机械特性的硬度有关,特性越硬,静差度越小,转速的稳定程度就越高。

2）调速范围 D

生产机械要求电动机能提供的最高转速 n_{max} 与最低转速之比 n_{min} 称为调速范围,通常用 D 表示,即

$$D = \frac{n_{max}}{n_{min}}$$

其中 n_{max} 和 n_{min} 一般指额定负载时的转速,对于少数负载很轻的机械,例如精密磨床,也可以用实际负载的转速。在设计调速系统时,通常以额定转速 n_N 为电动机的最高转速。

应当注意,调速范围 D 和静差度 s 这两项指标不是彼此孤立的,必须同时提才有意义。一个调速系统的静差度要求,主要是指最低转速时的静差度;一个调速系统的调速范围,是指在最低转速时还能满足静差度要求的转速变化范围。脱离了对静差度的要求,任何调速系统都可以得到极宽的调速范围;脱离了调速范围,要满足给定的静差度也是相当容易的。

3）调速范围、静差度和额定转速降落之间的关系

在直流电动机调速系统中,若额定负载下的速降为 Δn_N,则按照上面分析的结果,理想空载转速应该是最低转速,故系统的静差度为

$$s = \frac{\Delta n_N}{n_{0min}} = \frac{\Delta n_N}{n_{min} + \Delta n_N}$$

于是,最低转速为

$$n_{min} = \frac{\Delta n_N}{s} - \Delta n_N = \frac{(1-s)\Delta n_N}{s} \tag{8-1}$$

而调速范围为

$$D = \frac{n_{\max}}{n_{\min}} = \frac{n_N}{n_{\min}} \tag{8-2}$$

将式(8-1)代入式(8-2)，得

$$D = \frac{n_N s}{\Delta n_N (1-s)} \tag{8-3}$$

式(8-3)表示变压调速系统的调速范围、静差度和额定速降之间的关系。对于同一个调速系统，Δn_N 值一定，由式(8-3)可见，如果对静差度要求越严，即要求 s 值越小，系统能够允许的调速范围也越小。一个调速系统的调速范围，是指在最低速时还能满足所需静差度的转速可调范围。

例 8-1　某直流调速系统电动机额定转速为 $n_N = 1430$ r/min，额定速降 $\Delta n_N = 115$ r/min，当要求静差度 $s \leqslant 30\%$ 时，允许多大的调速范围？如果要求静差度 $s \leqslant 20\%$，则调速范围是多少？如果希望调速范围达到 10，所能满足的静差度是多少？

解　要求 $s \leqslant 30\%$ 时，调速范围为

$$D = \frac{n_N s}{\Delta n_N (1-s)} = \frac{1430 \times 0.3}{115 \times (1-0.3)} = 5.3$$

若要求 $s \leqslant 20\%$，则调速范围只有

$$D = \frac{1430 \times 0.2}{115 \times (1-0.2)} = 3.1$$

若调速范围达到 10，则静差度为

$$s = \frac{D \Delta n_N}{n_N + D \Delta n_N} = \frac{10 \times 115}{1430 + 10 \times 115} = 0.446 = 44.6\%$$

3. 动态指标

生产机械的调速过程，即从一种转速调节到所需的另一种转速的过程，并不是瞬间完成的，是一个动态的过渡过程。调速系统的动态指标是反映调速系统在速度变化过程中性能的技术指标。对于调速精度要求较高的调速控制系统，如龙门刨床的主拖动系统、造纸机系统等都必须充分考虑改善动态指标，否则不能满足生产要求。

调速系统的动态指标主要有最大超调量、调整时间、振荡次数、最大动态速降和恢复时间等。

(1) 最大超调量 σ　最大超调量是指调速系统在外来突变信号的作用下，系统达到的最大转速和稳态值的稳态转速之比，用 σ 表示。

(2) 调速时间 t_s　调速时间又称为动态响应时间，它是指从信号加入到系统开始进入允许偏差区为止的时间。它反映系统调整的快速性。

(3) 振荡次数 N　振荡次数表示在调整时间内，转速在稳态值上下摆动的次数。它反映系统的调速稳定性。

(4) 最大动态速降 $\Delta n_{\max}$　最大动态速降是指调速系统的一项抗干扰指标，即在稳定运行中，系统突加一个负载转矩时所引起的最大速降。

(5) 恢复时间 t_r　恢复时间是指从扰动量作用开始，到被调量开始转入稳定转速允许偏差区为止的一段时间。t_r 越小，说明系统的抗扰性能越强。

实际控制系统对于各种性能指标的要求是不同的,是由生产机械工艺要求确定的。例如,可逆轧机和龙门刨床需要连续正反向运行,因而对转速的跟随性能和抗扰性能要求都较高,而一般的不可逆调速系统则主要要求一定的转速抗扰性能,工业机器人和数控机床的位置随动系统要求有较严格的跟随性能,多机架的连轧机则要求调速系统有高抗扰性能。总之,一般来说,调速系统的动态指标以抗扰性能为主,随动系统的动态指标则以跟随性能为主。

8.2 有静差直流调速系统

8.2.1 开环直流调速系统存在的问题

目前,由电力器件(如晶闸管)组成的半导体变流装置,可将单相或三相交流电转换成可调输出电压的直流电,给直流电动机供电,其开环控制系统如图 8-4 所示。

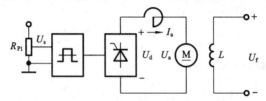

图 8-4 开环控制系统原理

图中的 L 为电抗器,其作用是使电动机的工作电流连续平稳,使电动机的机械特性变硬。稳定运行时,忽略电抗器 L 的绕线电阻,则有

$$U_a = U_d$$

$$n = \frac{U_a - I_a R_a}{C_e \Phi} = \frac{U_a - T_L R_a / (C_T \Phi)}{C_e \Phi} = \frac{U_a}{C_e \Phi} - \frac{R_a T_L}{C_T C_e \Phi^2} \tag{8-4}$$

从式(8-4)可知,稳定后的转速 n 与负载阻力矩 T_L 呈线性关系,负载阻力矩 T_L 引起的转速变化为

$$\Delta n = \frac{I_a R_a}{C_e \Phi} = \frac{T_L R_a}{C_T C_e \Phi^2} \propto T_L \tag{8-5}$$

当 $T_L = 0$ 时,即在理想空载的情况下,电动机转速为理想空载转速 n_0,则 $n_0 = \dfrac{U_a}{C_e \Phi}$,$n = n_0 - \Delta n$。$\Delta n$ 称为负载引起的速降。

在开环调速系统中,控制电压与输出转速之间的控制是单方向进行的,输出转速并不影响控制电压,控制电压直接由给定电压产生。如果生产机械对静差度要求不高,开环调速系统也能实现一定范围内的无级调速,而且开环调速系统结构简单。但是,在实际中许多需要无级调速的生产机械常常对静差度有较严格的要求,不允许有很大的静差度。

例 8-2 假设图 8-4 所示的电动机型号为 Z33 型,其铭牌额定参数为 $P_N = 3$ kW,$U_N = 160$ V,$I_N = 16.5$ A,$n_N = 1500$ r/min,$R_a = 0.93$ Ω,$C_e \Phi = 0.096$ V/(r/min),要求计算出加上额定负载后的速降。

解 加上额定负载后的速降

$$\Delta n = \frac{I_a R_a}{C_e \Phi} = \frac{16.5 \times 0.93}{0.096} \text{ r/min} = 160 \text{ r/min}$$

由例 8.2 可知,负载引起的速降会使电动机在 150 r/min 以下的调速范围和静差度都太大,而这又是开环调速系统所无法解决的。为减小静差度 s 对整个调速系统的影响,可以采用闭环调速系统。

8.2.2 闭环调速系统的组成及其静特性

开环调速系统不能满足较高的性能指标要求。根据自动控制原理,为了克服开环系统的缺点,提高系统的控制质量,必须采用带有负反馈的闭环系统。闭环系统的方框图如图 8-5 所示。在闭环系统中,把系统的输出量通过检测装置(传感器)引向系统的输入端,与系统的输入量进行比较,从而得到反馈量与输入量之间的偏差信号。利用此偏差信号通过控制器(调节器)产生控制作用,自动纠正偏差。因此,带输出量负反馈的闭环控制系统具有提高系统抗扰性,广泛用于各类自动调节系统。

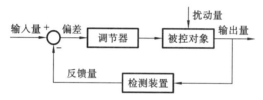

图 8-5 闭环系统方框图

对调速系统来说,输出量是转速,通常引入转速负反馈构成闭环调速系统。在电动机轴上安装一台测速发电动 TG,引出与输出量转速成正比的负反馈电压,与转速给定电压进行比较,得到偏差电压,经过放大器,产生驱动或触发装置的控制电压,去控制电动机的转速,这就组成了反馈控制的闭环调速系统。如图 8-6 所示为采用晶闸管相控整流器供电的闭环调速系统,因为只有一个转速反馈环,所以称为单闭环调速系统。由图 8-6 可见,该系统由电压比较环节、放大器、晶闸管整流器与触发装置、直流电动机和测速发电机等部分组成。

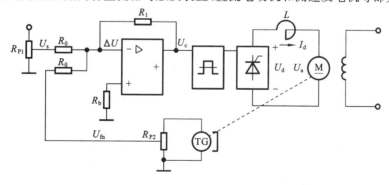

图 8-6 具有转速负反馈的单闭环直流调速系统原理

由图 8-6 可知:

$$\Delta U = U_s - U_{fn}$$

(8-6)

$$U_c = K_p \Delta U \qquad (8\text{-}7)$$

$$U_a = K_s U_c \qquad (8\text{-}8)$$

$$n = \frac{U_a - I_a R_a}{C_e \Phi} \qquad (8\text{-}9)$$

式中　ΔU——电压偏差信号；

　　　　K_p——放大器的放大倍数；

　　　　K_s——整流装置的电压放大倍数；

　　　　U_a——整流输出理想空载电压(忽略直流装置的内阻抗)；

　　　　R_a——电枢回路总电阻；

　　　　I_a——电动机工作电流。

消除中间变量，整理得转速负反馈闭环直流调速系统的静特性方程，即

$$n = \frac{K_p K_s U_s}{C_e \Phi} - \frac{1}{1+K} \frac{I_a R_a}{C_e \Phi} = n_0 - \Delta n' \qquad (8\text{-}10)$$

式中　n_0——系统理想空载时($I_a = 0$)的转速；

　　　　$\Delta n'$——负载引起的速降；

　　　　K——开环增益系数，$K = \dfrac{K_p K_s \alpha}{C_e \Phi}$。

同时，可推出

$$\Delta n' = \frac{1}{1+K} \frac{I_a R_a}{C_e \Phi}$$

对照开环调速系统的速降公式(8-5)可知，调速系统增加了电压负反馈环节后，将使速降为开环时的 $\dfrac{1}{1+K}$，因而可大大提高系统的控制精度，从而提高整个系统对工艺状况要求的适应性。

加入转速负反馈环节后的自动调节过程如图8-7所示(忽略电动机内部自动调节过程)。负载转矩 T_L 增加时，转速 n 下降，负反馈电压 U_{fn} 下降，使偏差电压 ΔU 增加，经前向通道放大，整流装置电压 U_d 上升，电枢电压 U_a 上升，使得电枢电流 I_a 增加。在电枢电流增加的情况下，由于磁场的作用，将使直流电动机电枢电路中的电磁转矩 T_e 增加，以适应机械负载转矩 T_L 的增大，这个过程将一直进行到 $T_L = T_e$ 时才结束。同理，在机械负载转矩 T_L 减小的情况下，也会同样减小电枢回路的电流 I_a 而引起电枢电路中电磁转矩 T_e 的减小，一直进行到 $T_L = T_e$ 为止。

图8-7　加入转速负反馈环节后的自动调节过程

图8-8所示为开环与闭环(带转速负反馈环节)直流调速系统机械特性的比较。图中 I_d 为整流装置输出电流，即直流电动机的电枢电流 I_a，T_L 为负载转矩。当负载转矩由 T_1 变为 T_3 时，对于开环系统，此时，转速由 n_A 降到 n_D。加入转速负反馈环节后，负载转矩 T_L 的增加将使转速 n 下降，从而导致 U_{fn} 下降，使 $\Delta U = U_a - U_{fn}$ 增加，整流装置的电压输出值由

U_{d1} 增加到 U_{d3},这样使机械负载增加后电动机的转速由 n_A 变为 n_C,由图 8-8 可知 $n_C > n_D$,显然,闭环直流调速系统的机械特性比开环直流调速系统的机械特性"硬"多了。

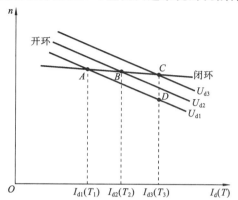

图 8-8　开环与闭环(带转速负反馈环节)直流调速系统机械特性的比较

在实际应用中,直流电动机启动、发生堵转(或过载)时,由于负载转矩 T_L 的增大,在单纯的带转速负反馈过程中,电枢回路的电流 I_a 将增加很大,这样会使整流器件和直流电动机经受很大的电流冲击,严重时会烧坏整流器件和电动机,因此要对电枢电流加以限制,采用带电流截止负反馈调速系统。

8.2.3　闭环控制系统的优势与特征

比较一下开环系统的机械特性和闭环系统的静特性,就能清楚地看出反馈闭环控制的优越性。

如果断开反馈回路,则上述系统的开环机械特性为

$$n = \frac{U_{d0} - I_d R}{C_e} = \frac{K_p K_s U_n^*}{C_e} - \frac{R I_d}{C_e} = n_{0op} - \Delta n_{op} \qquad (8\text{-}11)$$

式中　n_{0op}——开环系统的理想空载转速;

　　　Δn_{op}——开环系统的稳态速降。

而闭环时的静特性可写成

$$n = \frac{K_p K_s U_n^*}{C_e(1+K)} - \frac{R I_d}{C_e(1+K)} = n_{0cl} - \Delta n_{cl} \qquad (8\text{-}12)$$

式中　n_{0cl}——闭环系统中电动机的理想空载转速;

　　　Δn_{cl}——闭环系统的稳态速降。

比较式(8-11)和式(8-12)不难得出以下的结论。

(1)闭环系统静特性可以比开环系统机械特性硬得多。在同样的负载扰动下,开环系统和闭环系统的速降分别为

$$\Delta n_{op} = \frac{R I_d}{C_e}$$

$$\Delta n_{cl} = \frac{R I_d}{C_e(1+K)}$$

它们的关系是

$$\Delta n_{cl} = \frac{\Delta n_{op}}{1+K} \qquad (8\text{-}13)$$

显然,当 K 值较大时,Δn_{cl} 比 Δn_{op} 小得多,也就是说,闭环系统的特性要硬得多。

(2) 闭环系统的静差度要比开环系统小得多。闭环系统和开环系统的静差度分别为

$$s_{cl} = \frac{\Delta n_{cl}}{n_{0cl}}$$

$$s_{op} = \frac{\Delta n_{op}}{n_{0op}}$$

按理想空载转速相同的情况比较,即当 $n_{0op} = n_{0cl}$ 时,有

$$s_{cl} = \frac{s_{op}}{1+K} \qquad (8\text{-}14)$$

(3) 如果所要求的静差度一定,则闭环系统的调速范围比开环系统的要宽得多。如果电动机的最高转速都是 n_N,而对最低速静差度的要求相同,那么,由式(8-3)有

开环时
$$D_{op} = \frac{n_N s}{\Delta n_{op}(1-s)}$$

闭环时
$$D_{cl} = \frac{n_N s}{\Delta n_{cl}(1-s)}$$

再考虑式(8-13),得

$$D_{cl} = (1+K)D_{op} \qquad (8\text{-}15)$$

需要指出的是,式(8-15)的条件是开环和闭环系统的电动机额定转速相同,而式(8-14)成立的条件是理想空载转速相同,两式的条件不一样。若在同一条件下计算,其结果在数值上会略有差别,但第(2)、(3)条论断仍是正确的。

(4) 要取得上述三项优势,K 要足够大,因此闭环系统必须设置放大器。即在闭环系统中,引入转速反馈电压 U_n 后,要使转速偏差较小,就必须把 $\Delta U_n = U_n^* - U_n$ 压得很低,所以必须设置放大器,以获得足够的控制电压 U_c。在开环系统中,由于 U_n^* 和 U_c 是属于同一数量级的电压,可以把 U_n^* 直接当做 U_c 来控制,这样就不需要设置放大器。

综上所述,可得出下述结论:闭环调速系统可以获得比开环调速系统硬得多的稳态特性,从而在保证一定静差度的要求下,能够提高调速范围,为此所需付出的代价是,须增设电压放大器以及检测与反馈装置。

例 8-3 某龙门刨床工作台采用直流电动机传动,直流电动机 $P_N = 60$ kW,$U_N = 220$ V,$I_N = 305$ A,$n_N = 1000$ r/min,采用 V-M 系统,主电路总电阻 $R = 0.18$ Ω,电动机电动势常数 $C_e = 0.2$ V·min/r。

(1) 如果要求调速范围 $D = 20$,静差度 $s \leqslant 5\%$,采用开环调速能否满足?若要满足这个要求,系统的额定速降 Δn_N 最多能有多少?

(2) 如果要求 $D = 20$,$s \leqslant 5\%$,已知 $K_s = 30$,$\alpha = 0.015$ V·min/r,$C_e = 0.2$ V·min/r,所采用放大器的放大倍数至少应为多少?

解 (1) 当电流连续时,V-M 系统的额定速降为

$$\Delta n_N = \frac{I_N R}{C_e} = \frac{305 \times 0.18}{0.2} \text{ r/min} = 275 \text{ r/min}$$

开环系统机械特性连续段在额定转速时的静差度为

$$s_N = \frac{\Delta n_N}{n_N + \Delta n_N} = \frac{275}{1000 + 275} = 0.216 = 21.6\%$$

这已大大超过了 5%，不能满足要求。

如果要求 $D = 20$，$s \leqslant 5\%$，则由式 $D = \dfrac{n_N s}{\Delta n_N (1-s)}$ 可知：

$$\Delta n_N = \frac{n_N s}{D(1-s)} \leqslant \frac{1000 \times 0.05}{20 \times (1-0.05)} \text{ r/min} = 2.63 \text{ r/min}$$

(2) 已知 $\Delta n_{op} = 275$ r/min，但为了满足调速要求，须有 $\Delta n_{cl} \leqslant 2.63$ r/min，由式 $\Delta n_{cl} = \dfrac{\Delta n_{op}}{1+K}$ 可得

$$K = \frac{\Delta n_{op}}{\Delta n_{cl}} - 1 \geqslant \frac{275}{2.63} - 1 = 103.6$$

代入已知参数，则得

$$K_p = \frac{K}{K_s \alpha / C_e} \geqslant \frac{103.6}{30 \times 0.015 / 0.2} = 46$$

由例 8-2 可以看出，开环调速系统的额定速降是 275 r/min，而生产工艺的要求却只有 2.63 r/min，相差几乎百倍，采用开环调速系统无法实现。而采用反馈控制的闭环调速系统，只要放大器的放大倍数等于或大于 46，就能满足所提出的稳态性能指标要求。

8.2.4　反馈控制规律

闭环调速系统是一种基本的反馈控制系统，它具有三个基本特征，这三个特征也是反馈控制的基本规律，各种不另加其他调节器的基本反馈控制系统都遵循这些规律。

(1) 只用比例放大器的反馈控制系统，其被调量仍是有静差的。从静特性分析中可以看出，闭环系统的开环放大系数 K 值越大，系统的稳态性能越好。然而，只要所设置的放大器仅仅是一个比例放大器，即 $K_p =$ 常数，稳态速差就只能减小，而不可能消除。因为闭环系统的稳态速降为

$$\Delta n_{cl} = \frac{RI_d}{C_e(I+K)}$$

只有 $K = \infty$，才能使 $\Delta n_{cl} = 0$，而这是不可能的。因此，这样的调速系统称为有静差调速系统。实际上，这种系统正是依靠被调量的偏差进行反馈控制的。

(2) 反馈控制系统的作用是抗扰动，服从给定信号。反馈控制系统具有良好的抗扰性能，它能有效地抑制一切被负反馈环所包围的前向通道上的扰动作用，但对给定信号则"唯命是从"。

除给定信号外，作用在控制系统各环节上的一切会引起输出量变化的因素都称为"扰动作用"。上面只讨论了负载变化这样一种扰动作用，除此以外，交流电源电压的波动（使 K_s 变化）、电动机励磁的变化（造成 C_e 变化）、放大器输出电压的漂移（使 K_p 变化）、由温升引起主电路电阻的增大等，所有这些因素都和负载变化一样，最终都要影响到转速，都会被测速装置检测出来，再通过反馈控制的作用，减小它们对稳态转速的影响。

抗扰性能好是反馈控制系统最突出的特征之一。正因为有这一特征,在设计闭环系统时,可以只考虑一种主要扰动作用,例如在调速系统中只考虑负载扰动。按照克服负载扰动的要求进行设计,则其他扰动也就自然都可被抑制。

在反馈环外的给定作用则与扰动作用完全不同,它的微小变化都会使被调量随之变化,丝毫不受反馈作用的抑制。因此,全面地看,反馈控制系统的规律是:一方面能够有效地抑制一切被包在负反馈环内前向通道上的扰动作用;另一方面,则紧紧地跟随着给定信号,能反映给定信号的任何变化。

(3) 系统的精度依赖于给定和反馈检测的精度。如果产生给定电压的电源发生波动,反馈控制系统无法鉴别是对给定电压的正常调节还是不应有的电压波动。因此,高精度的调速系统必须有更高精度的给定稳压电源。

反馈检测装置的误差也是反馈控制系统无法克服的。对上述调速系统来说,反馈检测装置就是测速发电机。如果测速发电机的励磁发生变化,会使反馈电压失真,从而使闭环系统的转速偏离应有数值。而测速发电机电压中的换向纹波、制造或安装不良造成的转子偏心等等,都会给系统带来周期性的干扰。采用光电编码盘进行数字测速,可以大大提高调速系统的精度。

根据以上分析,有静差直流调速系统的基本特性如下:

(1) 调速系统是有静差的,系统是利用偏差来进行控制的;

(2) 转速 n(被调量)紧随给定量 U_n^* 的变化而变化;

(3) 系统对包围在转速反馈环内的各种干扰都有很强的抑制作用;

(4) 系统对给定量 U_n^* 和检测元件的干扰没有抑制能力。

8.2.5 电流截止负反馈

1. 电流截止负反馈的提出

众所周知,直流电动机全电压启动时,如果没有限流措施,会产生很大的冲击电流,这不仅对电动机换向不利,对过载能力低的电力电子器件来说,更是不能允许的。采用转速负反馈的闭环调速系统突然加上给定电压时,由于惯性,转速不可能立即建立起来,反馈电压仍为零,相当于偏差电压 $\Delta U_n = U_n^*$,差不多是其稳态工作值的 $1+K$ 倍。这时,由于放大器和变换器的惯性都很小,电枢电压两端的电压 U_d 一下子就达到最高值,对电动机来说,相当于全压启动,这当然是不允许的。

另外,有些生产机械的电动机可能会遇到堵转的情况,例如,由于故障机械轴被卡住,或挖土机运行时碰到坚硬的石块等。由于闭环系统的静特性很硬,若无限流环节,电流将远远超过允许值。如果只依靠过流继电器或熔断器保护,一过载就跳闸,也会给正常工作带来不便。

为了解决反馈闭环调速系统启动和堵转时电流过大的问题,系统中必须有自动限制电枢电流的环节。根据反馈控制原理,要维持哪一个物理量基本不变,就应该引入那个物理量的负反馈。那么,引入电流负反馈,应该能够保持电流基本不变,使它不超过允许值。但是,这种作用只应在启动和堵转时存在,在正常运行时又得取消,让电流自由地随着负载增减。这种当电流大到一定程度时才出现的电流负反馈,称为电流截止负反馈,简称截流反馈。

2. 电流截止负反馈环节

直流调速系统中,当电枢电流大于截止电流(也可以是极限电流或最大允许电流)时,电流负反馈环节起作用,如图 8-9 所示是带电流截止负反馈的转速负反馈调速系统原理。在其电枢电路中串联一个取样电阻 R_c,外部辅助电源经电位器提供一个比较阀值电压 U_0,电流反馈信号 $I_d R_c$ 经二极管 VD 与比较电压 U_0 反极性串联后,再加到放大器的输入端,即 $U_{fi} = I_d R_c - U_0$。当 $U_{fi} \leqslant 0$ 时,二极管 VD 截止,电流截止负反馈不起作用;当 $U_{fi} \geqslant 0$ 时,二极管 VD 导通。此时,电流截止负反馈环节起作用,反馈信号电压 U_{fi} 将加到放大器的输入端,此时偏差电压差为 $\Delta U = U_s - U_{fi} - U_{fn}$。当电流继续增加时,$U_{fi}$ 使 ΔU 降低,U_d 也可同时降低,从而限制电流增加过大。这时,由于电枢电压 U_a 的下降,再加上 $I_d R_c$ 的增大,由式 $n = \dfrac{U_a - I_a R_a}{C_e \Phi}$ 可知转速将急剧下降,使机械特性出现很陡的下垂特性。整个系统的机械特性如图 8-10 所示,I_N 为电动机额定电流,I_B 为电动机截止电流,I_m 为电动机堵转电流。在 a 段,转速负反馈不起作用;而在 b 段,电流截止负反馈起作用,这样在电动机堵转(或启动)时,电流不会很大。这是因为,虽然转速 $n = 0$,但由于电流截止负反馈的作用,电枢电压 U_a 将下降。

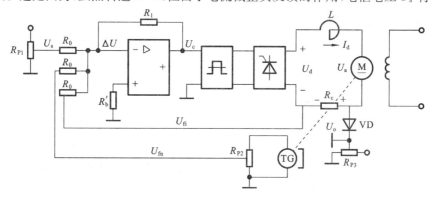

图 8-9　带电流截止负反馈的转速负反馈调速系统原理

在具有电流截止负反馈环节的转速负反馈直流调速系统中,其自动调节过程如图 8-11 所示。当 $I_a > I_B$ 时,有

$$\Delta U = U_s - U_{fn} - U_{fi}$$

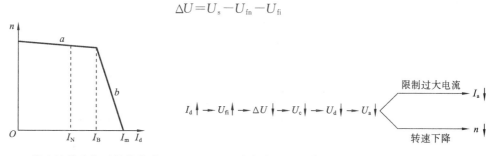

图 8-10　带电流截止负反馈的转速
负反馈调速系统机械特性

图 8-11　电枢电流大于截止电流时电流截止负反馈的作用

从上面的分析可知,带电流截止负反馈环节的转速负反馈直流调速系统具有调速范围宽和静差度小等优点,并且实现方便。但整个系统全部是属于被调量的负反馈,具有反馈控

制规律,并且在采用比例放大器时是具有静差度的。放大系数 K 值越大,静差度越小。所以,对于一些要求静差度极小的场合,也可以采用放大器、积分调节器或比例积分调节器来消除静差度。

在上述的直流调速系统中,由于电流截止负反馈环节限制了最大电流,使直流电动机反电动势随着转速的上升而增加,使电流达到最大值以后便迅速下降,这样,就会造成电动机的电磁转矩减小,使启动加速时间变慢,启动时间变长。这对于一般的调速系统,基本上能够满足要求。对于一些经常要求工作在正反转状态,并且启动电流保持在最大值上的电动机,或在低速状态下能输出最大转矩,从而缩短启动时间的场合(如轧钢机、龙门刨床等),可以采用转速和电流双闭环直流调速系统。转速、电流双闭环直流调速系统具有单闭环直流调速系统不可比拟的优点,具有良好的稳、动态特性。

此外,闭环控制系统对于检测装置本身的误差也是无法克服的。对于调速系统,如果测速发电机励磁发生变化,也会引起反馈电压 U_n 的改变,通过系统的调节作用,使电动机转速偏离应保持的数值。因为实际转速变化引起的反馈电压 U_n 的变化与其他因素(如测速机励磁变化、换向波纹、安装不良造成的转子和定子间的偏心)引起的反馈电压 U_n 的变化,反馈控制系统也是区分不出来的。因此,闭环控制系统的精度还依赖于反馈检测装置的精度。

总之,单闭环调速系统对于转速给定电源和转速检测装置中的扰动无能为力,高精度的调速系统需要有高精度的给定稳压电源和高精度的检测元件作保证。

8.3 无静差直流调速系统

采用比例调节器的单闭环调速系统,其控制作用需要用偏差来维持,属于有静差调速系统,只能设法减少静差,无法从根本上消除静差。对于有静差调速系统,如果根据稳态性能指标要求计算系统的开环放大倍数,动态性能可能较差,或根本达不到稳态,也就谈不上是否满足稳态要求。采用比例积分调节器代替比例放大器,可以使系统稳定且有足够的稳定裕量,不仅可改善系统的动态性能,而且还能从根本上消除静差,实现无静差调速。

8.3.1 比例调节器、积分调节器与比例-积分调节器

1. 比例调节器

比例调节器的原理电路与时间特性如图 8-12 所示。

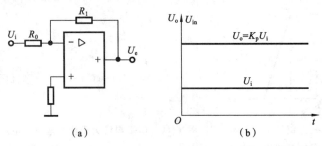

图 8-12 比例调节器

(a) 电路;(b) 时间特性

比例调节器的传递函数为

$$W_p(s) = \frac{U_o(s)}{U_i(s)} = \frac{R_1}{R_0} = K_p$$

2. 积分调节器

积分调节器的原理电路和时间特性如图 8-13 所示。

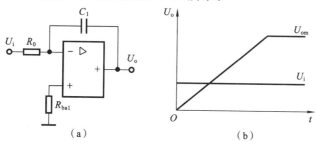

图 8-13　积分调节器

（a）电路；（b）时间特性

积分调节器的传递函数为

$$W_I(s) = \frac{U_o(s)}{U_i(s)} = \frac{1/C_1 s}{R_0} = \frac{1}{C_1 R_0 s} = \frac{1}{\tau_1 s}$$

积分调节器输出响应的特点如下。

（1）线性区：只要 U_i 不能于零，U_o 总要逐渐增长。只有当 $U_i = 0$ 时，U_o 才不增长。当 U_i 变号时，U_o 才能减小。

（2）饱和时：输出达到饱和时，必须等 U_i 变换极性时调节器才能退出饱和。

将积分调节器用于速度闭环系统时，输入量为 $\Delta U_n = U_n^* - U_n$，输出量为控制电压 U_c，由于积分控制不仅靠偏差本身，还依靠偏差的积累，只要曾经有过输入量，即使其积分仍然存在，仍能产生控制电压 U_c。即稳态时控制电压不再靠偏差来维持，因而积分控制的系统是无静差调速系统。

积分调节器的阶跃响应决定了采用积分调节器的调速系统响应较慢，而比例调节器的响应较快，因而常将两者结合为比例积分调节器。

3. 比例-积分调节器

将比例运算电路和积分运算电路组合起来就构成比例-积分调节器，简称 PI 调节器。比例积分调节器的原理电路和时间特性如图 8-14 所示。

比例-积分调节器的传递函数为

$$W_{pi(s)} = \frac{R_1 + \dfrac{1}{C_1 s}}{R_0} = \frac{R_1}{R_0} + \frac{1}{R_0 C_1 s} = \frac{R_1}{R_0}\left(1 + \frac{1}{R_1 C_1 s}\right)$$

$$= K_p\left(\frac{\tau s + 1}{\tau s}\right)$$

由此可见，PI 调节器的输出由两部分组成，第一部分是比例部分，第二部分是积分部分。在零初始状态和阶跃输入下，输出电压的时间特性如图 8-14（b）所示。当突加输入信号 U_i 时，开始瞬间电容 C_1 相当于短路，反馈回路中只有电阻 R_1，此时相当于比例调节器，它可以毫无延迟地起调节作用，故调节速度快；而后随着电容 C_1 被充电而开始积分，U_o 线性

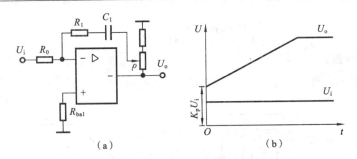

图 8-14 比例-积分调节器

(a) 电路；(b) 时间特性

增长，直到稳态。在静态时，C_1 相当于开路，放大器具备极大的开环放大倍数。

8.3.2 无静差直流调速系统

图 8-15 所示为常用的具有比例积分调节器的无静差调速系统原理。

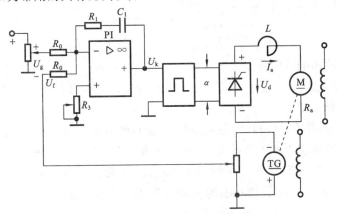

图 8-15 具有比例积分调节器的无静差调速系统原理

1) 静态工作原理

静态时，$U=U_g-U_f$，调节作用停止，由于积分作用，调节器的输出电压 U_k 保持在某一数值上，即 U_d 固定，以使电动机在给定转速下运转。由于静态时放大器呈现出无穷大的放大倍数，系统可以消除静态误差，故称无静差调速系统。

2) 速度调节过程

负载变化时比例积分调节器对系统的调节作用如图 8-16 所示。当电动机负载突然增加（图中的 t_1 时刻，负载突然由 T_{L1} 增加到 T_{L2}）时，则电动机的转速将由 n_1 开始下降而产生转速偏差 Δn（见图 8-16(b)），它通过测速发电机反馈到 PI 调节器的输入端，产生偏差电压 $\Delta U=U_g-U_f>0$，于是开始消除偏差的调节过程。

首先，比例部分调节作用显著，其输出电压等于 $\dfrac{R_1}{R_2}\Delta U$。使控制角 α 减小，可控整流电压增加 ΔU_{d1}（见图 8-16(c)中曲线①），由于比例输出没有惯性，故这个电压使电动机转速迅速回升。偏差 Δn 越大，ΔU_{d1} 也越大，它的调节作用也就越强，电动机转速回升也就越快。而当转速回升到原给定值 n_1 时，$\Delta n=0$，$\Delta U=0$，故 ΔU_{d1} 也等于零。

积分部分的调节作用原理:积分输出部分的电压等于偏差电压 ΔU 的积分,它使可控整流电压增加的 $\Delta U_{d2} \propto \int \Delta U \mathrm{d}t$。

ΔU_{d2} 的增长率与偏差电压 ΔU(或偏差 Δn)成正比。开始时 Δn 很小,ΔU_{d2} 增加很慢,当 Δn 最大时,ΔU_{d2} 增加得最快,在调节过程中的后期 Δn 逐渐减小了,ΔU_{d2} 的增加也逐渐减慢,到电动机转速回升到 n_1,$\Delta n = 0$ 时,ΔU_{d2} 就不再增加,且在以后就一直保持这个数值不变(见图 8-16(c)中曲线②)。

把比例作用与积分作用合起来考虑,其调节的综合效果如图 8-16(c)中曲线③所示,不管负载如何变化,系统一定会自动调节,在调节过程的开始和中间阶段,比例调节起主要作用,它首先阻止 Δn 继续增大,而后使转速迅速回升,在调节过程的末期,Δn 很小,比例调节的作用不明显,积分调节作用起主要作用,从而消除转速偏差 Δn,使转速回升到原值。这就是无静差调速系统的调节过程。

可控整流电压 U_d 等于原静态时的数值 U_{d1} 加上调节后的增量 $\Delta U_{d1} + \Delta U_{d2}$,如图 8-16(d)所示。可见,在调节过程结束时,可控整流电压 U_d 稳定在一个大于 U_{d1} 的新的数值 U_{d2} 上。增加的那一部分电压(即 ΔU_d)正好补偿由于负载增加引起的那部分主回路压降 $(I_{a2} - I_{a1}) R_\Sigma$。

3) 无静差调速系统的特点

无静差调速系统在调节过程结束以后,转速偏差 $\Delta n = 0$(PI 调节器的输入电压 ΔU 也等于零),这只是在静态(稳定工作状态)上无差,而动态(如负载变化时,系统从一个稳态变到另一个稳态的过渡过程)上却是有差的。

这个调速系统在理论上讲是无静差调速系统,但是由于调节放大器不是理想的,且放大倍数也不是无限大,测速发电机也还存在误差,因此实际上这样的系统仍然是有一点静差的。

这个系统中的 PI 调节器是用来调节电动机转速的,因此,常把它称为速度调节器(ST)。

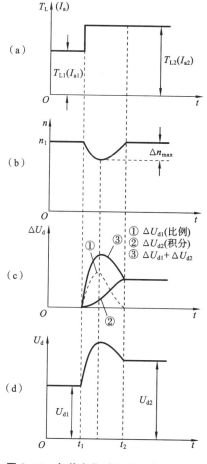

图 8-16　负载变化时比例积分调节器对系统的调节作用

(a) 负载波形;(b) 转速波形;

(c) 电压增量波形;(d) 整流电压波形

8.4　转速电流双闭环直流调速系统

8.4.1　转速负反馈调速系统的特点

采用 PI 调节器组成速度调节器的单闭环调速系统,既能得到转速的无静差调节,又能获得较快的动态响应。从扩大调速范围的角度来看,它基本上能满足一般生产机械对调速的要求。有些生产机械经常处于正反转工作状态(如龙门刨床、可逆轧钢机等),为了提高生产率,要求尽量缩短启动、制动和反转过渡过程的时间。但在启动过程中,随着转速的升高,转速负反馈的作用越来越大,使启动转矩越来越小,启动过程变慢,因此转速负反馈调速系统不能满足快速启动、停止和反向的要求。

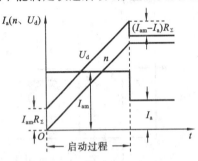

图 8-17 理想的启动过程曲线

可通过加大过渡过程中的电流即加大动态转矩来实现快速启动、停止和反向的要求,但电流不能超过晶闸管和电动机的允许值。为此,应采取一种方法,使电动机在启动过程中动态转矩保持不变,即电动机电枢电流不变,且为电动机电枢允许的最大电流,当启动结束后,使电流回到额定值。理想的启动过程中各参数的变化如图 8-17 所示。

由图 8-17 可见:电动机在启动时,启动电流将很快加大到允许过载能力值 I_{am},并且保持不变,在这个条件下,转速 n 得到线性增长,当升到需要的大小时,电动机的电流急剧下降到克服负载所需的电流 I_a 值。

U_d 为对应理想启动过程曲线所要求的可控整流器输出的电压曲线。由图可见:可控整流器的电压开始应为 $I_{am}R_{\Sigma}$,随着转速 n 的上升,$U_d = I_{am}R_{\Sigma} + C_e n$ 也上升,到达稳定转速时,$U_d = I_a R_{\Sigma} + C_e n$。为此应把电流作为被调量,使系统在启动过程时间内电流维持最大值 I_{am} 不变。这样,在启动过程中电流、转速、可控整流器的输出电压波形就可以接近于理想启动过程的波形,以做到在充分利用电动机过载能力的条件下获得最快的动态响应。

8.4.2　转速电流双闭环直流调速系统的组成

具有速度调节器(ST)和电流调节器(LT)的双闭环调速系统就是在上文所述要求下产生的,其结构如图 8-18 所示。

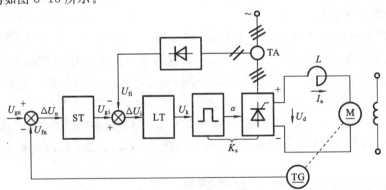

图 8-18　转速与电流双闭环调速系统方框图

系统采用两个调节器(一般采用 PI 调节器)分别对速度和电流两个参量进行调节,对速度进行调节的调节器为速度调节器 ST,而对电流进行调节的调节器为电流调节器 LT。

来自速度给定电位器的信号 U_{gn} 与速度反馈信号 U_{fn} 比较的偏差 $\Delta U_n = U_{gn} - U_{fn}$ 送到速度调节器的输入端。速度调节器的输出 U_{gi} 作为电流调节器的给定信号,与电流反馈信号

U_{fi} 比较的偏差 $\Delta U_i = U_{gi} - U_{fi}$ 送到电流调节器的输入端,电流调节器的输出 U_k 送到触发器以控制可控整流器,整流器为电动机提供直流电压 U_d。

从闭环反馈的结构上看,电流调节环在里面,是内环;转速调节环在外面,为外环,二者进行串联。在控制系统中,常把这种系统称为双闭环系统。

8.4.3　转速电流双闭环调速系统的静态与动态分析

1. 静态分析

从静特性上看,维持电动机转速不变是由速度调节器来实现的。电流调节器使用的是电流负反馈,它有使静特性变软的趋势,但是在系统中还有转速负反馈环包在外面,电流负反馈对转速环来说相当于一个扰动作用,只要转速调节器的放大倍数足够大,而且没有饱和,则电流负反馈的扰动作用就会受到抑制。整个系统的本质由外环速度调节器来决定,该系统仍然是一个无静差的调速系统。也就是说,当转速调节器不饱和时,电流负反馈使静特性可能产生的速降将完全被转速调节器的积分作用所抵消,一旦转速调节器饱和,当负载电流过大,系统实现保护作用使转速下降很大时,转速环即失去作用,只剩下电流环起作用,这时系统表现为恒流调节系统,静特性便会呈现出很陡的下垂特性。

2. 动态分析

以电动机启动为例,在突加给定电压 U_{gn} 的启动过程中,转速调节器输出电压 U_{gi}、电流调节器输出电压 U_k、可控整流器输出电压 U_d、电动机电枢电流 I_a 和转速 n 的动态响应波形如图 8-19 所示。整个过渡过程可以分成 Ⅰ、Ⅱ 和 Ⅲ 三个阶段。

1) 第Ⅰ阶段——电流上升阶段

当突加给定电压 U_{gn} 时,由于电动机的机电惯性较大,电动机还来不及转动($n=0$),转速负反馈电压 $U_{fn}=0$,这时,$\Delta U_n = U_{gn} - U_{fn}$ 很大,使转速调节器的输出突增为 U_{gio},电流调节器的输出为 U_{ko},可控整流器的输出为 U_{do},使电枢电流 I_a 迅速增加。当增加到 $I_a \geqslant I_L$(负载电流)时,电动机开始转动,以后转速调节器的输出很快达到限幅值 U_{gim},从而使电枢电流达到所对应的最大值 I_{am}(在这一过程中 U_k、U_d 的下降是由于电流负反馈所引起的),到这时电流负反馈电压与电流调节器的给定电压基本上是相等的,即

$$U_{gim} \approx U_{fi} = \beta I_{am}$$

式中　β ——电流反馈系数。速度调节器的输出限

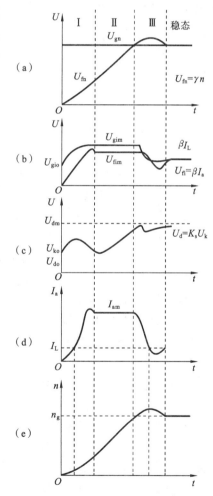

图 8-19　双闭环系统的启动特性

幅值正是按这个要求来整定的。

2）第Ⅱ阶段——恒流升速阶段

从电流升到最大值 I_{am} 开始,到转速升到给定值为止,是启动过程的主要阶段。在这个阶段中,转速调节器一直饱和,转速负反馈不起调节作用,转速环相当于开环,系统处在恒电流调节状态。由于电流 I_a 保持恒值 I_{am},即系统的加速度 d_n/d_t 为恒值,所以转速 n 按线性规律上升,由 $U_d=I_{am}R_\Sigma+C_en$ 知,U_d 也线性增加,这就要求 U_k 也要线性增加,故在启动过程中电流调节器是不应该饱和的,晶闸管可控整流环节也不应该饱和。

3）第Ⅲ阶段——转速调节阶段

转速调节器在这个阶段中起作用。开始时转速已经上升到给定值,速度调节器的给定电压 U_{gn} 与转速负反馈电压 U_{fn} 相平衡,输入偏差 ΔU_n 等于零。但其输出却由于积分作用还维持在限幅值 U_{gim},所以电动机仍在最大电流 I_{am} 下加速,使转速超调。超调后,$U_{fn}>U_{gn}$,$\Delta U_n<0$,使速度调节器退出饱和,其输出电压(也就是电流调节器的给定电压)U_{gi} 才从限幅值降下来,但是,由于 I_a 仍大于负载电流 I_L,在开始一段时间内转速仍继续上升。到 $I_a\leqslant I_L$ 时,电动机才开始在负载的阻力下减速,直到稳定(如果系统的动态品质不够好,可能要振荡几次以后才能稳定)。

在这个阶段中速度调节器与电流调节器同时发挥作用,由于转速调节在外环,速度调节器处于主导地位,而电流调节器的作用则使 I_a 尽快地跟随速度调节器输出 U_{gi} 的变化。

稳态时,转速等于给定值 n_g,电枢电流 I_a 等于负载电流 I_L,速度调节器和电流调节器的输入偏差电压都为零,但由于积分作用,它们都有恒定的输出电压。速度调节器的输出电压为 $U_{gi}=U_{fi}=\beta I_L$。

由上述可知:

对于双闭环调速系统,在启动过程的大部分时间内,速度调节器处于饱和限幅状态,转速环相当于开环,系统处在恒电流调节状态,从而可基本上实现理想启动。

双闭环调速系统的转速响应一定有超调,只有在超调后,转速调节器才能退出饱和,并在稳定运行时发挥调节作用,从而使系统在稳态和接近稳态运行中实现无静差调速。

转速与电流双闭环调速系统的主要优点是:系统的调整性能好,有很硬的静特性,基本上无静差;动态响应快,启动时间短;系统的抗干扰能力强;两个调节器可分别设计,调整方便(先调电流环,再调速度环)。所以,它在自动调速系统中得到了广泛的应用。为了进一步改善调速系统的性能和提高系统的可靠性,还可以采用三闭环(在双闭环基础上再加一个电流变化率调节器或电压调节器)调速系统。

8.5 直流脉宽调制调速系统

自从全控型电力电子器件问世以后,就出现了采用脉冲宽度调制的高频开关控制方式,形成了脉宽调制变换器-直流电动机调速系统,简称直流脉宽调速系统,或直流 PWM 调速系统。与 V-M 系统相比,直流 PWM 调速系统在很多方面有较大的优越性:

(1)主电路线路简单,需用的功率器件少。

(2)开关频率高,电流容易连续,谐波少,电机损耗及发热都较小。

（3）低速性能好，稳速精度高，调速范围宽，可达 1：10000 左右。

（4）若与快速响应的电动机配合，则系统频带宽，动态响应快，动态抗扰能力强。

（5）功率开关器件工作在开关状态，导通损耗小，当开关频率适当时，开关损耗也不大，因而装置效率较高。

（6）直流电源采用不控整流时，电网功率因数比相控整流器高。

由于有上述优点，直流 PWM 调速系统的应用日益广泛，特别是在中、小容量的高动态性能系统中，已经完全取代了 V-M 系统。

PWM 系统和 V-M 系统之间的主要区别在于主电路和 PWM 控制电路，至于闭环系统以及静、动态分析和设计，基本上都是一样的，不必重复讨论。因此，本节仅就 PWM 调速系统的几个特有问题进行简单介绍和讨论。

8.5.1 脉宽调制变换器的工作状态和电压、电流波形

PWM 变换器的作用是：用脉冲宽度调制的方法，把恒定的直流电源电压调制成频率一定、宽度可变的脉冲电压序列，从而可以改变平均输出电压的大小，以调节电动机转速。

PWM 变换器电路有多种形式，可分为不可逆与可逆的两大类，下面分别阐述其工作原理。

1. 不可逆 PWM 变换器

如图 8-20(a)所示是简单的不可逆 PWM 变换器-直流电动机系统主电路原理图。这样的电路又称直流降压斩波器。U_s 为直流电源电压，C 为滤波电容器，VT 为功率开关器件（为 IGBT，或用其他任意一种全控型开关器件），VD 为续流二极管，M 为直流电动机。

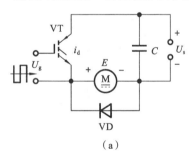 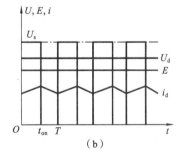

（a） （b）

图 8-20 简单的不可逆 PWM 变换器-直流电动机系统主电路

（a）电路原理图；（b）电压、电流波形

VT 的控制极由脉宽可调的脉冲电压序列 U_g 驱动。在一个开关周期内，当 $0 \leqslant t < t_{on}$ 时，U_g 为正，VT 导通，电源电压通过 VT 加到电动机电枢两端；$t_{on} \leqslant t < T$ 时，U_g 为负，VT 关断，电枢失去电源，经 VD 续流。这样，电动机两端得到的平均电压为

$$U_d = \frac{t_{on}}{T} U_s = \rho U_s \tag{8-16}$$

改变占空比 $\rho (0 \leqslant \rho \leqslant 1)$ 即可调节电动机的转速。

若令 $\gamma = \dfrac{U_d}{U_s}$ 为 PWM 电压系数，则在不可逆 PWM 变换器中

$$\gamma = \rho \tag{8-17}$$

图 8-20(b)中绘出了稳态时电枢两端的电压波形 $u_d = f(t)$ 和平均电压 U_d。由于电磁惯性,电枢电流 $i_d = f(t)$ 的变化幅值比电压波形小,但仍旧是脉动的,其平均值等于负载电流 $I_{dL} = \dfrac{T_L}{C_m}$。图中还绘出了电动机的反电动势 E,由于 PWM 变换器的开关频率高,电流的脉动幅值不大,再影响到转速和反电动势,其波动就更小,一般可以忽略不计。

在简单的不可逆电路中电流 i_d 不能反向,因而没有制动能力,只能单象限运行。需要制动时,必须为反向电流提供通路,如图 8-21(a)所示的双管交替开关电路。当 VT$_1$ 导通时,流过正向电流 i_d,VT$_2$ 导通时,流过 $-i_d$。应注意,这个电路还是不可逆的,只能工作在第一、第二象限,因为平均电压 U_d 并没有改变极性。

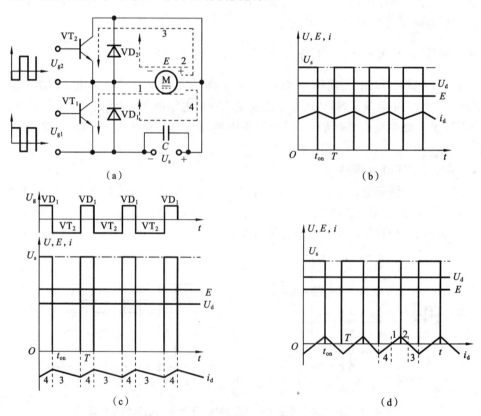

图 8-21 有制动电流通路的不可逆 PWM 变换器

(a)电路原理图;(b)一般电动状态的电压、电流波形;

(c)制动状态的电压、电流波形;(d)轻载电动状态的电流波形

图 8-21(a)所示电路的电压和电流波形有三种不同情况,分别如图(b)、(c)、(d)所示。无论何种状态,功率开关器件 VT$_1$ 和 VT$_2$ 的驱动电压都是大小相等、极性相反的,即 $U_{g1} = -U_{g2}$。在一般电动状态中,i_d 始终为正值(其正方向见图 8-21(a))。设 t_{on} 为 VT$_1$ 的导通时间,则在 $0 \leqslant t < t_{on}$ 时,U_{g1} 为正,VT$_1$ 导通,U_{g2} 为负,VT$_2$ 关断。此时,电源电压 U_s 加到电枢两端,电流 i_d 沿图中的回路 1 流通。在 $t_{on} \leqslant t < T$ 时,U_{g1} 和 U_{g2} 都改变极性,VT$_1$ 关断,但 VT$_2$ 却不能立即导通,因为 i_d 沿回路 2 经二极管 VD$_2$ 续流,在 VD$_2$ 两端产生的压降(其

极性见图 8-21(a))给 VT_2 施加反压,使它失去导通的可能。因此,实际上是由 VT_1 和 VD_2 交替导通,虽然电路中多了一个功率开关器件 VT_2,但它并没有被用上。一般电动状态下的电压和电流波形(见图 8-21(b))也就和简单的不可逆电路波形(见图 8-20)完全一样。

在制动状态中,i_d 为负值,VT_2 就发挥作用了。这种情况发生在电动运行过程中需要降速的时候。这时,先减小控制电压,使 U_{g1} 的正脉冲变窄、负脉冲变宽,从而使平均电枢电压 U_d 降低。但是,由于机电惯性,转速和反电动势还来不及变化,因而造成 $E>U_d$,很快使电流 i_d 反向,VD_2 截止,在 $t_{on}\leqslant t<T$ 时,U_{g2} 变正,于是 VT_2 导通,反向电流沿回路 3 流通,发生能耗制动。在 $T\leqslant t<T+t_{on}$(即下一周期的 $0\leqslant t<t_{on}$)时,VT_2 关断,$-i_d$ 沿回路 4 经 VD_1 续流,向电源回馈制动,与此同时,VD_1 两端压降钳住 VT_1 使它不能导通。在制动状态中,VT_2 和 VD_1 轮流导通,而 VT_1 始终是关断的,此时的电压和电流波形如图 8-21(c)所示。表 8-1 中归纳了不同工作状态下的导通器件和电流 i_d 的回路与方向。

有一种特殊情况,即轻载电动状态,这时平均电流较小,以致在 VT_1 关断后 i_d 经 VD_2 续流时,还没有到达周期 T,电流已经衰减到零,即图 8-21(d)中 $t_{on}\sim T$ 期间的 $t=t_2$ 时刻,这时 VD_2 两端电压也降为零,VT_2 便提前导通了,使电流反向,产生短时的制动作用。这样,轻载时,电流可在正、负方向之间脉动,平均电流等于负载电流,一个周期分成四个阶段,如图 8-21(d)和表 8-1 所示。

表 8-1　二象限不可逆 PWM 变换器在不同工作状态下的导通器件和电流回路与方向

工　作　状　态		$0\sim t_{on}$		$t_{on}\sim T$	
		$0\sim t_4$	$t_4\sim t_{on}$	$t_{on}\sim t_2$	$t_2\sim T$
一般电动状态	导通器件	VT_1		VD_2	
	电流回路	1		2	
	电流方向	$+$		$+$	
制动状态	导通器件	VD_1		VT_2	
	电流回路	4		3	
	电流方向	$-$		$-$	
轻载电动状态	导通器件	VD_1	VT_1	VD_2	VT_2
	电流回路	4	1	2	3
	电流方向	$-$	$+$	$+$	$-$

2. 桥式可逆 PWM 变换器

可逆 PWM 变换器主电路有多种形式,最常用的是桥式(亦称 H 型)电路,如图 8-22 所示。这时,电动机 M 两端电压 U_{AB} 的极性随开关器件驱动电压极性的变化而改变,其控制方式有双极式、单极式、受限单极式等多种,这里只着重分析最常用的双极式控制的可逆 PWM 变换器。

双极式控制可逆 PWM 变换器的 4 个驱动电压波形如图 8-23 所示。在一个开关周期内,当 $0\leqslant t<t_{on}$ 时,$U_{AB}=U_s$,电枢电流 i_d 沿回路 1 流通;当 $t_{on}\leqslant t<T$ 时,驱动电压反向,i_d 沿回路 2 经二极管续流,$U_{AB}=-U_s$。因此,U_{AB} 在一个周期内具有正、负相间的脉冲波形,这是双极式名称的由来。

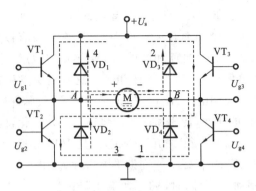

图 8-22　桥式可逆 PWM 变换器

图 8-23 也绘出了双极式控制时的输出电压和电流波形。正向运行时,i_d 相当于一般负载的情况,脉动电流的方向始终为正;反向运行时,i_d 相当于轻载情况,电流可在正、负方向之间脉动,但平均值仍为正,等于负载电流。在不同情况下,器件的导通、电流的方向与回路都和有制动电流通路的不可逆 PWM 变换器(见图 8-21)相似。电动机的正反转则体现在驱动电压正、负脉冲的宽窄上。当正脉冲较宽时,$t_{on} > \dfrac{T}{2}$,则 U_{AB} 的平均值为正,电动机正转;当负脉冲较宽时,$t_{on} < \dfrac{T}{2}$,则 U_{AB} 的平均值为负,则电动机反转;当正、负脉冲相等时,$t_{on} = \dfrac{T}{2}$,平均输出电压为零,则电动机停止。图 8-23 所示的波形是电动机正转时的情况。

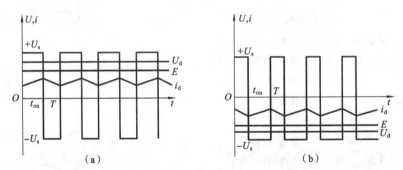

图 8-23　双极式控制可逆 PWM 变换器的驱动电压、输出电压和电流波形
(a) 正向电动运行波形;(b) 反向电动运行波形

双极式控制可逆 PWM 变换器的输出平均电压为

$$U_d = \frac{t_{on}}{T}U_s - \frac{T - t_{on}}{T}U_s = \left(\frac{2t_{on}}{T} - 1\right)U_s \tag{8-18}$$

若占空比 ρ 和电压系数 γ 的定义与不可逆变换器中相同,则在双极式控制的可逆变换器中,有

$$\gamma = 2\rho - 1 \tag{8-19}$$

就和不可逆变换器中的关系不一样了。

调速时,ρ 的可调范围为 $0 \sim 1$,相应地,$\gamma = -1 \sim 1$。当 $\rho > \dfrac{1}{2}$ 时,γ 为正,电动机正转;当

$\rho < \dfrac{1}{2}$ 时,γ 为负,电动机反转;当 $\rho = \dfrac{1}{2}$ 时,$\gamma = 0$,电动机停止。但电动机停止时电枢电压并不等于零,是正、负脉宽相等的交变脉冲电压,因而电流也是交变的。这个交变电流的平均值为零,不产生平均转矩,徒然增大电动机的损耗,这是双极式控制的缺点。但它也有好处,在电动机停止时仍有高频微振电流,从而消除了正、反向时的静摩擦死区,起着所谓"动力润滑"的作用。

双极式控制的桥式可逆 PWM 变换器有下列优点:

(1)电流一定连续。

(2)可使电动机在四个象限运行。

(3)电动机停止时有微振电流,能消除静摩擦死区。

(4)低速平稳性好,系统的调速范围可达 1∶20000 左右。

(5)低速时,每个开关器件的驱动脉冲仍较宽,有利于保证器件的可靠导通。

双极式控制方式的不足之处是:在工作过程中,4 个开关器件可能都处于开关状态,开关损耗大,而且在切换时可能发生上、下桥臂直通的事故,为了防止直通,在上、下桥臂的驱动脉冲之间应设置逻辑延时器件。为了克服上述缺点,可采用单极式控制,使部分器件处于常通或常断状态,以减少开关次数和开关损耗,提高可靠性,但系统的静、动态性能会略有降低。

8.5.2 直流脉宽调速系统的机械特性

由于采用了脉宽调制,严格地说,即使在稳态情况下,脉宽调速系统的转矩和转速也都是脉动的。所谓稳态,是指电动机的平均电磁转矩与负载转矩相平衡的状态,机械特性是平均转速与平均转矩(电流)的关系。在中、小容量的脉宽调速系统中,IGBT 已经得到普遍的应用,其开关频率一般在 10 kHz 左右,这时,最大电流脉动量在额定电流的 5% 以下,转速脉动量不到额定空载转速的万分之一,可以忽略不计。

采用不同形式的 PWM 变换器,系统的机械特性也不一样。对于带制动电流通路的不可逆电路和双极式控制的可逆电路,电流的方向是可逆的,无论是重载还是轻载,电流波形都是连续的,因而机械特性关系式比较简单,现在就分析这种情况。

对于带制动电流通路的不可逆电路(见图 8-21),电压平衡方程式分两个阶段

$$U_s = R i_d + L \frac{\mathrm{d} i_d}{\mathrm{d} t} + E \quad (0 \leqslant t < t_{on}) \tag{8-20}$$

$$0 = R i_d + L \frac{\mathrm{d} i_d}{\mathrm{d} t} + E \quad (t_{on} \leqslant t < T) \tag{8-21}$$

式中 R——电枢电路的电阻;

L——电枢电路的电感。

对于双极式控制的可逆电路(见图 8-22),只是将式(8-21)中电源电压由 0 改为 $-U_s$,其他均不变,即

$$U_s = R i_d + L \frac{\mathrm{d} i_d}{\mathrm{d} t} + E \quad (0 \leqslant t < t_{on}) \tag{8-22}$$

$$-U_s = Ri_d + L\frac{di_d}{dt} + E \quad (t_{on} \leqslant t < T) \tag{8-23}$$

按电压方程求一个周期内的平均值，即可导出机械特性方程式。无论是上述哪一种情况，电枢两端在一个周期内的平均电压都是 $U_d = \gamma U_s$，只是 γ 与占空比 ρ 的关系不同（见式（8-17）和式（8-19））。平均电流和转矩分别用 I_d 和 T_e 表示，平均转速 $n = \dfrac{E}{C_e}$，而电枢电感压降 $L\dfrac{di_d}{dt}$ 的平均值在稳态时应为零。于是，无论是上述哪一组电压方程，其平均值方程都可写成

$$\gamma U_s = RI_d + E = RI_d + C_e n \tag{8-24}$$

则机械特性方程式为

$$n = \frac{\gamma U_s}{C_e} - \frac{R}{C_e}I_d = n_0 - \frac{R}{C_e}I_d \tag{8-25}$$

或用转矩表示为

$$n = \frac{\gamma U_s}{C_e} - \frac{R}{C_e C_m}T_e = n_0 - \frac{R}{C_e C_m}T_e \tag{8-26}$$

式中　C_m——电动机在额定磁通下的转矩系数，$C_m = C_m\Phi_N$；

$\quad\quad n_0$——理想空载转速，与电压系数 γ 成正比，$n_0 = \dfrac{\gamma U_s}{C_e}$。

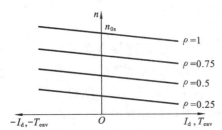

图 8-24　脉宽调速系统的机械特性（电流连续时）

如图 8-24 所示为第一、第二象限的机械特性，它适用于带制动作用的不可逆电路。双极式控制可逆电路的机械特性与此相仿，只是扩展到第三、第四象限了。对于电动机在同一方向旋转时电流不能反向的电路，轻载时会出现电流断续现象，把平均电压抬高，在理想空载时，$I_d = 0$，理想空载转速会翘到 $n_{0s} = \dfrac{U_s}{C_e}$。

8.5.3　PWM 控制与变换器的数学模型

无论哪一种 PWM 变换器电路，其驱动电压都由 PWM 控制器发出，PWM 控制器可以是模拟式的，也可以是数字式的。图 8-25 所示为 PWM 控制器和变换器的框图。

图中：U_d 为 PWM 变换器输出的直流平均电压；U_c 为 PWM 控制器的控制电压；U_g 为 PWM 控制器输出到主电路开关器件的驱动电压。

图 8-25　PWM 控制与变换器框图

PWM 控制与变换器的动态数学模型和晶闸管触发与整流装置基本一致。按照上述对 PWM 变换器工作原理和波形的分析，不难看出，当控制电压 U_c 改变时，PWM 变换器输出平均电压 U_d 按线性规律变化，但其响应会有延迟，最大的时延是一个开关周期 T。因此，PWM 控制与变换器（简称 PWM 装置）也可以看成是一个滞后环节，其传递函数可以写成

$$W_s(s) = \frac{U_d(s)}{U_c(s)} = K_s e^{-T_s s} \tag{8-27}$$

式中　K_s——PWM 装置的放大系数；

　　　T_s——PWM 装置的延迟时间，$T_s \leqslant T$。

由于 PWM 装置的数学模型与晶闸管装置一致，在控制系统中的作用也一样，因此 $W_s(s)$，K_s 和 T_s 都采用同样的符号。

当开关频率为 10 kHz 时，$T = 0.1$ ms，在一般的电力传动自动控制系统中，时间常数这么小的滞后环节可以近似看成一个一阶惯性环节，因此

$$W_s(s) \approx \frac{K_s}{T_s s + 1} \tag{8-28}$$

该式与晶闸管装置传递函数完全一致。但须注意，式(8-28)是近似的传递函数，实际上 PWM 变换器不是一个线性环节，而是具有继电特性的非线性环节。继电控制系统在一定条件下会产生自激振荡，这是采用基于线性控制理论的传递函数不能分析出来的。如果在实际系统中遇到这类问题，简单的解决办法是改变调节器或控制器的结构和参数，如果这样做不能奏效，可以在系统某一处施加高频的周期信号，人为地造成高频强制振荡，抑制系统中的自激振荡，并使继电环节的特性线性化。

8.6　数字控制直流调速系统

直流调速系统中所有的调节器均用运算放大器实现，属模拟控制系统。模拟控制系统具有物理概念清晰、控制信号流向直观等优点，但其控制规律体现在硬件电路和所用的器件上，因而线路复杂、通用性差，控制效果受到器件的性能及温度等因素的影响。

以微处理器为核心的数字控制系统(简称微机数字控制系统)硬件电路的标准化程度高，制作成本低，且不受器件温度漂移的影响；其控制软件能够进行逻辑判断和复杂运算，可以实现不同于一般线性调节的最优化、自适应、非线性、智能化等控制规律，而且更改起来灵活方便。

8.6.1　微机数字控制系统的主要特点

微机数字控制系统的稳定性好，可靠性高，可以提高控制性能，此外，还拥有信息存储、数据通信和故障诊断等模拟控制系统无法实现的功能。由于计算机只能处理数字信号，因此，与模拟控制系统相比，微机数字控制系统的主要特点是离散化和数字化。

1. 离散化

为了把模拟的连续信号输入计算机，必须首先在具有一定周期的采样时刻对它们进行实时采样，形成一连串的脉冲信号，即离散的模拟信号，这就是离散化，如图 8-26 所示。

2. 数字化

采样后得到的离散信号本质上还是模拟信号，还须经过数字量化，即用一组数码(如二进制码)来逼近离散模拟信号的幅值，将它转换成数字信号，这就是数字化，如图 8-27 所示。

离散化和数字化的结果导致了时间上和量值上的不连续性，从而引起以下负面效应。

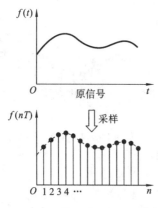

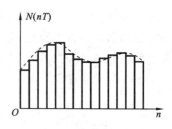

图 8-26　模拟信号的离散化　　　　　　　图 8-27　离散信号的数字化

（1）模/数（A/D）转换的量化误差　　模拟信号可以有无穷多的数值,而数码总是有限的,用数码来逼近模拟信号是近似的,会产生量化误差,影响控制精度和平滑性。

（2）数/模（D/A）转换的滞后效应　　经过计算机运算和处理后输出的数字信号必须由数/模转换器和保持器将它转换为连续的模拟量,再经放大后驱动被控对象。但是,保持器会提高控制系统传递函数分母的阶次,使系统的稳定裕量减小,甚至会破坏系统的稳定性。

随着微电子技术的进步,微处理器的运算速度不断提高,其位数也不断增加,上述两方面的影响已经越来越小。但对微机数字控制系统的主要特点及其负面效应需要在系统分析中予以重视,并在系统设计中予以解决。

8.6.2　微机数字控制双闭环直流调速系统的硬件结构

1. 微机数字控制双闭环直流调速系统的组成方式
数字控制直流调速系统的组成方式大致可分为三种。

1）数/模混合控制系统
图 8-28 所示为数/模混合控制系统方框图。

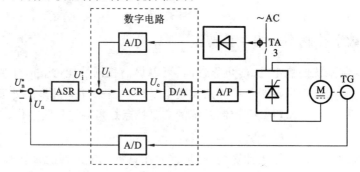

图 8-28　数/模混合控制系统方框图

数/模混合控制系统特点如下：

（1）转速采用模拟调节器,也可采用数字调节器；

（2）电流调节器采用数字调节器；

（3）脉冲触发装置则采用模拟电路。

2）数字电路控制系统

图 8-29 所示为数字电路控制系统方框图。

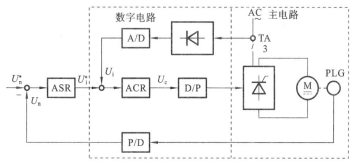

图 8-29 数字电路控制系统方框图

数字电路控制系统特点：除主电路和功率放大电路外，转速调节器、电流调节器及脉冲触发装置等全部由数字电路组成。

3）计算机控制系统

图 8-30 所示为计算机控制系统方框图。

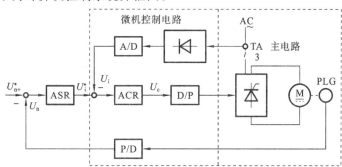

图 8-30 计算机控制系统方框图

在数字装置中，由计算机软硬件实现系统的功能，即该系统为计算机控制系统。计算机控制系统的特点如下：

（1）为双闭环系统结构，采用微机控制；

（2）由全数字电路实现脉冲触发、转速给定和检测；

（3）采用数字 PI 算法，由软件实现转速、电流调节。

2. 微机数字控制双闭环直流 PWM 调速系统的硬件结构

微机数字控制双闭环直流 PWM 调速系统的硬件结构如图 8-31 所示，系统由以下部分组成：主电路、检测电路、控制电路、给定电路、显示电路。

1）主电路

微机数字控制双闭环直流 PWM 调速系统主电路中的 UPE（由电力电子器件组成的变换器）有两种方式：直流 PWM 功率变换器、晶闸管可控整流器。

2）检测电路

检测电路的功能包括电压、电流、温度和转速检测，其中电压、电流和温度检测信号经

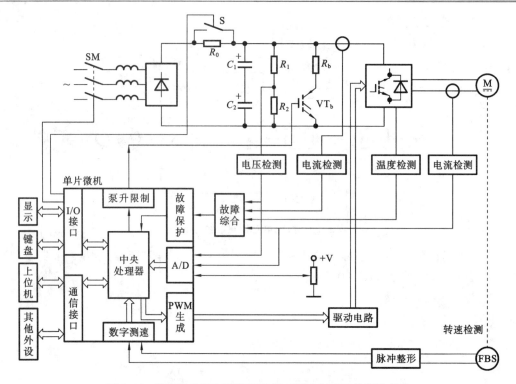

图 8-31 微机数字控制双闭环直流 PWM 调速系统硬件结构

模/数转换后变为数字被送入计算机。转速检测有模拟测速和数字测速两种检测方法。

（1）模拟测速一般采用测速发电机，其输出电压不仅表示了转速的大小，还包含了转速的方向，在调速系统中（尤其在可逆系统中），转速的方向也是不可缺少的。因此必须经过适当的变换，将双极性的电压信号转换为单极性电压信号，经模/数转换后得到的数字量送入微机。但偏移码不能直接参与运算，必须用软件将偏移码变换为原码或补码，然后进行闭环控制。

（2）对于要求精度高、调速范围大的系统，往往需要采用旋转编码器测速，即数字测速。

电流和电压检测环节除了用来构成相应的反馈控制部分外，还是各种保护和故障诊断信息的来源。电流、电压信号也存在幅值和极性的问题，需经过一定的处理后，经模/数转换送入微机，其处理方法与转速信号相同。

3）故障综合

计算机拥有强大的逻辑判断功能，可对电压、电流、温度等信号进行分析比较，若发生故障能立即进行故障诊断，以便及时处理，避免故障进一步扩大。这也是采用微机控制的优势所在。

4）数字控制器

数字控制器是系统的核心，可选用单片机或数字信号处理器（DSP），如 Intel 8X196MC 系列或 TMS320X240 系列等专为电动机控制设计的微处理器，本身都带有模/数转换器、通用输入/输出和通信接口，还带有一般微机并不具备的故障保护、数字测速和 PWM 功能，可大大简化数字控制系统的硬件电路。

5）系统给定

（1）模拟给定　模拟给定是以模拟量表示的给定值,例如给定电位器的输出电压。模拟给定需经模/数转换成为数字量,再参与运算。

（2）数字给定　数字给定是用数字量表示的给定值,可以是拨盘设定、键盘设定或采用通信方式由上位机直接发送的。

6）输出变量

微机数字控制器的控制对象是功率变换器,可以用开关量直接控制功率器件的通断,也可以用经数/模转换得到的模拟量去控制功率变换器。

随着电动机控制专用单片机的产生,前者逐渐成为主流,例如 Intel 公司 8X196MC 系列和 TI 公司 TMS320X240 系列单片机可直接生成 PWM 驱动信号,经过放大环节控制功率器件,从而控制功率变换器的输出电压。

8.6.3　数字 PI 调节器

1. 模拟 PI 调节器的数字化

PI 调节器是电力拖动自动控制系统中最常用的一种控制器,在微机数字控制系统中,当采样频率足够高时,可以先按模拟系统的设计方法设计调节器,然后再离散化,就可以得到数字控制器的算法,这就是模拟调节器的数字化。

1）PI 调节器的算法

PI 调节器的传递函数为

$$W_{pi}(s) = \frac{U(s)}{E(s)} = K_{pi}\frac{\tau s + 1}{\tau s} \tag{8-29}$$

PI 调节器的时域表达式为

$$u(t) = K_{pi}e(t) + \frac{1}{\tau}\int e(t)\mathrm{d}t = K_p e(t) + K_I\int e(t)\mathrm{d}t \tag{8-30}$$

式中　K_p——比例系数, $K_p = K_{pi}$;

　　　K_I——积分系数, $K_I = 1/\tau$。

PI 调节器的差分方程为将式(8-30)离散化成的差分方程,其第 k 拍输出为

$$
\begin{aligned}
u(k) &= K_p e(k) + K_I T_{sam}\sum_{i=1}^{k} e(i) = K_p e(k) + u_I(k) \\
&= K_p e(k) + K_I T_{sam} e(k) + u_I(k-1)
\end{aligned} \tag{8-31}
$$

式中　T_{sam}——采样周期。

式(8-31)即差分方程。

2）数字 PI 调节器的算法

数字 PI 调节器有位置式和增量式两种算法。

（1）位置式算法　其相应的计算式即式(8-31)表述的差分方程。该算法的特点是:比例部分只与当前的偏差有关,而积分部分则是系统过去所有偏差的累积。

位置式 PI 调节器的结构清晰,比例和积分两部分作用分明,参数调整简单方便,但需要存储的数据较多。

（2）增量式 PI 调节器算法　其相应的计算式为

$$\Delta u(k) = u(k) - u(k-1) = K_p[e(k) - e(k-1)] + K_I T_{sam} e(k) \tag{8-32}$$

PI 调节器的输出可由下式求得：

$$u(k) = u(k-1) + \Delta u(k) \tag{8-33}$$

3）限幅值设置

与模拟调节器相似，在数字控制算法中，需要对输出电压 u（u 表示本次 PI 调节器的输出电压，$u(k-1)$ 表示上次 PI 调节器的输出电压）限幅，这里，只需在程序内设置限幅值 u_m，当 $u(k) > u_m$ 时，便以限幅值 u_m 作为输出。

不考虑限幅时，位置式和增量式两种算法完全等同，考虑限幅则两者略有差异。采用增量式 PI 调节器算法时只需输出限幅，而采用位置式算法时必须同时进行积分限幅和输出限幅，缺一不可。

2. 改进的数字 PI 算法

PI 调节器的参数直接影响着系统的性能指标。在高性能的调速系统中，有时仅仅靠调整 PI 参数难以同时满足各项静、动态性能指标。采用模拟 PI 调节器时，由于受到物理条件的限制，只好针对实际情况对不同指标进行权衡处理。而微机数字控制系统具有很强的逻辑判断和数值运算能力，充分应用这些能力，可以衍生出多种改进的 PI 算法，提高系统的控制性能。这里简要介绍积分分离算法。

积分分离控制的基本思想是，在微机数字控制系统中，把比例和积分环节分开。当偏差大时，只让比例部分起作用，以快速减小偏差；当偏差降低到一定程度后，再将积分作用投入，这样既可最终消除稳态偏差，又能避免较大的退饱和超调量。

积分分离算法表达式为

$$u(k) = K_p e(k) + C_I K_I T_{sam} \sum_{i=1}^{k} e(i) \tag{8-34}$$

$$C_I = \begin{cases} 1 & |e(i)| \leqslant \delta \\ 0 & |e(i)| > \delta \end{cases}$$

其中 δ 为一常值。

采用积分分离法能有效抑制振荡，或减小超调量。该方法常用于转速调节器。

3. 智能型 PI 调节器

利用计算机丰富的逻辑判断和数值运算功能，数字控制器不仅能够实现模拟控制器的数字化，而且可以突破模拟控制器只能完成线性控制规律的局限，实现非线性控制、自适应控制乃至智能控制等等，大大拓宽控制规律的实现范畴。

目前主要的智能控制方法有专家系统控制、模糊控制、神经网络控制等。

智能控制的特点：控制算法不依赖或不完全依赖于对象模型，因而系统具有较强的鲁棒性和对环境的适应性。

综上所述，微机数字控制双闭环直流 PWM 调速系统的优越性主要有：

（1）可显著提高系统性能　采用数字给定、数字控制和数字检测技术，系统精度大大提高；可根据控制对象的变化，方便地改变控制器参数，以提高系统抗干扰能力。

（2）可采用各种控制策略　可采用的控制策略如可变参数 PID 和 PI 控制、自适应控制、模糊控制、滑模控制、复合控制等。

（3）可实现系统监控功能　可实现状态检测，数据处理、存储与显示，越限报警等功能。

习　题

8-1　调速范围和静差度的定义是什么？调速范围、静态速降和最小静差度之间有什么关系？为什么说"脱离了调速范围，要满足给定的静差度也就容易得多了"？

8-2　某一调速系统，测得的最高转速 $n_{\max}=1500$ r/min，最低转速 $n_{\min}=150$ r/min，带额定负载时的速降 $\Delta n_N=15$ r/min，且在不同转速下额定速降 Δn_N 不变，试问系统能够达到的调速范围有多大？系统允许的静差度是多少？试作出系统的静特性图。

8-3　某闭环调速系统的调速范围是 $150\sim1500$ r/min，要求系统的静差度 $s\leqslant2\%$，那么系统允许的静态速降是多少？如果开环系统的静态速降是 100 r/min，则闭环系统的开环放大倍数应有多大？

8-4　某闭环调速系统的开环放大倍数为 15 时，额定负载下电动机的速降为 8 r/min，如果将开环放大倍数提高到 30，它的速降为多少？在同样静差度要求下，调速范围可以扩大多少倍？

8-5　某调速系统的调速范围 $D=20$，额定转速 $n_N=1500$ r/min，开环转速降 $\Delta n_{Nop}=240$ r/min，若要求系统的静差度由 10% 减小到 5%，则系统的开环增益将如何变化？

8-6　转速单闭环调速系统有哪些特点？改变给定电压能否改变电动机的转速？为什么？如果给定电压不变，调节测速反馈电压的分压比是否能够改变转速？为什么？如果测速发电机的励磁发生了变化，系统有无克服这种干扰的能力？

8-7　在转速负反馈调速系统中，当电网电压、负载转矩、电动机励磁电流、电枢电阻、测速发电机励磁各量发生变化时，都会引起转速的变化，问：系统对上述各量有无调节能力？为什么？

8-8　有一个 V-M 调速系统：电动机铭牌参数 $P_N=2.2$ kW，$U_N=220$ V，$I_N=12.5$ A，$n_N=1500$ r/min，电枢电阻 $R_a=1.2$ Ω，整流装置内阻 $R_{rec}=1.5$ Ω，触发整流环节的放大倍数 $K_s=35$。要求系统满足调速范围 $D=20$，静差度 $s\leqslant10\%$。

（1）计算开环系统的静态速降 Δn_{op} 和调速要求所允许的闭环静态速降 Δn_{cl}。

（2）采用转速负反馈组成闭环系统，试画出系统的原理图和静态结构图。

8-9　在电压负反馈单闭环有静差调速系统中，当下列参数发生变化时系统是否有调节作用，为什么？

（1）放大器的放大系数 K_p；

（2）供电电网电压；

（3）电枢电阻 R_a；

（4）电动机励磁电流；

（5）电压反馈系数 γ。

8-10　为什么用积分控制的调速系统是无静差的？在转速单闭环调速系统中，当积分调节器的输入偏差电压 $\Delta U=0$ 时，调节器的输出电压是多少？它取决于哪些因素？

8-11　在无静差转速单闭环调速系统中，转速的稳态精度是否还受给定电源和测速发电机精度的影响？试说明理由。

8-12 采用比例积分调节器控制的电压负反馈调速系统,稳态运行时的速度是否有静差？为什么？试说明理由。

8-13 为什么 PWM-电动机系统比晶闸管-电动机系统能够获得更好的动态性能？

8-14 试分析有制动通路的不可逆 PWM 变换器在进行制动时两个速度调节器是如何工作的。

第9章 交流调速控制系统

直流电动机启、制动性能和调速性能优越,但换向困难,容量有限,造价比较高。交流电动机的结构比较简单,价格相对比较低,运行也比较可靠,因此其应用相对比较广泛。交流电动机一般包括同步电动机和异步电动机两大类型。对于同步电动机,可用改变供电电压的频率来改变其同步转速;异步电动机转速调节的方法较多,如调节加在定子上的电压,或者调节电动机转子回路中电势,或者改变电动机定子供电电压与频率等。现在应用的异步电机普遍为三相电动机,它们的速度调节有以下几种方式:

(1) 通过改变电动机的转差率调速;

(2) 通过改变电动机的定子绕组极对数调速;

(3) 通过改变电动机电源的频率调速。

9.1 异步电动机闭环控制变压调速系统

9.1.1 异步电动机闭环变压调速系统简介

异步电动机的变压调速相对比较简单,在忽略电动机定子漏阻抗的情况下,异步电动机电磁转矩为

$$T = \frac{3U_1^2 P \dfrac{R_2'}{s}}{2\pi f_1 \left[\left(\dfrac{R_2'}{s} \right)^2 + (x_2)^2 \right]}$$

最大转矩 T_m 和其对应的临界转差率 S_m 分别为

$$T_m = \frac{1}{2} \cdot \frac{3 P U_1^2}{2\pi f_1 X_2'}$$

$$S_m = \frac{R_2'}{X_2'}$$

式中　P——电动机功率;

　　　f_1——电源频率;

　　　U_1——定子相电压;

　　　R_2——转子每相电阻;

　　　X_2——转子每相电抗。

当异步电动机电路的相关参数不变时,在相同转速下,电磁转矩 T 与定子电压 U_1 的二次方成正比,因此,改变定子外加电压,就可以改变机械特性的函数关系,从而改变电动机在一定负载下的转速,这种方法在恒转矩负载下调速范围小,容易产生不稳定的运动状态。如果带通风机型负载运行,其调速范围可以稍大一些。为了能在恒转矩负载下扩大调速范围,

并使电动机在较低转速下运行不至于过热,就要求电动机转子具有较高的电阻值,这样的电动机在变压时的机械特性如图 9-1 所示。

如图 9-1 所示,带恒转矩负载时的调压范围增大后,即使堵转工作也不致过热而烧坏电动机,这种带高阻值转子的电动机又称交流力矩电动机。过去改变交流电压多通过采用自调变压器或带直流磁化绕组的饱和电抗器,自从电力电子技术发展后,这些比较笨重的电磁装置就被晶闸管等大功率电力电子器件所组成的交流调压器取代了,交流调压器一般采用两对晶闸管反向并联,或将三个双向晶闸管分别串联在三相电路中,通过相位控制改变输出电压。

采用高转子电阻的力矩电动机可以增大调速范围,但机械特性又将变软,因而负载变化时转差率很大,若采用开环控制方法,要解决这个矛盾比较困难,为此,对于恒转矩性质的负载,往往要求其调速范围大于 2 时采用带转速反馈环节的闭环系统,如图 9-2 所示。

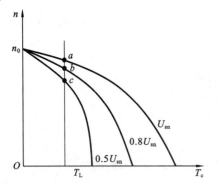

图 9-1　高阻值转子电动机在不同电压下的
　　　　机械特性

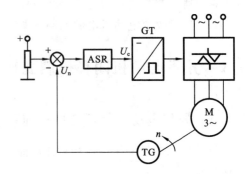

图 9-2　带转速负反馈闭环控制环节的
　　　　交流变压调速系统

9.1.2　闭环变压调速系统的静特性

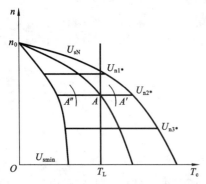

图 9-3　闭环控制变压调速系统的静特性

闭环变压调速系统的静特性如图 9-3 所示。当系统带负载 T_L 在点 A 运行时,如果负载增大,转速将下降,反馈控制作用能够提高定子电压,从而在右边一条机械特性上找到新的工作点 A',同理,当负载降低时,会在左边一条特性上得到定子电压低一些的工作点 A''。按照反馈控制规律,将 A''、A、A' 连接起来便是闭环系统的静特性曲线。尽管异步电动机的开环机械特性和直流电动机的开环特性差别很大,但是在不同开环机械特性曲线上各取一个相应的工作点,连接起来便可得到闭环系统静特性曲线,这样的分析方法对两种电动机的闭环系统是完全一致的。尽管异步力矩电动机的机械特性很软,但由系统放大系数决定的闭环系统静特性却可以很硬。如果采用 PI 调节器,同样可以做到无静差。改变给定信号 U_n^*,则静特性曲线平行地上下移动,可达到调速的目的。

异步电动机闭环变压调速系统不同于直流电动机闭环调速系统的地方是:静特性曲线左右两边都有极限,不能无限延长,它们是额定电压 U_{sN}^* 下的机械特性曲线和最小输出电压 U_{smin} 下的机械特性曲线。当负载变化时,如果电压调节到极限值,闭环系统便失去控制能力,系统的工作点只能沿着极限开环特性变化。

9.2 笼型异步电动机变压变频调速系统

9.2.1 变压变频调速的特点

异步电动机的变压变频调速系统一般简称为变频调速系统。变频调速的调速范围宽,无论高速还是低速效率都比较高,通过变频控制可以得到和直流他励电动机机械特性相似的线性硬特性,能够实现高动态性能。调频变速时,可以从基频向下或向上调节,从基频向下调时,要维持气隙磁通不变。因为电动机的主磁通在额定点时就已有点饱和,当电动机的端电压一定、频率降低时,电动机的主磁通要增大,使得主磁路过饱和,励磁电流猛增,这是不允许的。因而调频时须按比例同时控制电压,保持电压频率比为恒值的控制方式,来维持气隙磁通不变,磁通恒定时转矩也恒定,属于"恒转矩调速"。从基频向上调时,由于电压无法继续升高,只好仅提高频率而使磁通减弱。弱磁调速属于"恒功率调速"。需要注意的是,低频时,定子相电压和电动势都较小,定子漏磁阻抗压降所占的分量就比较显著,不能忽略。将定子相电压提高一些,以近似地补偿定子压降。在实际应用中,由于负载不同,需要补偿的定子压降值也不一样,在控制软件中,须提供不同斜率的补偿特性,以供用户选择。

9.2.2 电力电子变压变频器的主要类型

由于电网提供的是恒压恒频的电源,而异步电动机的变频调速系统又必须具备能够同时控制电压幅值和频率的交流电源,因此应该配置变压、变频器,从整体结构上看,电力电子变压变频器可分为交-直-交和交-交两大类。

1. 交-直-交变压变频器

交-直-交变压变频器的工作原理可用图 9-4 所示的对单相负载供电的交-直-交变频器来说明。它由一组可控整流器和 4 个开关元件组成,可控整流装置把交流电变为幅值可变的直流电。开关元件 1、3 和 2、4 交替导通对负载电阻供电,在负载上得到交流输出电压 U_0。U_0 的幅值由可控整流装置的控制角 α 决定,U_0 的频率由开关元件切换的频率来确定,而且不受电源频率的限制。

实际上,变频调速系统中变频器的负载是异步电动机,其功率因数是滞后的。因此在直流环节和负载之间必须设置储能元件,以缓冲无功能量。如图 9-5 所示,交-直-交变频器包含整流器、滤波器和功率逆变器等。整流器的作用是把交流电整流为直流电。

在变频技术中,可采用硅整流元件构成不可控整流器,也可采用晶体管元件构成可控整流器,交流输入电源可使用单相或三相电源。滤波器用来缓冲直流环节和负载之间的无功能量。如在直流侧并联大电容缓冲无功功率,则变频器输出电压波形接近于矩形波,因电源

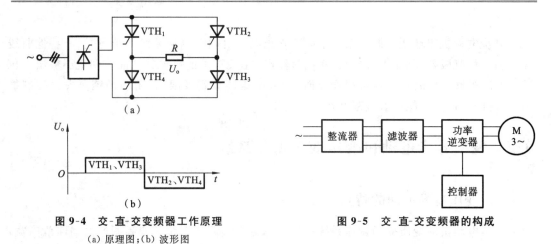

图 9-4　交-直-交变频器工作原理
(a) 原理图；(b) 波形图

图 9-5　交-直-交变频器的构成

阻抗很小，类似于电压源，故称为电压型变频器。如在直流侧串联大电感以吸收无功能量，则变频器输出电流波形接近于矩形波，因电源阻抗很大，类似于电流源，故称为电流型变频器。电压型变频器多用于不经常启动以及对快速性要求不高的调速系统，而电流型变频器适用于可逆运转及对加、减速要求高的调速系统。

功率逆变器（简称逆变器）是把直流电逆变成频率、电压可调的交流电的装置。

2. 交-交变压变频器

交-交变压变频器的结构如图 9-6 所示。它是把恒压恒频（CVCF）的交流电源直接变换成变压变频（VVVF）输出的变频器，因此又称直接或变压变频器，也称周波变频器。

图 9-6　交-交(直接)变压变频器的结构

常用的交-交变压变频器输出的每一相都是一个由正、反两组晶闸管可控整流装置反向并联的可逆线路，如图 9-7 所示。

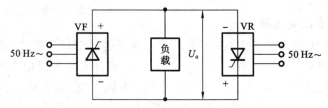

图 9-7　交-交变压变频器每相可逆线路

正、反两组按一定周期相互切换，在负载上就获得交变的输出电压 u_0，u_0 的幅值取决于各组可控整流装置的控制角 α，u_0 的频率取决于正、反两组整流装置的切换频率。当 α 角按正弦规律变化时，正向组和反向组的平均输出电压分别为正弦波的正半周和负半周。

交-交变压变频器也有其自身的缺点，如：所用器件数量很多，总体设备比较庞大；输入功率因数低、谐波电流含量大、频谱复杂，需配置滤波和无功补偿设备。

这种变频器最高输出频率不超过电网频率的 1/2，主要用于轧机主传动系统，球磨机、水泥回转窑等大容量、低转速的调速系统。

9.2.3　电压型和电流型逆变器

按照逆变电路直流侧电源性质分类,直流侧是电压源的逆变电路称为电压型逆变电路,直流侧是电流源的逆变电路称为电流型逆变电路。

电压型逆变电路的主要特点是:

(1) 直流侧为电压源,或并联有大电容,相当于电压源。直流侧电压基本无脉动,直流回路呈现低阻抗。

(2) 由于直流电压源的钳位作用,交流侧输出电压波形为矩形波,并且与负载阻抗角无关,而交流侧输出电流波形和相位因负载阻抗情况的不同而不同。

(3) 当交流侧为阻感负载时需要提供无功功率,直流侧电容起缓冲无功能量的作用。为了给交流侧向直流侧反馈的无功能量提供通道,逆变桥各臂都并联了反馈二极管。

电流型逆变电路的主要特点是:

(1) 直流侧串联有大电感,相当于电流源。直流侧电流基本无脉动,直流回路呈现高阻抗。

(2) 电路中开关器件的作用仅是改变直流电流的流通路径,因此交流侧输出电流为矩形波,并且与负载阻抗角无关。而交流侧输出电压波形和相位则因负载阻抗情况的不同而不同。

(3) 当交流侧为阻感负载时需要提供无功功率,直流侧电感起缓冲无功能量的作用。因为反馈无功能量时直流电流并不反向,因此不必像电压型逆变电路那样要给开关器件反并联二极管。

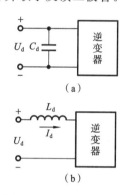

图 9-8　电压型和电流型逆变器示意图

(a) 电压型逆变器;(b) 电流型逆变器

电压型逆变器属恒压源,其电压控制响应慢,不易波动,适于多台电动机同步运行时的供电电源,或单台电动机调速但不要求快速启、制动和快速减速的场合。采用电流型逆变器的系统则相反,不适用于多电动机传动,但可以满足快速启、制动和可逆运行的要求。图 9-8(a)、(b)分别为电压型和电流型逆变器示意图。

9.2.4　180°导通型和120°导通型逆变器

在交-直-交变压变频器中,逆变器一般接成三相桥式电路。根据各控制开关轮流导通和关断的顺序不同可以分为 180°导通型和 120°导通型两种换流方式。

同一桥臂上、下之间互相换流的逆变器称为 180°导通型逆变器。如图 9-9 所示,当 VT_1 关断后,使 VT_4 导通。当 VT_4 关断后,又使 VT_1 导通。这时每个开关器件在一个周期内导通的区间是 180°,其他各相相同。在 180°导通型逆变器中,除换流期间外,每一时刻总有 3 个开关器件同时导通。在换流时,必须采取"先断后通"的

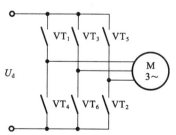

图 9-9　三相桥式逆变器主电路

原则,即先给应该关断的器件发出关断信号,待其关断后留有一定的时间裕量,称为死区时间,再给应该导通的器件发出开通信号。死区时间的长短视器件的开关速度而定,对于开关速度较快的器件,所留的死区时间可以短一些。为安全起见,必须设置死区时间,但它会造成电压波形的畸变。

120°导通型逆变器的换流是在同一排不同桥臂的左、右两管之间进行的。如 VT₁ 关断后使 VT₃ 导通,VT₃ 关断后使 VT₅ 导通,VT₅ 关断后使 VT₆ 导通等。这时,每个开关器件一次连续导通 120°,在同一时刻只有两个器件导通,如果负载电动机绕组采用的是 Y 形连接,则只有两相导电,而另一相是悬空的。

9.2.5 变压变频调速系统

变频调速系统可以分为他控变频系统和自控变频系统两大类。他控变频调速系统是用独立的变频装置给电动机提供变压变频电源。自控变频调速系统是用电动机轴上所带的转子位置检测器来控制变频的装置。

1. 他控变频调速系统

SPWM 变频器属于交-直-交静止变频装置,它先将 50 Hz 交流电经整流变压器变到所需电压,该电压信号经二极管不可控整流和滤波,形成直流电压,将该直流电压送入用 6 个大功率管构成逆变器主电路,输出三相频率和电压均可调整的等效于正弦波的脉宽调制波(SPWM 波),即可拖动三相异步电动机运转。这种变频器结构简单,电网功率因数接近于 1,且不受逆变器负载大小的影响,系统动态响应快,输出波形好,可使电动机在近似正弦波的交变电压下运行,脉动转矩小,可扩展调速的范围,提高调速性能,因此在交流驱动中得到广泛应用。

图 9-10 所示为 SPWM 变频器控制电路。正弦波发生器接收经过电压、电流反馈调节的信号,输出一个具有与输入信号相对应频率与幅值的正弦波信号,此信号为调制信号。三角波发生器输出的角波信号称为载波信号。调制信号与载波信号相比较后输出的信号作为逆变器功率管的输入信号。

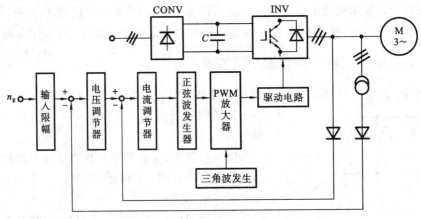

图 9-10 SPWM 变频器控制电路

2. 通用变频器

通用变频器具有多种可供选择的功能,可适应各种不同性质负载的异步电动机的配套使用。

通用变频器的基本电路如图 9-11 所示,它主要由四个部分组成,分别是整流部分、滤波部分、逆变部分、控制电路。其中:整流部分把交流电压变为直流电压;滤波部分把脉动较大的交流电进行滤波,变成相对比较平滑的直流电;逆变部分把直流电又转换成三相交流电,输出脉冲宽度被调制的 PWM 波,或者正弦脉宽调制 SPWM 波;控制电路用来产生输出逆变桥所需要的各驱动信号,这些驱动信号是由外部指令决定的,这些指令涉及频率、频率上升或下降速率、外部通断控制以及变频器内部各种各样的保护和反馈信号的综合控制等。

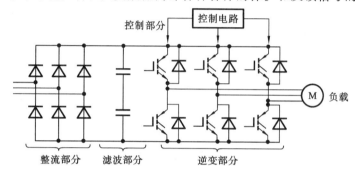

图 9-11　通用变频器的组成

通用变频器对负载的输出波形都是双极性 SPWM 波,这种波形可以大幅度提高变频器的效率,但会使变频器的输出有别于正常正弦波。双极性 SPWM 波如图 9-12 所示,其中图 9-12(a)所示是三角形载波与正弦形信号进行比较的情形,图 9-12(b)所示是比较后获得的 SPWM 波形。

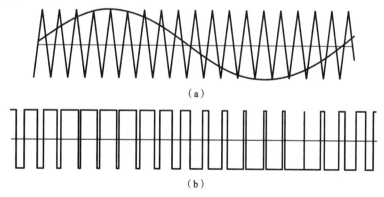

(a)

(b)

图 9-12　双极性 SPWM 调制器
(a)三角形的载波与正弦波信号的比较;(b)比较后获得的 SPWM 波形

3. 永磁同步电动机的自控变频控制

永磁同步电动机的转子带有永磁材料,不需要直流励磁。永磁同步电动机具有以下优点:

(1) 由于采用了永磁磁极,特别是采用了稀土金属永磁材料,如钕铁硼(NdFeB)、钐钴

(SmCo)等,磁能积高,可得较高的气隙磁通密度,因此同等容量时电动机体积和质量小。

(2) 永磁同步电动机转子没有铜耗和铁耗,没有集电环和电刷的摩擦损耗,运行效率高。

(3) 转动惯量小,允许突加转矩大,可获得较高的加速度,动态性能好。

(4) 结构紧凑,运行可靠。

自控变频同步电动机调速系统的特点是在电动机轴端装有一台转子位置检测器 BQ(见图 9-13),由它发出的信号控制变压变频装置中的逆变器 UI 换相,从而改变同步电动机的供电频率,保证转子转速与供电频率同步。调速时则由外部信号或脉宽调制(PWM)控制逆变器的输入直流电压。

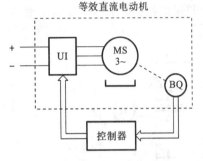

图 9-13 中的同步电动机是永磁式的,容量大时也可以用励磁式同步电动机。从电动机本身看,它是一台同步电动机,但是如果把它和逆变器、转子位置检测器合起来看,就像是一台直流电动机。直流电动机电枢里面的电流本来就是交变的,只是经过换向器和电刷才在外部电路表现为直流,这时换向器相当于机械式的逆变器,电刷相当于磁极位置检测器。与此相应,在自控变频同步电动机调速系统中,则采用电力电子逆变器和转子位置检测器,用静止的电力电子电路代

图 9-13 自控变频同步电动机调速系统原理框图

替容易产生火花的旋转接触式换向器,即用电子换相取代机械换向,显然具有很大的优越性。不同的是,直流电动机的磁极在定子上,电枢是旋转的,而同步电动机的磁极一般都在转子上,电枢却是静止的,这只是相对运动上的不同,没有本质区别。

大功率同步电动机均与晶闸管交-交变频器或交-直-交变频器组合构成的自控变频调速系统,这种电动机通常称为无换向器电动机;中小功率同步电动机大多与绝缘栅双极晶体管等交-直-交变频器组合构成的自控变频调速系统。同步电动机的转子采用永久磁铁励磁,当输入的定子电流为三相正弦电流时,通常称为三相永磁同步电动机(PMSM);当输入的定子电流为方波电流时,它的运行特性与直流电动机相同但无电刷及换向器,通常称为无刷直流电动机(brushless DC motor,BDCM)。

无换向器电动机由于采用电子换相取代了机械式换向器,多用于带直流励磁绕组的同步电动机。

正弦波永磁同步电动机(或直接称为永磁同步电动机)(permanent magnet synchronous motor,PMSM),当输入三相正弦波电流、气隙磁场为正弦分布,磁极采用永磁材料时,多用于伺服系统和高性能的调速系统。

无刷直流电动机又称梯形波永磁同步电动机,其磁极为永磁材料,输入方波电流,气隙磁场呈梯形波分布,这样更接近于直流电动机,但没有电刷,故称无刷直流电动机,多用于一般调速系统。

实际上,正弦波永磁同步电动机和无刷直流电动机本质上都是永磁式的同步电动机,它们只是在名称上有所区别而已,所以统称自控变频同步电动机。

图 9-14 所示为自控变频同步电动机控制框图。通过电动机轴端上的转子位置检测器

BQ(如霍尔元件、接近开关等)发出的信号来控制逆变器的换流,从而改变同步电动机的供电频率,调速时由外部控制逆变器的直流输入电压。

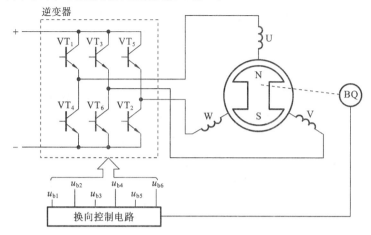

图 9-14　自控变频同步电动机控制框图

自控变频同步电动机在原理上和直流电动机相似,其励磁环节采用永磁转子,三相电枢绕组与 VT_1、VT_2、VT_3、VT_4、VT_5、VT_6 等 6 个大功率三极管组成的逆变器相连,逆变电源为直流电压。当三相电枢绕组通有平衡的电流时,将在定子空间产生以同步转速旋转的磁场,并带动转子以 n_0 的转速同步旋转。其电枢绕组电流的换向由转子位置控制,用这种换向方式取代了直流电动机通过换向器和电刷使电枢绕组电流换向的机械换向,从而避免了电刷和换向器接触产生火花的问题,同时可用交流电动机的控制方式,获得直流电动机优良的调速性能。与直流电动机不同的是,这里磁极在转子上是旋转的,电枢绕组却是静止的。

图 9-15 所示为一个 4 极的位置检测器安装位置和逻辑图。

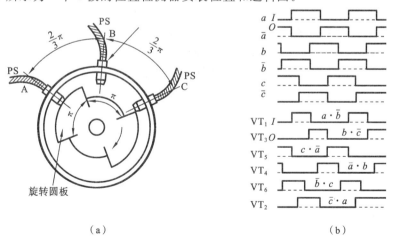

(a)　　　　　　　　　　　　(b)

图 9-15　位置检测器安装位置和逻辑图

(a) 位置检测器安装位置;(b) 逻辑图

在金属圆板上,每隔 180°空间电角度就有凸部和凹部与 N 极和 S 极对应,如图 9-15(a)所示。间隔 120°空间电角度设置三个检测元件 A、B、C,转子旋转时,检测元件 A、B、C 输出如图 9-12(b)所示的 a、b、c 方波。利用 a、b、c 及其反向信号等 6 个信号,经逻辑运算得到三极管 VT_1、VT_2、VT_3、VT_4、VT_5、VT_6 基极的控制脉冲。

转子每转过 60° 空间电角度,通过控制电路,顺序地使三极管导通。如按图 9-14 所示的编号,则 6 个三极管按 $VT_1 \rightarrow VT_2 \rightarrow VT_3 \rightarrow VT_4 \rightarrow VT_5 \rightarrow VT_6 \rightarrow VT_1$ 的顺序循环导通,每个三极管导通 120° 空间电角度,给电枢绕组提供三相平衡电流,产生电磁转矩使电动机转子连续旋转。

永磁同步电动机利用电动机轴上所带的转子位置检测器检测转子位置,也可以进行矢量变频控制。直流电动机之所以具有优良的调速性能,是因为其输出转矩只与电动机的磁场 Φ 和电枢电流 I_a 相关,而且这两个量是相互独立的。在利用频率、电压可调的变频器来实现交流电动机的调速过程中,通过"等效"的方法获得与直流电动机相同转矩特性的控制方式,称为矢量控制。就是说,把交流电动机的三相输入电流等效为直流电动机中彼此独立的电枢电流和励磁电流,然后像直流电动机一样,通过对这两个量的控制,实现对电动机的转矩控制,再通过逆变换,将控制的等效直流电动机还原成三相交流电动机,这样,三相交流电动机的调速特性就完全体现了直流电动机的调速特性。

矢量控制调速系统具有动态特性好、调速范围宽、控制精度高、过载能力强且可承受冲击负载和转速突变等特点。正是由于具有这些优良特性,近年来矢量控制调速系统随着变频技术的发展而得到了广泛的采用。

习　题

9-1　异步电动机调节速度的方法有哪些?

9-2　如何区别交-直-交变压变频器是电压源变频器还是电流源变频器? 它们在性能上有什么差异?

9-3　通用变频器的基本电路由哪些部分组成,它各自有哪些作用?

9-4　画出电压源型交-直-交变频器和电流源型交-直-交变频器的结构示意图。

9-5　简述自控变频同步电动机的工作原理。

9-6　自控变频同步电动机调速特性有哪些,它适用于哪些场合?

参 考 文 献

[1]　冯清秀,邓星钟.机电传动控制[M].武汉:华中科技大学出版社,2011.
[2]　郁建平.机电控制技术[M].北京:科学出版社,2006.
[3]　陈伯时.电力拖动自动控制系统[M].北京:机械工业出版社,2005.
[4]　郝用兴,苗满香,罗小燕.机电传动控制[M].武汉:华中科技大学出版社,2010.
[5]　刘治平.机电传动控制[M].天津:天津大学出版社,2007.
[6]　张万奎.机床电气控制技术[M].北京:北京大学出版社,2006.
[7]　丁跃浇,张万奎.零起点看图学电气控制线路[M].北京:中国电力出版社,2012.
[8]　陈伯时.交流电机变频调速讲座:第十讲　同步电动机变压调速变频系统[J].电力电子,2008,5,53-61.